碳达峰与碳中和丛书　　　　　　　何建坤　主编

国家出版基金项目
NATIONAL PUBLICATION FOUNDATION

全球能源-粮食-水的系统安全与综合应对

于宏源　著

东北财经大学出版社　大连
Dongbei University of Finance & Economics Press

图书在版编目（CIP）数据

全球能源-粮食-水的系统安全与综合应对 / 于宏源著．一大连：东北财经大学
出版社，2023.6

（碳达峰与碳中和丛书）

ISBN 978-7-5654-4818-8

Ⅰ.全…　Ⅱ.于…　Ⅲ.①能源-国家安全-研究-世界 ②粮食安全-研究-世界
③水资源保护-研究-世界　Ⅳ.①TK01②F316③TV213.4

中国国家版本馆CIP数据核字〔2023〕第068032号

东北财经大学出版社出版发行

大连市黑石礁尖山街217号　邮政编码　116025

网　　　址：http：//www.dufep.cn

读者信箱：dufep @ dufe.edu.cn

大连图腾彩色印刷有限公司印刷

幅面尺寸：185mm×260mm　字数：310千字　印张：21.5

2023年6月第1版　　　　　2023年6月第1次印刷

责任编辑：李智慧　吉　扬　　责任校对：王芃南　孟　鑫

　　　　　刘　佳　刘东威

封面设计：原　皓　　　　　版式设计：原　皓

定价：109.00元

前言

联合国政府间气候变化专门委员会（IPCC）第六次评估报告[①]指出，气候变化仍是人类迄今为止面临的最严重、规模最广泛、影响最深远的问题之一，迄今为止人类所做的努力远不足以应对气候变化，1.5℃的全球温控目标面临空前挑战。全球温升1.5℃对人类和地球生态系统带来的不可逆风险，联合国政府间气候变化专门委员会强调各国尽快采取气候减缓和适应行动。[②]联合国秘书长古特雷斯强调，碳达峰与碳中和是摆在人类社会面前的主要任务，也是我国实现高质量发展的重要目标。"碳达峰与碳中和丛书"旨在为广大科技工作者、政府决策者、企业管理者和社会公众提供科学指导和实践参考。本书是该系列丛书之一，由于宏源教授撰写，东北财经大学出版社出版。本书从气候安全的视角出发，深入分析了能源-粮食-水三位一体安全的内涵、挑战和治理机制，并以南亚、东南亚、非洲等地区为案例，探讨了三位一体安全的区域治理和可持续发展路径。

应对气候变化并实现可持续发展是当前全球面临的最紧迫的挑战之一，也是中国作为负责任大国承担的重要使命。2020年9月，国家主席习近平在第七十五届联合国大会一般性辩论上宣布，中国将提高国家自主贡献力度，采取更加有力的政策和措施，二氧化碳排放力争于2030年前达到峰值，努力争取2060年前实现碳中和。这一重大决策体现了中国对人类命运共同体的坚定承诺，也为全球应对气候变化提供了强有力支持。然而，要实现碳达峰和碳中和目标并非易事，它涉及能源、粮食、水等多领域的多目标平衡挑战，需要在保障经济社会发展、满足人民生活需求、维护国家安全等多重目标之间寻求平衡。在气候危机背景下，粮食和能源安全

[①] https://www.ipcc.ch/report/sixth-assessment-report-cycle/

[②] SABEL C F, VICTOR D G[J]. Governing global problems under uncertainty：Making bottom-up climate policy work，Climatic Change，No.144，2017，pp.15-27.

议题持续影响人类可持续发展进程。2022年以来，新冠疫情叠加地缘政治冲突严重冲击了全球粮食和能源供应链，联合国粮农组织、世界气象组织、政府间气候变化专门委员会等多个联合国系统报告指出，全球能源安全与粮食安全受到气候变化、新冠疫情、俄乌冲突系统危机的叠加影响，能源、粮食和水资源面临严峻挑战。气候变化、新冠疫情的暴发不仅带来了全球粮食减产、能源需求骤减等冲击，还加剧了发展中国家粮食、能源和发展困境。能源、粮食和水是联合国2030年可持续发展议程之一，特别关系到广大发展中国家的国计民生。[①] 特别是由于能源安全和粮食安全都具有地缘属性，加之国内与国际能源市场和粮食市场的相互依存度日益提升，水资源、能源和粮食存在强关联性，全球能源体系和粮食体系的每次波动，都将影响国家能源和粮食的供需结构，进而导致能源、粮食等资源价格的大幅波动。全球气候问题具有较强的传导性和延展性，对各地区的粮食供应和水资源安全构成严峻挑战。能源、粮食和水之间也存在着内部缠结和外溢联动的关系，即三种资源要素既相互影响又受到其他因素（如气候变化、人口增长、社会变革等）的影响。为了探索能源–粮食–水三位一体的安全机制，必须先单独对每个要素的安全进行研究。

习近平主席在第二十五届圣彼得堡国际经济论坛全会指出，当前，世界百年变局叠加世纪疫情，经济全球化遭遇逆流，落实联合国2030年可持续发展议程面临前所未有的挑战。国际社会迫切期待实现更加公平、更可持续、更为安全的发展。我们要把握机遇、直面挑战，推动全球发展倡议落地落实，共创共享和平繁荣美好未来。能源、粮食、水三者相互依存、相互影响，在气候变化背景下构成了一个复杂的系统问题。如何从系统视角分析能源–粮食–水三位一体安全问题？如何从区域治理角度探索能源–粮食–水三位一体安全解决方案？如何从可持续发展角度推进能源–粮食–水三位一体安全创新路径？本书以全球范围内能源、粮食和水各自

---

① WORLD FOOD PROGRAMME［R］. Global Report on Food Crises-2022［R/OL］.［2022-05-04］. May 4, 2022, https://www.wfp.org/publications/global-report-food-crises-2022.

的安全为视角，说明了如何从数量上保障这些资源的可及性，如何在社会经济方面实现这些资源的公平分配，如何在地缘政治和全球治理方面构建这些资源的合作机制。本书剖析了每个要素在保障其自身安全方面所涉及的核心问题和最新进展，并从社会政治经济维度与经济维度对能源、粮食和水三者之间相互影响的安全治理模式进行了概括，以试图回答以上这些问题。

气候变化是影响全球水资源、能源和粮食安全的长期变量。粮食安全是受气候变化影响最直接也是最显著的领域。这主要是因为粮食生产所需的水源、耕地、土壤、光照等"物质资源"是生态环境体系的重要构成元素，使得粮食安全和生态安全处于相互依赖的系统之中，生态环境的任何消极变动都将直接作用于粮食体系，增加粮食供给的负面影响。联合国政府间气候变化专门委员会于 2021 年 8 月发布的气候科学评估报告指出，除非在未来的几十年里大幅减少全球二氧化碳和其他温室气体的排放，否则全球气候变暖幅度在 21 世纪就会超过 2℃，达到国际商定的气温上升的危险值。[①]水资源环境是农业生产的前提，气候变化加剧引发的极端天气与自然灾害导致的农作物减产和农业基础设施损毁已导致百万人面临严重粮食不安全状态。[②]随着全球气候的恶化，极端天气和气候衍生危机的叠加冲击，将持续弱化粮食体系的气候抵御力。在能源领域，气候变化不仅可导致能源消费需求因极端天气大幅增加，自然灾害的增加也给能源基础设施带来安全风险。在气候危机日益严峻的背景下，推动能源结构的低碳转型成为全球主要共识，但激进的能源转型政策同样加剧了全球能源粮食系统的脆弱性。各国排放目标和行业规范的趋紧导致传统化石燃料供给端受到的抑制远远大于需求侧，主要金融机构将投资转向可再生能源领域，导致过渡性化石能源产业面临投资不足问题，削弱能源供应体系在短期冲击中的韧性。此外，对生物燃料、太阳能、水电等清洁能源的无序开发可能挤占农业生产资

[①]　IPCC. Climate Change 2021：The Physical Science Basis［R］. Online Publishing，2021.
[②]　IPCC. Climate Change 2022：Impacts，Adaptation and Vulnerability［R］. Online Publishing，2022.

源，对粮食供给产生负面影响。

能源-粮食-水三位一体安全不仅涉及自然资源的保护和利用，也关乎国家安全、社会安全和地缘政治安全。因此，需要从传导性要素的比较优势异同出发，探讨适应不同地区特征和需求的安全机制。中国周边地区南亚、东南亚和中亚都面临着能源-粮食-水三位一体安全的挑战，但又各有不同。南亚地区由于竞争占据主导地位，导致纽带安全分散化；东南亚地区由于维度外延较大，导致纽带安全复杂化；中亚地区由于生态系统恶化严重，导致纽带安全脆弱化。非洲虽然拥有丰富的自然资源，但由于发展不平衡、基础设施落后、治理能力不足等原因，使得其面临着资源短缺、贫困饥饿、环境污染等问题。非洲作为中国重要的合作伙伴，也是能源-粮食-水三位一体安全合作的重要对象。中国应该在尊重非洲国家主权和意愿的基础上，加强同非洲在能源-粮食-水三位一体安全方面的合作与交流。

在当前大国关系相对平稳但竞争加速回归的背景下，以能源-粮食-水为契机进行干预在部分地区已经得到体现。例如，在中东地区，美国通过制裁伊朗试图削弱其在石油市场上的影响力；在南海地区，美国通过支持菲律宾等国家对抗中国在海洋权益上的主张。这些行为都可能引发新的冲突和危机，并威胁到能源-粮食-水三位一体安全。中国是世界上最大的能源消费国和最大的农业生产国。中国也是世界上人口最多、水资源最紧张、水环境最恶劣的国家之一。因此，中国在能源-粮食-水三位一体安全机制中面临着巨大的挑战和压力。作为发展中国家，中国需要在保障自身发展权利和履行国际责任之间寻求平衡，推动构建人类命运共同体。在能源安全治理方面，要维护能源地缘安全和能源体系均衡，推进中国的能源强国地位，构建中美新型能源大国关系，加强贸易磋商，遏制贸易单边主义。在粮食安全治理方面，要增强农业适应性多样性发展，善用WTO规则，增强粮食贸易安全，参与贸易规则的新一轮谈判，推动我国农业发展向数字化、科学化转变，建立一个框架以协调、促进和组织世界粮食安全委员会发挥其新确定的作用。在水资源安全治理方面，要以"一带一路"

倡议为契机，将我国周边安全作为战略起始点，通过区域联动为全球粮食安全治理作出贡献，在全球化转型浪潮中扩大粮食合作政治联盟，实现技术互补、粮食作物结构互补。

本书是一部具有理论价值和实用意义的专著，不仅可以帮助读者深入理解能源-粮食-水三位一体安全这一复杂而重要的课题，也可以为我国在碳达峰碳中和进程中参与全球治理、促进共同发展提供有益启示。本书分为三个篇章：理论篇、实践篇和政策篇。理论篇从气候安全背景探讨了能源、粮食、水三个领域的安全内涵、挑战与机遇、治理模式与机制等方面；实践篇以南亚、东南亚、中亚、非洲多地区为例，分析了湄公河流域等具体案例中存在的能源-粮食-水三位一体安全问题及其解决途径，并提出了促进区域合作与可持续发展的建议。政策篇主要介绍了可持续发展目标下的中国能源-粮食-水的三位一体安全应对和绿色领导力，分析了气候变化、能源、粮食、水等领域的可持续发展目标（SDG）和评估体系，并与不同类型的国家进行了比较。探讨了我国在地缘安全、贸易规则、农业适应性、水外交等方面的路径选择和政策建议，并总结了我国在绿色"一带一路"建设中的相关研究和实践进展，分析了"能源-粮食-水"三位一体安全面临的挑战和机遇，提出了协同发展、阶段性领导力构建、多利益攸关方参与等绿色领导力构建的方法和措施。

本书具有以下特点：

第一，系统性。本书将能源-粮食-水三个领域作为一个整体来研究，揭示了它们之间的相互影响和联动效应，避免了单一视角下可能导致的偏颇或失衡。

第二，前瞻性。本书紧扣当前国际社会关注的气候变化问题，分析了气候安全对能源-粮食-水三位一体安全的影响，并提出了应对气候变化所需的低碳转型策略。

第三，实践性。本书结合具体地区和国家的实际情况，评估了其各自在能源-粮食-水三位一体安全方面所面临的困境和机遇，并提出了相应的解决方案和建议。

本书具有较强的学术性和针对性，不仅反映了作者多年来在该领域的深入研究成果，也参考了国内外相关文献资料及最新数据信息。本书既适合专业人士阅读，也适合广大读者增进认识与了解。

希望本书能够为您带来有益启示，并期待您对本书提出宝贵意见与建议。

作 者

目　录

第1章　能源−粮食−水三位一体安全研究缘起 ······························1

1.1　气候变化和可持续发展：能源−粮食−水三位一体安全研究背景 ·······4

1.2　能源−粮食−水三位一体安全的文献学术史逻辑梳理 ···············12

1.3　文献评述 ···43

1.4　能源−粮食−水三位一体安全的研究框架和各章主要内容 ············53

理论篇：气候安全背景下的能源、粮食和水安全

导言 ··61

第2章　气候安全与能源−粮食−水三位一体安全 ·······················65

2.1　气候安全概述：特征、治理现状 ··································65

2.2　气候安全影响下的水、能源、粮食安全概况 ·····················88

第3章　全球水安全与治理发展 ··99

3.1　水安全内涵演变 ···99

3.2　主权思维下的水权认识发展 ·······································102

3.3　当前全球水安全治理状况 ···106

3.4　美国水外交霸权主义对水安全的影响 ·····························113

第4章　全球能源安全与治理发展 ·····································127

4.1　传统安全维度：生产国与消费国内外政治博弈 ·················127

4.2 能源运输过境安全 ·· 139

4.3 能源金融价格稳定性安全 ·· 142

4.4 贸易保护主义下的中美能源博弈 ·································· 158

第5章 国际粮食安全及治理发展 ·· 174

5.1 国际粮食安全的研究发展 ·· 175

5.2 当前粮食安全多元挑战 ··· 178

5.3 粮食安全治理制度演变 ··· 182

实践篇：能源–粮食–水三位一体安全的区域治理和可持续发展

导言 ··· 187

第6章 南亚的能源–粮食–水三位一体安全 ······················· 190

6.1 南亚能源–粮食–水三位一体的互动关系 ····················· 190

6.2 南亚国家可持续发展概况 ·· 193

6.3 南亚能源–粮食–水三位一体的安全建设 ····················· 195

6.4 南亚的安全纽带与落实2030年可持续发展的对接 ··········· 196

第7章 东南亚的能源–粮食–水三位一体安全 ···················· 200

7.1 东南亚湄公河地区的能源–粮食–水三位一体安全挑战 ······ 201

7.2 湄公河能源–粮食–水三位一体安全与中国的参与 ··········· 208

7.3 澜湄区域的可持续发展目标合作 ································· 214

第8章 中亚的能源–粮食–水三位一体安全 ······················· 228

8.1 中亚地区的能源–粮食–水三位一体安全纽带 ················ 229

8.2 中亚可持续发展进程 ·· 236

8.3　中国在中亚能源-粮食-水三位一体安全治理中的作用 ················ 240

第9章　非洲的能源-粮食-水三位一体安全 ·············· 245

9.1　非洲的能源-粮食-水三位一体安全威胁影响深远 ··········· 246

9.2　非洲国家可持续发展建设状况 ············· 249

9.3　中非可持续发展合作应对能源-粮食-水三位一体安全治理 ········· 252

政策篇：可持续发展下的中国能源-粮食-
水三位一体安全应对和绿色领导力

导言 ··············· 258

第10章　2030年可持续发展议程与"能源-粮食-水"三位一体安全契合 ········ 261

10.1　能源、粮食、水与联合国可持续发展评估体系（2016—2019年） ········ 261

10.2　可持续发展议程与气候安全的联动效应 ··········· 274

10.3　中国与不同类型国家的SDG指标比较 ············ 275

第11章　全球治理下中国能源、粮食、水的安全应对 ·········· 284

11.1　全球能源安全治理下中国的应对 ············ 284

11.2　中国加强粮食安全建设的路径选择 ·········· 288

11.3　中国参与全球水安全合作治理 ·········· 292

第12章　"一带一路"背景下我国"能源-粮食-水"的绿色领导力构建 ······ 296

12.1　中国在绿色"一带一路"建设中的相关研究和实践进展 ········· 297

12.2　绿色"一带一路"背景下的"能源-粮食-水"三位一体安全挑战 ········ 303

12.3　"一带一路"背景下的"能源-粮食-水"绿色领导力构建 ········ 308

结语 ··············· 318

第 1 章　能源−粮食−水三位一体安全研究缘起

　　中国国家主席习近平在联合国日内瓦总部的演讲中指出："人与自然共生共存，伤害自然最终将伤及人类。空气、水、土壤、蓝天等自然资源用之不觉、失之难续。工业化创造了前所未有的物质财富，也产生了难以弥补的生态创伤。"工业化时代以来的人为温室气体排放和其导致的气候变化持续催生了生态、能源、水、粮食等全球问题。

　　1972 年《联合国人类环境会议宣言》原则 26 指出："人类及其环境必须免受核武器和其他一切大规模杀伤性武器的影响。各国必须努力在有关的国际机构内就消除和彻底销毁这种武器迅速达成协议。"1992 年《联合国气候变化框架公约》提出：为了使生态系统能够顺利地适应气候变化、避免粮食生产受到威胁，同时使社会能够可持续地进行经济生产，应当在一定的时空条件下实现将大气中温室气体的密度维持在防止气候系统受到危险的人为扰动水平上。联合国于 1972 年召开人类环境会议，会议伊始全体参与方即开始讨论生态环境、资源开发和可持续发展问题，环境资源问题突破了单一领域，与政治、经济和社会等问题交融，能源−粮食−水等不同领域资源环境问题关系更加复杂。自 20 世纪 90 年代以来，气候安全和气候治理推动各国家成为一个相互影响与依存的可持续发展命运共同体，也推动了水、能源和粮食三个要素间在世界多个区域间形成了一个相互制约与影响并极具敏感性和脆弱性的安全纽带。1992 年里约热内卢联合国环境与发展峰会、2002 年约翰内斯堡联合国可持续发展世界首脑会议、2012 年联合国可持续发展峰会（"里约+20"峰会）、联合国 2030 年可持续发展议程和可持续发展目标（SDGs，本书下文用SDGs来指代可持续发展目标），以及世界经济论坛《全球风险报告》，都陆续把气候变化与能源、粮食和经济安全等相关联。2007年诺贝尔奖委员会将诺贝尔和平奖授予美国前副总统戈尔和政府间气候变化专门委员会（IPCC），并强调："显著的气候变化可能改变和威胁众多人口的生活条件，可能导致大规模移民，加剧对地球资源的争夺。"政府间气候变化专门委员会第五次会议和2019年特别评估报告均指出，水资源-能源-粮食关系影响人类基本安全和生存条件，全球气候变化加剧了三要素互动关系的不确定性，导致该生态系统更加脆弱。

传统上对能源、粮食和水安全的研究常常呈现局部、静态和单向度的特点，难以从根本上解释复杂、动态和多元博弈的三位一体的互动问题。其表现在以下方面：其一是既有的相关制度缺乏相互联系，有些国际制度更是存在原则、规范和规则上的冲突，这些"各自为政"的碎片化治理体系已经越来越无法满足这三者联系紧密的客观需求。其二是只注重对单个领域的供求均衡分析，而忽视了全球不同资源之间"不可分割"的容量限制和整体挑战。传统理论无法解释全球资源安全的发生机制，特别是局部资源不均衡情况下产生的资源环境冲突现象。本书主题为："能源-粮食-水的三位一体安全机制研究"，即主要研究若能源、粮食、水等安全机制间实现有效协调，能否实现"1+1>2"的增加效应？本书从技术、政治、经济、外交等多学科整合入手，以完善能源-粮食-水的三位一体安全机制的研究框架为目标，采取跨界性、公共性、全球性的方式和方法进行应对，以便在碎片化治理结构的基础上，挖掘各自领域的内在联系，并实现治理机制协同，以联系安全观这一重要方法论为出发点，才能实现制度有效性最大化。

我们应关注水、能源、粮食安全这三个议题间的多重因果联系。能源、粮食和水是人类赖以生存的三大基本要素，而现代世界是建立在以碳为核心的能源（石油、天然气和煤炭等）以及水和粮食安全供应基础上的世界。随着全球化的发展，能源、粮食和水逐渐成为全球治理的重要客体，托马斯·弗里德曼（Thomas Friedman）指出，全球化的界定概念就是整合①，全球化也促进了能源、粮食和水安全治理在不同领域和地区的整合，其发展进程带有总体性和整齐性的特点，基于全球化的社会经济生态技术系统（ISEET）分析方法，从制度、社会、经济、技术等基本要素推动能源、粮食和水等领域整合系统研究框架。因此本书研究中的能源、粮食和水安全有两个尺度：时间（基于技术和市场的转变）和空间（基于地缘政治的竞争合作）尺度。从时间尺度看，当前能源、粮食和水都出现供需结构和能源新技术革命的转变；从空间尺度看，全球能源结构、粮食供给和跨境水安全合作对各国的经济发展和社会稳定有着重要的影响，推动各国积极利用全球治理体系的新变革，以谋求自身在能源-粮食-水的博弈中的经济优势和社会稳定。卡尔·波兰尼指出，全球自由市场制度一旦无限扩张，会动摇其生存发展的基础，能源-粮食-水在资源领域相互影响甚至竞争，三者的安全问题远超出了单纯的非传统安全领域，能源-粮食-水的三位一体安全与经济发展、生态保护、资源开发、社会可持续等其他问题密切相关并互相影响。全球水资源、能源和粮食安全同样也需要资源政治、环境治理、国际合作等多领域相互平衡和协同发展，本书聚焦于分析能源-粮食-水的三位一体安全之间的直接或间接因果关系，而非证明这些潜在因素导致冲突的必然性。能源-粮食-水的三位一体安全因素往往与其他政治、经济、社会、国际合作等因素共同作用，构成了多领域间的治理冲突。同时，我们也不应忽视各国应对气候变化技术、经济发展治理能力和集体行动力的提高对于三位一体安全问题的预防和削弱作用。因此，从时空视角出发，水、能源与粮食三者之间相互影响，互为制约，同时又建立了极具敏感性和脆弱性的安全纽带关系。中国和世界各国的绿色发展进程会对全球可持续发展治理体系的变革产生重要影响，并推动建设更有韧性的能源-粮食-水三位一体安全机制。随着气候变化，公共健康、能源、粮食和水等全球非传统安全风险不断加大，在后疫情时代中，提高全球能源-粮

---

① FRIEDMAN T.The Lexus and the olive tree：understanding globalization［M］. New York：Anchor，2000：2-7.

食−水安全与社会经济的韧性和恢复力被各国视为重要议题。习近平总书记指出，"可持续发展是破解当前全球性问题的'金钥匙'，同构建人类命运共同体目标相近、理念相通"。2020年全球爆发新型冠状病毒引起的肺炎疫情，凸显了构建人类命运共同体应对非传统全球性危机的重要性和紧迫性。面对全球能源−粮食−水三位一体的安全挑战，中国将站在人类命运共同体的高度，形成共识，加强合作，化危机为机遇，实现全球可持续发展。

1.1 气候变化和可持续发展：能源−粮食−水三位一体安全研究背景

全球气候问题具有较强的传导性和延展性，对各地区的粮食供应和水资源安全构成严峻挑战。[1]气候变化大背景下的能源、粮食和水的安全问题也是当前全球环境治理的热点和难点问题。2019年，联合国秘书长和欧洲议会等先后宣布进入"气候紧急状态"，《牛津词典》将"气候紧急状态"选为2019年度热点词汇，气候变化带来的能源、水资源和粮食安全问题成为联合国相关报告关注的重点。政府间气候变化专门委员会指出，"气候变化加剧了正在进行的土地退化，导致洪水和干旱的频率和严重程度上升、气旋高发地区灾害频发等，并将持续损害世界各个区域的粮食生产与相关社会经济进程"。2021年政府间气候变化专门委员会第六次评估报告了气候变化带来的生物多样性的丧失、自然资源不可持续的消耗、土地和生态系统的退化、快速城市化进程、人类人口的变化、社会经济的不平等等。2022年世界气象组织提升了气候变化预警程度，提出1.5℃温升将会提

---

① PARRY M L，SWAMINATHAN M S. Effects of climate change on food production//in MINTZER I M. Confronting climate change：risks，implication and response［M］. Cambridge：Cambridge University Press，1992：113-124.

前到来，并强调气候变化已经对整个地球系统和人类安全构成了重大威胁和挑战。全球层面的气候变化及相关资源环境领域治理始于 1990 年。在过去的 30 多年中，国际社会已经形成了一个旨在应对气候环境系统负面影响的全球机制，其中包括了丰富的规范体系。在连续的变迁与发展之中，新的规则和挑战不断出现。[①]2020 年初全球新冠疫情使全球气候和环境治理也陷入困境之中。病毒感染对全球环境治理进程的挑战是多方面的，一方面，现有的环境治理磋商进程受到限制；另一方面，各国为应对疫情采取的措施在客观上限制了全球环境治理的进程。由于各国集中力量抗疫，原本拟召开的环境治理磋商会议被迫推迟召开；病毒感染在世界各国的蔓延，增加了全球环境治理的难度。受限于经济衰退，世界环境治理合作进程受阻，同时全球环境治理的难度也不断提升。各国国际收支恶化和财政赤字扩大的困境，导致大多数国家趋于选择更为保守的气候外交政策，进而增加了治理环境集体行动的难度。较低的油价遏制了对新能源及其产品的需求，削弱了各国政府以资金支持改善环境气候的力度，冲击了低碳交通和绿色能源行业，从而导致全球应对环境气候行动放缓。世界经济下滑、国内财政赤字压力增加、国际油价波动等因素共同作用对全球治理产生了消极影响，这进一步加大了各国履行《巴黎协定》的难度，为此根据 2021 年格拉斯哥气候峰会达成的《巴黎协定》实施细则，全球有 140 多个国家和地区已提出或重申 21 世纪中叶实现碳中和或者气候中和目标，突破当前气候治理的困境。

关注资源、环境、经济关联问题的首个重大原则是"只有一个地球"，该原则是 1972 年斯德哥尔摩人类环境会议《联合国人类环境会议宣言》（Declaration of the United Nations Conference on the Human Environment）的重要成果，该宣言强调保护和改善人类环境是关系到全世界各国人民的幸福和经济发展的重要问题，需要保护和合理利用各种自然资源，促进经济和社会发展，使发展同保护和改善

---

① 于宏源. 自上而下的全球气候治理模式调整：动力、特点与趋势 [J]. 国际关系研究，2020 (1)：110-124.

环境协调一致。1982年10月28日，联合国大会通过《世界自然宪章》（World Charter for Nature），该宪章强调必须维持大自然的稳定和质量才能求得可持续发展。2000年9月联合国峰会通过的《联合国千年宣言》则把"确保环境可持续性"作为2015年前需要实现的千年发展目标之一。2002年约翰内斯堡可持续发展问题世界首脑会议通过的《可持续发展问题世界首脑会议执行计划》（亦称《约翰内斯堡实施计划》，World Summit on Sustainable Development）则把改变不可持续的消费形态和生产形态、保护和管理经济及社会发展的自然资源基础、在全球化世界中实现可持续发展作为世界各国努力实现可持续发展的重要目标。2008年北京第七届亚欧首脑会议通过的《可持续发展北京宣言》（Beijing Declaration on Sustainable Development）强调，实现可持续发展是全人类共同面临的严峻挑战和重大紧迫任务，各国在追求经济增长的同时应努力保持并改善环境质量，充分考虑子孙后代的需求，而环境和能源则被列为亚欧会议第二个十年优先合作领域。2015年联合国首脑会议通过的《2030年可持续发展议程》（Transforming our World：The 2030 Agenda for Sustainable Development）则强调，以可持续的方式进行消费和生产及管理地球的自然资源，并在气候变化问题上紧急采取行动，使地球能够满足今世后代的需求。

如上所述，随着资源环境和气候变化问题的日趋严重，国际社会日渐关注资源与环境安全问题，安全理念不断变化，在传统安全观念中，环境资源的稀缺与获得仅是建立在国家军事能力的基础上，1987年第四十二届联合国大会通过的《布伦特兰报告：我们共同的未来》（Our Common Future）强调需要进一步扩展安全概念的定义，在超越对国家主权的政治和军事威胁的基础上，还需要把环境恶化和发展条件遭到破坏囊括进来，传统意义上的安全概念仍需要进一步扩大，以便将日益增长的环境压力之影响纳入安全理论的解释范围。1992年联合国环境与发展会议通过的《里约环境与发展宣言》（Rio Declaration）进一步指出，"和平、发展和保护环境是互相依存、不可分割的，世界各国应在环境与发展领域加强国际合作，建立一种新的、公平的全球伙伴关系"。因此，"免于环境威胁的安全"便是在世界环境挑战下的安全观念中对于环境安全的定义，自此环境安全具有了独立性。国际社会聚焦于环境资源问题并非以取得政治权力为目的，多数国家首先考虑的是日益显著的全球环境压力与其引发的生存安全问题。超越环境和冲突的因果关系的局限后，新安全研究聚焦于不同类型环境安全的传导效应和链接机制，新安全研究认为国家行为体不可避免地要与其他国家、国际组织乃至国际社会结合成一定的安全关系，[①]强调了安全因素、安全议题及安全行为体间的关联和纽带关系。

气候环境推动不同资源领域加强互动和联系，能源–粮食–水的三位一体安全研究正是基于上述背景而兴起的，三者之间可产生传导性和延展性的影响，任何因素的恶化都会对其他领域产生传导效应，任何一种安全问题都可能通过关联的传导机制构成国家、区域甚至全球的安全问题。这三个议题相互传导和转化使得相对分离的政策模式已无法有效适应三者互动带来的安全挑战，国际社会应加强能源、粮食和水资源领域的协同治理。能源–粮食–水安全的三位一体研究强调不同要素间安全的传导性和治理的联系性：一方面能源、粮食和水安全互相掣肘，展现出要素间传递的表征；另一方面由于上述三个领域政策治理的相对分离，传统政策的设计已经无法适应协同治理的现实需求，当前尤其需要建设一种动态、系统和多元博弈的资源治理体系。因此，水资源安全、能源安全和粮食安全分别被列为 2030 年联合国可持续发展议程和指标的重要评价要素（目标 2：消灭饥荒，实现粮食安全，改善营养和促进可持续农业；目标 6：确保为所有人提供并可持续管理水和环境卫生；目标 7：人人均可获得价格低廉、供应稳定和可持续的现代化能源）。各个目标之间具有"牵一发而动全身"的传导性和延展效应。伴随着气候变化问题态势日趋严重，水资源、能源和粮食的传导性和延展效应的特质更加凸显，如图 1-1 所示，水资源、能源和粮食任一资源要素扰动，不仅会影响一国的国内经济社会安全，而且会关系到国际社会集体安全与秩序稳定。

---

① 于宏源. 浅析非洲的安全纽带威胁与中非合作 [J]. 西亚非洲，2013 (6)：114-128.

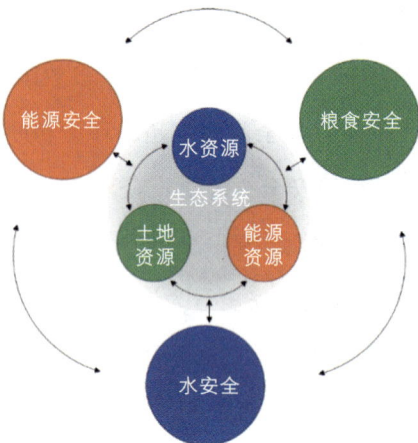

图 1-1   全球可持续发展视角下的水、能源和粮食关系

　　根据奥兰·扬（Oran Young）的人类世和全球治理理论，[①]全球气候对于人类社会的生产和再生产过程具有重大影响，因此全球气候的改变是环境与安全问题的联接点。随着气候变化议题下非传统安全研究的发展，水、能源和粮食安全的相互依存关系越来越受到学术界和政策制定者的关注，各国学者认识到要从安全议题的联系性来研究气候变化、环境资源和国际安全问题。美国海军分析中心军事咨询委员会 2007 年发布的研究报告《国家安全与气候变化威胁》，美国战略与国际问题研究中心和美国新安全研究中心 2007 年发布的《后果降临的年代：全球气候变化对外交政策和国家安全的含义》，美国对外关系委员会 2007 年发布的《气候变化与国家安全：一份行动纲领》报告，美国国家情报委员会 2008 年发布的《2005 年全球趋势：一个改变了的世界》，德国全球变化咨询委员会（German Advisory Council on Global Change）2007 年发布的《气候变化：一个安全风险》等都强调气候会导致淡水资源的污染、粮食减产和资源竞争等，其中发展中国家的脆弱性更为显著，全球安全挑战增大，不同的报告都强调在气候变化的大背景下，各国环境安全与资

---

① 扬. 复合系统：人类世的全球治理 [M]. 杨剑，孙凯，译. 上海：上海人民出版社，2019.

源安全、能源安全之间的联系更加紧密，而温室气体减排压力与经济发展间的相互制约又进一步促进了环境、资源、安全与发展之间的联动性，丽塔·弗洛伊德（Rita Floyd）认为，对于环境政策研究呈现碎片化的倾向，而缺乏总体上的把握，应当梳理水、粮食、能源和气候变化等多项内容。[①]

如表 1-1 所示，对资源环境的学术和政策研究范式逐渐从各部门间相对割裂的模式转变为一种综合系统的、跨部门、跨学科的、纽带式的研究模式，有关能源–粮食–水相互关联和安全纽带的讨论开始不断发展，并形成学术和政策议题。

表 1-1   能源–粮食–水的相互关联和安全纽带相关讨论

时间	会议/机构	内容
2002	约翰内斯堡联合国可持续发展首脑会议	提出水–能源–健康–粮食–生物多样性倡议；促使水、能源、健康、粮食、生物多样性这 5 个主题领域成为采取行动的重心和推动力；强调全球资源的协同管理和系统管理
2011	世界经济论坛	将缺乏对纽带关系的理解视为全球经济所面临的重大挑战
2011	波恩气候变化大会	水、能源和粮食三位一体安全的"纽带"是可持续发展的根本和必要的转变路径
2012	"里约+20"联合国可持续发展峰会	《实现我们憧憬的所有人的未来》（Realizing the Future We Want for All）把能源、粮食和水的相互关联性（nexus）纳入绿色发展议程
2013	跨大西洋学会和亚太经社会	土地、能源、粮食、水和矿物质被视为关系人类安全的最为重要的资源
2013	联合国大会可持续发展目标开放工作组	提出了包括能源、粮食和水在内的 17 项可持续发展目标（SDGs）和一系列具体目标
2015	联合国可持续发展峰会通过《2030 年可持续发展议程》	强调不同目标的关联和纽带：粮食安全（目标 2：消灭饥荒，实现粮食安全，改善营养和促进可持续农业）；水安全（目标 6：确保为所有人提供并可持续管理水和环境卫生）；能源安全（目标 7：人人均可获得价格低廉、供应稳定和可持续的现代化能源）

资料来源：笔者根据相关资料自制.

[①] 转引自周圆. 全球环境治理：国际关系中的环境问题研究 [J]. 环境与可持续发展，2016，41（4）：12-15.

2002年约翰内斯堡联合国可持续发展首脑会议最先对不同资源的相互关联关系进行了讨论研究，该届可持续发展首脑会议提出水–能源–健康–粮食–生物多样性倡议。安全纽带真正进入西方国家决策领域则始于2010年，由美国进步中心（American Progressive Center）最先提出，后来成为奥巴马政府决策的重要参考。在2011年全球范围内举行的一系列的环境、经济论坛与峰会和报告中，能源–粮食–水安全的相互关联性开始成为政策和研究的热点。欧洲学术界也在推动对这种资源环境安全纽带的研究。欧盟认为，作为人类生存与发展的基本要素，水、能源和土地扮演着重要角色。而2013年跨大西洋学会和亚太经社会将土地、能源、粮食、水和矿物质视为关系人类安全的最为重要资源。2011年，世界经济论坛将缺乏对纽带关系的理解视为全球经济所面临的重大挑战。同年，波恩气候变化大会（The Bonn Conference）提出水、能源和粮食三位一体安全的"纽带"是可持续发展的根本和必要的转变路径。

能源、粮食、水等也是全球可持续发展治理的重要组成部分，"里约+20"联合国可持续发展峰会于2012年举办。绿色经济发展与可持续发展以及消除贫困成为该峰会的聚焦点。源于"里约+20"联合国可持续发展峰会报告《实现我们憧憬的所有人的未来》（Realizing the Future We Want for All）和之后的《更新的全球发展伙伴关系》（A Renewed Global Partnership for Development）都提到把能源、粮食和水的相互关联性纳入绿色发展议程。在准备联合国可持续发展目标时期，2013年9月联大主席组建了"水、卫生设施和可持续能源"联合国大会可持续发展目标开放工作组（Open Working Group of the General Assembly on Sustainable Development Goals），提出了包括能源、粮食和水在内的17项可持续发展目标（SDGs）和一系列具体目标，并最终于2015年联合国可持续发展峰会期间通过。其中，关于粮食，目标2：消灭饥荒，实现粮食安全，改善营养和促进可持续农业；关于水安全，目标6：确保为所有人提供并可持续管理水和环境卫生；关于能源安全，目标7：人人均可获得价格低廉、供应稳定和可持续的现代化能源。联合国《2030年可持续发展议程》强调建设"一个享有安全饮用水和环境卫生的人权的承诺和卫生条件得到改善的世界，一个有充足、安全、价格低廉和营养丰富的食物的世界，一个有安全、充满活力和可持续的人类生存环境的世界和一个人人可以获得价廉、可靠和可持续能源的世界"。

近年来，许多以"纽带"为主题的学术会议将科学家、政策制定者、民间组织以及私营部门汇聚在一起，涉及不同的学科。根据既有国内外学术文献，本书研究能源-粮食-水三位一体的安全纽带（nexus security），并强调其中能源-粮食-水三位一体的内涵外延，以及全球区域影响。能源-粮食-水三位一体安全研究从经济和政治相互依存的角度对全球能源环境问题相互依赖又相互制约的系统效应进行了阐述和分析。能源-粮食-水三位一体安全机制研究的显著特点在于对系统整体有效性的强调，该模式认为通过部门间整体性的决策，可以减少单个部门决策时因对自身利益权衡而对其他部门造成的消极外部性，避免一个部门的获益以另一个部门的损失为代价。例如，不能通过高能耗来实现对水资源的治理，同时系统决策还能减少部门或议题间相互沟通的交易成本。目前既有文献中仍存在一些对该项研究质疑的声音，主要聚焦于以下几个问题：各国或各个资源环境领域综合治理的现实性，能源-粮食-水不同领域能否获得公平发展，对于能源-粮食-水纽带框架局限性的批评，以及能源-粮食-水三位一体安全机制最终是实现绿色经济还是仅限于全球价值链和国际制度建设等。例如，米拉莱斯·威廉（Miralles Wilhelm）[1]认为建立能源-粮食-水安全纽带极具挑战性，除了政治、社会和经济障碍之外，气候变化的不利后果加剧了这些困难，影响了有关能源-粮食-水资源的管理、可用性、分配情况和使用情况。

本书研究的全球能源、粮食和水的三位一体安全是极具动态性的，该研究的最新进展意味着科学界对这一安全领域的整体理解正在持续加深。随着全球环境治理和可持续发展目标建设的发展，本书研究的全球能源、粮食和水的三位一体安全机

---

[1] WILHELM M, FERNANDO. Development and application of integrative modeling tools in support of food-energy-water nexus planning—a research agenda [J]. Journal of Environmental Studies & Sciences, 2016, 6 (1): 3-10.

制逐渐朝向相互制约和复合型方向发展。水资源、能源以及粮食兼具发展和安全等多元战略意义，依其在人类经济和社会生活中所扮演的角色被赋予重要且相互关联的政治、经济和社会属性。一般而言，能源、粮食和水对于一国安全政策的重要程度取决于国内供应的充足性、进口依赖程度、人口经济需求以及跨国风险威胁程度。从国际层面出发，能源、粮食和水则会受到两个外部逻辑的制约，即基于地缘政治的权力逻辑和基于全球治理的规制逻辑。在上述双重逻辑的影响下，水资源、能源和粮食的相互传导性和延展特性使得传统发展和安全的单一政策目标导向型治理模式已无法有效适应三者互动带来的挑战。

本书研究的主要概念——"能源–粮食–水三位一体安全"的定义仍是一个有待完善的叙述，能源–粮食–水三位一体安全的因果机制研究仍需要在未来予以强化。随着环境资源领域热点的转移，不同的行为体、不同的场合、不同的时代与不同的问题，会对能源–粮食–水三位一体安全作出不同的解释，这也说明能源–粮食–水三位一体安全机制研究不但是技术性的，根本上还是个政治问题和话语问题。①鉴于此，本书研究认为，能源–粮食–水三位一体安全机制研究分析应该是一个开放的分析框架，但能源–粮食–水三位一体安全是目前重要的分析视域，但是该结构在分析不同区域和领域时应有所侧重，而安全纽带理论的最终价值取向应是确保可持续发展，但在运用过程中不应忽视国际地缘政治、经济和全球治理视域。本书研究认为，国际社会应加强水资源、能源和粮食协同发展和安全战略研究。

1.2　能源–粮食–水三位一体安全的文献学术史逻辑梳理

1.2.1　"能源–粮食–水"三位一体安全的多要素分析视域

在气候变化背景下，能源、粮食和水资源逐渐形成了三位一体的安全纽带关

---

① 于宏源. 浅析非洲的安全纽带威胁与中非合作 [J]. 西亚非洲，2013 (6)：117–118.

系，气候安全让国家间成为一个相互影响与依存的命运共同体，也使世界诸多区域在水安全、能源安全和粮食安全领域之间形成了一种彼此掣肘并兼具敏感性和脆弱性的安全纽带。全球气候问题与水、粮食和能源的三位一体安全纽带关系复杂且彼此息息相关。通过传导性联系，气候变化将同时影响到世界水资源、粮食和能源等问题，并主要会对全球各区域的粮食供应和水资源安全构成严峻挑战。①能源、粮食和水资源的三位一体纽带关系从经济和政治相互依存的角度对全球三者相互依赖又相互制约的系统效应进行了新的阐述。

水和能源相互联系。能源生产离不开水，水在这个纽带中扮演了中心角色，水资源匮乏将成为能源、粮食和水资源三位一体安全纽带的核心问题。在水资源短缺背景下，能源需求必将增加，因此能源和粮食的相互竞争日益激烈。由于政府补贴，全球乙醇生产和生物燃料大量消耗了粮食中的玉米等。水资源、能源及粮食安全已经成为全球性问题，它不再受制于国家或者河流流域的边界。全球化发展既可能导致更多的资源竞争和潜在的冲突，也可能导致不断加深的合作和共同管理。跨境水问题会影响下游水资源、能源和粮食的可用性。

全球气候变暖增强了能源、粮食、水三要素间的纽带安全联系。图1-2展示了全球变暖背景下水、粮食、能源等因素的相互影响和联系。首先，大规模能源开发与粮食生产和供应是导致气候变化的主要驱动力。其次，气候政策也可能会反作用于不同要素间的纽带安全。通过碳隔离、生物燃料的更多使用或者水力发电而引起气候变化的缓和会创造新的巨大的水资源需求。因此，在制定气候政策时，形成一种跨纽带的综合视角有利于避免政策的不良反应及负外部性。此外，公平问题也需要得到气候政策的高度重视，根据《联合国气候变化框架公约》，大部分历史性的温室气体排放都源自工业化国家，然而众多的发展中国家却承受了气候变化影响的最沉重打击。在中

---

① PARRY M L, SWAMINATHAN M S. Effects of climate change on food production [M] // MINTZER I M. Confronting climate change: risks, implication and response. Cambridge: Cambridge University Press, 1992: 113-124.

国能源–粮食–水的三位一体安全方面，气候变化会破坏中国的生态、环境和自然资源等，加剧中国荒漠化，使粮食产量和质量急剧下降，挤压中国居民的生存空间，极端天气时间持续增强的频率和强度对中国水资源和粮食生产产生的负面影响会引发跨境水资源的争夺和跨国移民潮，导致国际水资源等争端和冲突。

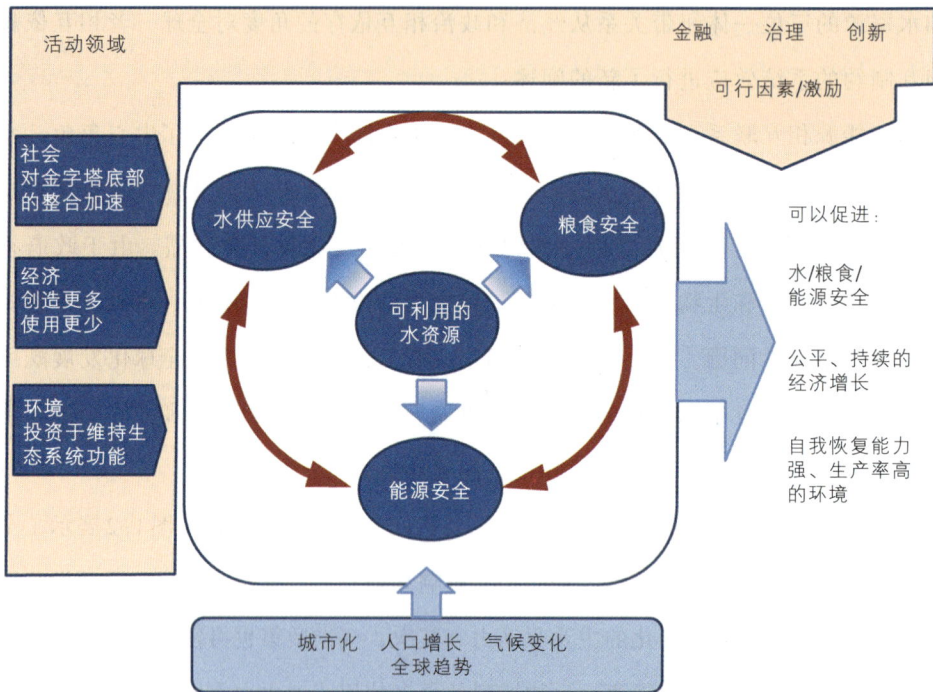

图1–2　安全纽带图示

1. "能源–粮食–水"三位一体的纽带安全概念及内涵探讨

在主权国家的社会运行与经济发展过程中，能源、粮食和水资源占有极其重要的地位，而分布不均匀、耗竭性、负外部性、在国民经济中占据主导地位和价格波动大则是这些资源能源的重要特征。当前，国家对能源资源的控制加强，以全球贸易规则为中心的现行治理体系已无法适应未来资源可持续和公平发展的需要，因此能源治理尤其需要加强全球合作。能源安全即供应安全，主要指能源的获得和能源价格，能源安全的广义概念是指在任何时候都能获得价格合理的能源，狭义概念则是不对某些产油国或产油区的石油形成能源依赖，能源安全还可以指国家或地区的石油、天然气等能源的储量，以及生产和供应安全。国际能源机构（IEA）将能源安全定义为能源资源在可承受价格下的连续的可利用性，并且该机构会在短期和长期对其进行检查。欧盟委员会和世界经济论坛等将之定义为："对市场上的能源产品的可持续的、物质性的利用，其价格对于所有的（私有的和工业的）消费者都是可承受的，同时符合环境友好型可持续发展要求。"能源安全也和地缘政治相关，约瑟夫·奈（Joseph Nye）在1980年的《能源与安全》报告中提出了能源对地缘政治和国际安全的影响；迈克尔·克莱尔（Michael Klare）认为，国际市场供求双方博弈的结果构成了能源安全，同时能源安全也是"大国"关于石油利益分配的政治安排[1]。就水安全而言，水安全不仅局限于环境安全范畴，更应从人类安全的视角进行解读。通过评估过去50年来各国在共享水资源方面的所有冲突与合作，阿隆·T.沃尔夫（Aron T. Wolf）等人发现，国际流域的治理比自然条件的优势更重要。无论是制度突变还是河流自然条件，如果超出相关国家的承受能力，都是造成水资源安全问题的根本原因。[2]梅雷迪丝·佐达诺（Meredith A. Giordano）等强调社会文化和国际关系影响全球水资源安全[3]。

20世纪70年代初，粮食安全开始为人所知。联合国粮农组织（FAO）于1974年将粮食安全定义为"确保任何人在任何时候都能获得粮食以维持生存和健康"；1983年，该组织将粮食安全的最终目标重新定义为"人人可以随时购买和负担得起的基

---

① KLARE M T.The race for what's left: the global scramble for the world's last resources [M]. New York: Metropolitan Books, 2012.

② WOLF A T, STAHL K, MACOMBER M F. Conflict and cooperation within international river basins: the importance of institutional capacity [J]. Water Resources Update, Vol. 125, 2003.Universities Council on Water Resouces. WOLF A T, NATHARIUS J, DANIELSON J, et al.International river basins of the world [J]. International Journal of Water Resources Development, 15 (4), 1999, pp.387-427.

③ GIORDANO M A, WOLF A T. Incorporating equity into international water agreements [J]. Social Justice Research, Vol. 14, No. 4, 2001 (12): 349-366.

本粮食";在20世纪90年代，联合国粮农组织和世界卫生组织对粮食安全所做的定义为"人人均可获得安全营养的食品来维持健康生活";1996年联合国粮农组织指出："只有所有人在任何时候都能获得足够、安全和营养的食物，满足他们积极健康的饮食需求和食物偏好，才能实现粮食安全。"在2008年联合国粮食峰会期间，联合国强调粮食安全包括充足的供应、稳定的供应、支付、营养和健康四个方面，联合国还确定了粮食最低安全水平系数。粮食最低安全水平系数是指，该年粮食库存总量应满足下一年度粮食年消费量的17%～18%，即凡是低于下一年度消费量17%的国家粮食库存则可以被认为是粮食不安全，粮食处于紧急状态则为国家粮食库存低于下一年度消费量14%的状态。

能源、粮食和水资源安全离不开社会经济可持续和稳定发展，应对能源、粮食和水资源的极端事件离不开国际合作，只有国际合作方可共同应对地缘政治环境或者供给-需求平衡的突变。目前全球气候变暖与气候安全问题对世界经济、国际政治都产生了重大影响，其全球性、整体性、长期性、不可逆性和人为性使其尤为特殊。全球变暖对能源、粮食和水资源的可持续发展都构成约束，在全球变暖的背景下，环境资源问题是能源-粮食-水相关联形成的三位一体的纽带安全研究的缘起。随着这一问题逐步激化，更多研究者尝试对环境资源安全问题进行新的界定。[①]随着气候变化和环境问题的日益严重，各国开始注重能源的清洁、公平、安全和高效使用。世界上许多地方的不稳定和冲突都与世界范围内的资源匮乏与环境恶化紧密相关，更重要的是由于很难适应恶化的环境，发展中国家与发达国家相比更容易陷入社会不稳定状态[②]。气候变化将会加剧已有的生态安全威胁，并导致粮食、能源和水相关联问题的出现。相关研究表明，在全球气候变暖的大背景下未来将可能出现生物多

---

① GEOFFREY D. Ideas and the evolution of environmental security conceptions [D]. The International Studies Association Annual Convention，1996（03）：2.

② HOMER-DIXON T F，"On the threshold：environmental changes as causes of acute conflict"[J]. International Security，Vol. 16，No. 2，Fall 1991：76-116；Environmental scarcaities and violent conflict：evidence from cases [J]. International Security，Vol.19，No.1，Spring 1994：5-40.

样性危机压力骤增、自然灾害频发、农业生产受损、工业生产各环节（矿物资源、能源、运输等）遭受损害、自然条件被破坏等问题。表1-2表明了安全的三个层次。

表1-2 安全的三个层次

类别	含义	案例
要素安全	单个要素的安全	水安全、粮食安全、能源安全
关联安全	要素之间具有关联性，所以必须考虑关联的安全	水-粮食-能源的关联安全
生态安全	生态系统的安全	气候系统的安全

2002年约翰内斯堡世界可持续发展首脑会议就提出"水-能源-健康-粮食-生物多样性"（Water Energy Health Agriculture and Biodiversity，WEHAB）的纽带理念，强调全球资源的相互管理和系统管理，自此以后越来越多的研究机构和政策智库开始关注水、能源、粮食等不同资源要素之间的协同纽带关系问题，并将三者关系归纳为三个方面：首先，任一因素的恶化都会对其他领域产生传导效应。斯德哥尔摩环境研究所的研究表明，能源生产离不开水，水的开采和运输将会耗费大量的能源，水资源的匮乏将导致全球粮食产量下降，而粮食安全和生物燃料生产处于竞争态势，粮食安全与能源安全关系日益密切，水资源短缺将成为水-粮食-能源协同纽带关系的核心问题。其次，气候-水-粮食-能源的纽带关系意味着一个部门无法单独应对这些挑战。一个领域的问题会直接影响另一个领域，因此需要综合分析资源现状，并综合分析相关领域的利益交换，以采取跨部门的协调措施。布罗姆维奇（Brendan Bromwich）等把达尔富尔地区的能源-粮食-水协同关系和内战及人道主义行动相结合，提出冲突的解决和水资源-粮食-能源协同关系的安排都需要与自然资源治理方式进行协调。最后，水资源、能源和粮食的纽带关系通常同国内层面的政治经济与收益分配结构紧密相关，由此构成协同关系的国际国内双重博弈格局。拉里·斯瓦图克（Larry A. Swatuk）、科瑞茵·卡什（Corrine Cash）和安德鲁斯·斯皮德（Andrews Speed）等认为水、能源和粮食相互影响，三者之间的关系具有一定的脆弱性，而实质上是全球治理和国内

治理互动的问题。除了水、能源以及粮食相互之间的关联性之外，更重要的是通过相互传导和彼此影响，呈现出整体性、传导性的安全特征。国内水、能源与粮食的协同纽带关系往往与经济政治或者收益分配密切相关，进而影响国际互动进程，构成国际国内双重安全博弈格局。

为了解决能源、粮食和水资源安全之间关系的模糊性问题，有学者开始从能源-粮食-水安全议题的关联性来研究环境资源问题，各国之间生态环境、资源、能源三者的关系更加密切。这些学者推动环境问题成为国际安全研究的重要维度，特别是把环境问题和国家利益及国际冲突相结合，强调了资源和冲突的因果关系，如杰西卡·孟修斯认为自然资源、粮食和其他环境变量将成为社会经济稳定的"潜在杀手"[①]。美国的近期和长远安全受环境恶化、资源短缺和人口激增等跨国问题的影响较为严重[②]。特别是随着日益复杂的气候变化，与生态环境相关的水、能源、粮食等资源日趋紧张，冲突问题日趋严重，环境安全的内涵和影响机制亟待深入研究。联合国经济和社会理事会认为，气候变化加大了不断增长的人口对能源、水和粮食需求的压力。以目前对粮食、水和能源需求的增长速度，地球将无法提供足够的资源来满足这些需求。这些纷繁复杂的矛盾缺少简单易行的化解策略。政府、大学和工业界需要额外的投资，以确定、资助和开发综合且可持续的解决方案，满足我们目前和未来对食品、能源和水的需求。解决办法必须包括通过持续研究以寻求可持续过程中无害于环境的方法，如以税收优惠与激励的方式为可持续流程提供替代解决方案。评估和指标需要基于反映其真正影响力的长期解决方案。

2."能源-粮食-水"要素两两关联视角研究

（1）水-粮食关系研究

粮食安全在《2030年可持续发展议程》中处于重要位置，也是作为生存权的

---

① MATHEWS J. Redefining security [J]. Foreign Affairs, Vol. 38, Spring 1989: 162-177.
② LOWI M R. Water and conflict in the Middle East And South Asia: are environmental issues and security issues linked? [J]. Journal of Environment & Development, Vol. 8, No. 4, 1999 (12): 376-396.

核心要素，粮食安全已经成为社会经济和人类安全发展的起点。虽然人们的基本需求不断得到满足，但是发展中国家的贫困人口依然占全球人口的大多数。当发达国家已经将人权目标从生存权转向发展权时，对于发展中国家而言，在之后较长一段时间内，人们面临的难题在于如何继续缩小生存权与发展权之间的距离。基于此，具有生命之源之称的"水"这一要素与粮食的关系就成为学者研究的重点。珍妮·索尔（Jeannie Sowers）等[1]分析了在水资源稀缺的中东和北非地区，粮食和水安全的政治经济学意义，该研究从虚拟水贸易的视角来测定在过去的三十年中，当地的经济如何满足其日益上升的粮食和水的需求，探索在中东和北非地区的干旱或半干旱国家中，虚拟水、粮食安全和贸易之间的关系。处于该地区的国家应对由水不足引起的粮食挑战的能力也是参差不齐的，一系列的社会经济问题和环境问题组合在一起，有可能给原本已经十分紧张的水资源带来更多的负担，这也要求推动水资源管理可持续化。[2]维克托·A.杜霍夫内（Viktor A. Dukhovny）和斯图丽娜·加利纳（Stulina Galina）研究了中亚地区的水和粮食安全问题。粮食可利用性取决于土地、水和投资；水政策框架包括水资源政策、灌溉业的发展和支持、在政府和公共、私营部门之间进行的供水和灌溉网络的分配责任、水资源保存、水资源稳定性、开垦工作的支持和责任等。[3]赛德·约库布佐德（Said Yokubzod）的研究指出，在使用过时灌溉技术的中亚，粮食安全取决于灌溉技术的发展。随着新土地的开发，中亚地区有必要获取目前没有的可用水资源。在当前的灌溉技术水平下，中亚地区面临着水资源短缺的问题，而且干旱年份农田的供水急剧减少。因此，要保证中亚地区的粮食安全，需要提高用水效率。邓克尔曼（Dunkelman）、克尔（Kerr）和斯瓦图

---

① SOWERS J，VENGOSH A，WEINTHAL E. Climate change，water resources，and the politics of adaptation in the Middle East and North Africa［J］. Climatic Change 104，2011（2）：599-627.

② ANTONELLI M，TAMEA S. Food-water security and virtual water trade in the Middle East and North Africa［EB/OL］.［2015-05-27］. https：//www. tandfonline. com/doi/abs/10.1080/0790062. 2015. 1030496?JouralCode=cjw20.

③ DUKHOVNY V A，GALINA S. Water and food security in Central Asia［M］//MADRAMOOTOO C A，DUKHOVNY V A，Water and food security in Central Asia Dordrecht：Springer，2008：1.

克（Swatuk）对东非地区的粮食和营养安全进行了分析。他们指出，粮食安全必须超越唯产量论，转向对营养的分析和强调。如果营养成为粮食安全的重点，那么所谓的粮食生产本地化采水做法可能会复兴，这将同时促进粮食和水安全。

（2）水–能源关系研究

现代能源体系和水资源关系密切，经合组织（OECD）于2015年6月4日经合组织部长级会议上通过了《经合组织水治理原则》。报告指出，水治理和能源之间具有一定的关联性。水治理政策是复杂的，健康、环境、农业、能源、空间规划、区域发展和减贫等对发展至关重要的领域都与水关系密切。要提高水治理的有效性，需要采取诸多措施，鼓励通过实施有效的行业间协调，特别是水、环境、卫生、能源、农业、工业、空间规划和土地使用之间的协调，实现政策的连贯性。汉隆（Hanlon）等定义的能源系统包括发电、运输和分配电力所需的操作，以及生产和分配运输和工业所需燃料而必有的步骤。全球各国的煤电厂、煤电联动生产和热电厂等需要大量的水来去除多余的热量。从地面和地表水源抽取水和将水输送到使用地点需要电能，而中东等地区因取水或海水淡化的用电量巨大。

水能关系的研究并不局限于淡水资源的传统特征。阿夫林·西迪奇（Afreen Siddiqi）等人对中东和北非地区的这种关系进行了国家层面的量化评估。结果表明，能源系统对淡水的依赖程度较低，而抽水和生产系统对能源的依赖程度较高，两者之间存在高度的偏置耦合。决策者应进一步考虑水密集型食品进口和未来用水需求结构调整对能源的影响。这将有助于在水利和能源基础设施系统建设方面作出更全面的决策[1]。欧洲学者将投入产出分析（IOA）和生态网络分析（ENA）相结合，分析国际能源贸易中体现的能源与水的关系。在混合单元IOA的基础上，描述

---

① SIDDIQIN A, ANADON L D. The water-energy nexus in Middle East and North Africa［M］. New York: Elsevier, 2011: 4529-4540.

了能量与水的关系，研究了能量与水的并行关系①。帕尼特·保罗（Parneet Paul）
等人的研究展示了中东干旱地区通过能源–粮食–水关联方法整合水–电力基础设施
的技术进展，特别是在未来需求方面进行了最佳设计和协调运作。②迭戈·罗格里
德斯（Diego Rodriguez）、安娜·德尔加多（Anna Delgado）、安东尼娅·索恩（An-
tonia Sohns）重点关注了能源–水系统中的气候变化因素，他们认为气候变化凸显
了水和能源之间潜在的关联性，增加了不确定性，也增加了风险，如果现在不解
决，将对发展形成威胁并使人们进一步陷入贫困。而发展中国家是最为脆弱的。在
气候变化不确定的情况下满足未来对水资源和能源资源的需求，需采取创新方法，
鼓励跨部门合作，并在国家和地区层面进一步加强对水和能源的利弊分析。③佩·
德雷克塞尔（Pay Drechsel）、穆尼尔·A.汉吉拉（Munir A. Hanjra）认为，水、能
源和养分的可持续利用显然需要针对城市卫生挑战制订绿色解决方案，连接水、能
源和营养物之间的资源纽带，促进提供可持续的废物利用和卫生服务，并重视水、
能源和营养物的回收，将其作为任何城市复原战略的核心。支持向循环经济过渡，
特别是以明确界定的能源–水协同发展目标为基础，辅之以能够吸引私人合作和资
金的健全的商业模式和激励措施。④

3. "能源–粮食–水"整体传导性安全观研究

从水与粮食、水与能源的研究来看，纽带安全各要素之间的多向互动模式
成为众多学者研究的焦点。在波恩 2011 年气候变化大会上，水、能源和粮食三
位一体安全的"纽带"一词在国际上，特别是在学术、政治和商业领域得到推
广。世界经济论坛强调"水–粮食–贸易"次纽带和"能源–气候变化"次纽带，

① RANIT A, LINDSTROM A, WEINBERG J. Policy and planning needs to value water [J]. The European Financial Review, 2012: 22–26.
② PARNEET P. A review of the water and energy sectors and the use of a nexus approach in Abu Dhabi [J]. International Journal of Environmental Research & Public Health, 2016 (3).
③ DODD F, BARTRAM J. The water, food, energy and climate nexus [M]. New York: Routeledge, 2016.
④ DODD F, BARTRAM J. The water, food, energy and climate nexus [M]. New York: Routeledge, 2016.

并尝试强调将这两个次纽带融合成一个大纽带。世界经济论坛关于纽带的出版物范围很广,但编辑团队和投稿人没能为关键假设、关键议题和关键私人部门供应链的关键行动者提供明确的可行框架。出版物同样也没有找到将两个对社会利用资源的方式负责的强劲的供应链交汇在一起的动机。沙特阿拉伯阿卜杜拉国王石油研究中心(KAPSARC)和新加坡国立大学李光耀公共政策学院组织的一次关于"中东和亚洲国际关系中的能源-粮食-水关系面临的新问题"的研讨会中,21位该领域的专家围绕四个主题(为农业调动水和能源、资助水和能源基础设施、水和能源的跨界管理以及世界经济论坛在中东和亚洲的关系所面临的新问题)共同探讨了中东和亚洲能源-粮食-水(WEF)关系所面临的挑战和问题;2011年,斯德哥尔摩环境研究所(SEI)发布了一份关于"纽带安全关系"的报告,作为2012年里约峰会的背景材料,它认为水、能源和粮食安全可以通过纽带关系来实现,这是一种将领域管理和跨部门协同治理相结合的方法。鉴于不同部门之间以及时空之间的相互关系越来越紧密,经济、社会和环境负面影响的减少可以全面提高资源利用的效率,提供额外收益并确保水和食物满足人们的生存需求。西尔维娅·李(Sylvia Lee)指出,气候、水、粮食和能源的相互关联性意味着一个部门无法单独应对这些挑战,所以需要综合分析因果关系,采取跨越部门的协调措施。我们应该加强系统的适应能力并提高我们的预测能力。

　　水作为资源矛盾的核心是传递性研究中的焦点问题。不少学者对传统以水治理为重点的治理模式进行了反思,认为水治理受到人口转变、城市化等社会因素的影响;从制度有效性来看,水治理制度涉及水资源贸易规则等国际制度;在气候变化的大背景下,水资源节约保护、水资源市场流通机制等都关系到治理的有效性,需要进行水区域的综合治理、多维度水安全建设并加强能源-粮食-水协同纽带关系建设机制。美国俄勒冈大学艾伦·沃尔夫(Aaron T. Wolf)提出了以水为核心的资源环境冲突模型,认为如果水资源变化超过了相关国家的资源承受能力,就会产生安全冲突。梅雷迪丝·佐达诺(Meredith A. Giordano)等人认为,人口激增、经济发展和持续转变的区域价值观等诸多因素都反映了水资源安全矛盾产生背景的多元性，他们认为探究全球水安全问题应当从全球、地区和功能等三个不同视角综合分析出发[①]。克丝汀·斯达赫（Kerstin Stahl）和凯尔·罗伯逊（Kyle Robertson）等学者则把水和气候变化、社会经济以及政治条件结合在一起研究。[②]约阿希姆·冯·布劳恩（Joachim von Braun）认为水是基本的国际公共产品，水和能源、土地、环境、粮食安全等存在着重要协同作用，需要配套实施自然资源管理、种植粮食的气候变化适应和缓解政策、能源和粮食贸易体制改革、资源储备和全球信息共享等制度建设。[③]

气候变化、水和能源问题对全球粮食安全的冲击也是研究热点，粮食安全问题会冲击国家稳定性，会引发地缘政治和经济上的震动。拉里·A.斯瓦图克和科瑞茵·卡什梳理了能源、粮食和水资源纽带关系的概念化问题。他们指出，作为一个政策术语，"关联方式"是由精英驱动的，把国家和私营部门的行为体组合在一起，通过市场化和商品化来应对。从一个层面来说，这个关系只有一个事实：由于水和能源的可用性影响着粮食生产，粮食和能源生产的方法影响到水的供应，且由于气候变化增加了淡水供应的不确定性，因此粮食和能源的"安全"将不可避免地受到水资源供应等的影响，导致相互之间的脆弱性；托尼·阿伦（Tony Allan）、马丁·凯勒茨（Martin Keulertz）和埃卡特·沃尔茨（Eckart Woertz）的研究介绍了能源-粮食-水安全相互关联的概念和操作机制，他们认为，水-粮食-贸易次纽带已经被有效地概念化了，但能源-气候变化次纽带及水和能源次纽带融合成大纽带的理论化过程尚未完成，水-粮食-贸易和能源-气候变化两个次纽带必须融合成一个目前还未能被理解的宽泛纽带。娜塔莎·唐凯（Natasha TangKai）指出，为建立

① GIORDANO M A, WOLF A T. Incorporating equity into international water agreements [J]. Social Justice Research, Vol. 14, No. 4, December 2001: 349-366.

② STAHL K. Influence of hydroclimatology and socioeconomic conditions on water-related international relations [J]. Water International, 2005（9）: 270-282.

③ BRAUN J V, BIRNER R. Designing global governance for agricultural development and food and nutrition security [J]. Review of Development Economics, 2017, 21（2）: 265-284.

水、能源和粮食三者间最有效的联系，必须使用相关的决策工具进行资源评估，提倡进行能源–粮食–水的自然资本核算方法论建设。弗兰克·沃特斯（Frank Wouters）和迪维恩·纳格普（Divyan Nagpal）等强调可再生能源对于能源–粮食–水纽带的重要性。阿尼亚·格罗比克（Ania Grobicki）尝试性地将气候因素纳入水–粮食–能源纽带，形成水–粮食–能源–气候资源纽带，指出应当加强其薄弱环节之间的联系。通过降低风险、增加弹性的且灵活的社会及系统，而非聚焦于经济角度的资源匮乏，重塑气候变化、粮食、能源和水之间的关系，即开发新能源或粮食作物必须考虑用水、能源消耗、人口压力和全球气候变化。[①]

1.2.2 "能源–粮食–水"三位一体的地缘政治分析

地缘是理解能源–粮食–水协同治理的重要视角，能源–粮食–水的"抢夺"成为各国传统和非传统安全战略的重要布局。水、能源以及粮食对地缘政治稳定与发展都产生了重要影响，美国国防部2003年发布的《气候突变的情景及其对美国国家安全的意义》报告认为，全球气温上升会进一步导致区域能源、粮食和水资源承载能力下降，并最终引发全球冲突和世界经济衰退。2007年联合国环境署（UNEP）《苏丹：冲突后环境评估》报告认为，气候变化加剧了苏丹干旱地区的饥饿和资源匮乏，最终导致严重区域冲突。从全球地缘政治来看，水、能源以及粮食不仅在不同区域地理分布上具有较大的地理差异，而且在区域内部存在地缘差异。厘清世界范围内水、能源与粮食之间的主要地缘政治特点，对于构建"能源–粮食–水"协同治理制度具有较大的价值。水与粮食关系到民生以及国家政局稳定，而能源储备关系到国家综合实力。从既有的历史维度来看，水、能源成为国际冲突的关键因素。

作为新型非传统安全的特例，水、能源以及粮食要素也是国际争端解决机制的

---

① DODDS F, BARTRAM J. The water, food, energy and climate nexus［M］. New York: Routledge, 2016.

主要争议焦点。与国内司法判决相比，国际争端解决机制虽然在司法执行力上相对较弱，但各国依然依据全球秩序伦理和道德等自觉遵守，而国际法院、国际仲裁庭和WTO争端解决机制的判决书以及各项报告书则可以成为国际惯例的历史渊源。国际争端解决机制不仅局限于领土纷争，河流主权以及石油贸易也日益成为国际法院及国际仲裁庭的立案类型。虽然国际法院以及国际仲裁庭直接受理的国际粮食争议案件极少，但在WTO争端解决机制下却是重要案件类型。亨利·基辛格（Henry Alfred Kissinger）的"全球势力均衡战略"要求美国在能源富集地区保持优势。[①]徐小杰将世界油气供应与需求的地带划分为两块："石油心脏地带"和"需求月形地带"。[②]地缘政治与跨境水权政治也有密切联系，相关学者提出了冲突论、融合论及霸权论。冲突论认为国家之间的水资源争夺无可避免会导致武装冲突。融合论则指出河谷流域的国家能通过沟通建立起互惠互利的水源共享与管理机制。霸权论认为河谷中的强国能主导水源和水制度。迈克尔·克莱尔认为容易获取的、低成本资源已经逐渐耗竭，粮食、水和能源等会导致主要大国的地缘竞争。

新加坡国立大学的安德鲁·斯皮德等持续跟踪中东、亚洲等地区源于能源-粮食-水-土地-矿产关系冲突而产生的地缘冲突和国内问题[③]。丹比萨·莫约认为耕地、水、能源与矿产品是基本生活与生产的基础，而伴随全球资源需求的剧增，严重的资源稀缺必将导致人类社会进入下一个时期：可耕用土地、水、矿产品及石油等大宗商品的平均价格将迈入永久性上涨的高速路。鉴于资源稀缺性造成的全球局势紧张，更多的国家和个人参与到资源的争夺中。在极端情况下，资源的严重短缺甚至会直接引发战争。丹尼尔·耶金（Daniel Yergin）指出，世界各国将不得不共同面对能源挑战，石油供给自由和减少生态环境损害符合各国的共同利益，丹尼尔·耶金强调可获得性和合理的价格是能源安全的重要内涵。约瑟夫·隆美尔（Joseph J. Rommel）不仅强调供给面的重要性，

---

① 基辛格. 美国的全球战略 [M]. 胡利平，凌建平，等译. 海口：海南出版社，2012：49-52.

② 徐小杰. 新世纪的油气地缘政治 [M]. 北京：社会科学文献出版社，1998.

③ SPEED P A, BLEISCHWITZ R, BOERSMA T. The global resource nexus: the struggles for land, energy, food, water, and minerals [J]. Transatlantic Academy, 2012.

更着重指出在能源循环过程中制造污染及需求层面因素的重要性。阿伦团队在其论文中提到"蓝水"(blue water)与"绿水"(green water)的概念。其中，蓝水指地下水、河流水等可直接用于日常生产生活的水资源，而绿水指自然降水等不可直接使用或无法存储的水源。该团队提出，协同纽带关系问题最重要的发展方向是提高对绿水的利用率。而中东地区的阿拉伯国家属于热带沙漠气候，降水普遍较少，这导致这些阿拉伯国家普遍缺乏深度利用自然降雨等绿水资源的条件与能力。帕尼特·保罗（Parneet Paul）等关注气候变化-水-粮食之间的关系与中东人口过度增长问题，提出以核能为代表的新能源将成为该地区在未来改善能源-水资源状况的合理选择。[①]

有限区域内的纽带安全实践研究越来越变成学术的焦点。很多文章试图在"水-粮食-能源"纽带与冲突之间的关系问题上提出一种独到的观点。冲突的解决和"纽带"的安排都需要与自然资源治理方式进行协调。这使得先进的治理方式和应对冲突的手段合二为一，成为自然资源和"水-能源-粮食"纽带长期管理方法的基础；玛哈祖比（MahaAl-Zu'bi）和诺埃尔·基奥（Noel Keough）探讨了阿拉伯国家在WEF（农业）方面的政策制定、项目和计划的实施与管理，以及从现在的"孤岛方法"向"结合方法"过渡的障碍和机遇。其研究旨在阐明三个政策层面的独特的能源-粮食-水的相互联系、相互依存关系及进行的权衡。

伊尔汉·奥兹特克（Ilhan Ozturk）研究探讨了金砖国家与粮食-能源-水关系的长期可持续性相关的生态指标。[②]可持续性研究以环境库兹涅茨曲线（EKC）假设和生物多样性为起点，金砖国家之间的粮食安全要以合理的资源分配为前提。研究采用主成分分析法构建了粮食安全指数，包括农业机械、谷物生产用地和农业增加值。此外，还采用广义矩量法（GMM）系统中的动态面板建模来获得可靠的参数估计。卡罗琳·金（Caroline King）和哈迪·贾法尔（Hadi Jaafar）的研究针对六

① PAUL P. A review of the water and energy sectors and the use of a nexus approach in Abu Dhabi [J]. International Journal of Environmental Research & Public Health, 2016.

② OZTURK I. A literature survey on energy-growth nexus [J]. Energy Policy, 38.1, 2010: 340-349.

个流域农业生态系统对城市的水、能源、粮食、碳排放的影响进行概述。马迪奥·富马加利（Matteo Fumagalli）对中亚"粮食-能源-水"纽带的研究表明，塔吉克斯坦的粮食安全状况是该地区最差的。利兹·汤普森（Liz Thompson）系统分析了小岛屿国家的资源纽带，探究小岛屿发展中国家形成的"能源-粮食-水安全关联方案"战略以及实施的好处和可能的方法。

1.2.3 "能源-粮食-水"三位一体安全的外部联动

能源-粮食-水协同关系内涵不仅是三要素之间相互依存，而且还涉及不同地理维度（地区、国家和全球）、时间维度（历史、现在和未来）上影响这些资源的复杂驱动形式、压力和挑战，以及多种安全风险（气候变化、资源、政治、经济和社会等）。因此能源-粮食-水安全和协同各要素之间的多向互动模式成为各国政府和研究机构共同关注的话题。米拉莱斯·威廉（Miralles Wilhelm）等认为气候变化通过全球地缘传导性联系，影响到全球的水资源、粮食和能源等问题，并阻碍实现某些区域的粮食供给和水安全。[1] 2011年时任美国国务卿希拉里提出的粮食-能源-水资源协同纽带和德国能源-粮食-水协同纽带会议促进了三要素协同纽带在国际政治经济领域的推广，经合组织和世界经济论坛也发布了相关主题的研究报告，并强调"水资源-粮食-贸易"次纽带和"能源-气候变化"次纽带，尝试将这两个次纽带融合成一个能源-粮食-水-贸易协同纽带。斯德哥尔摩环境研究所（SEI）的报告强调能源、粮食、水的协调发展能够提高全体要素利用效率。凯勒茨（Martin Keulertz）、沃尔茨（Eckart Woertz）和托尼·艾伦（Tony Allen）指出，能源-粮食-水的协同纽带概念已有广泛共识，但水-能源、能源-气候变化及水和能源双边协同纽带关系的理论化过程尚未完成。拜斯海姆（Beisheim）建议，除将水资源、能源和粮食的协同关系思维的范围扩大到水、能源和粮食领域以外，还应

---

① WILHELM M，FERNANDO. Development and application of integrative modeling tools in support of food-energy-water nexus planning—a research agenda [J]. Journal of Environmental Studies & Sciences，2016，6（1）：3-10.

考虑所谓的"行星边界",即人类的"安全运行空间",将适应气候变化和减少灾害风险纳入关联分析,或依赖于预防原则。能源-粮食-水三要素协同发展和安全建构涉及多要素、多手段、多目标间的协同和应用,能源-粮食-水协同发展的目的是实现水资源安全、能源安全和粮食安全保障,引导公平、持续的经济增长,建设自我复原能力强、生产率高的自然环境。能源-粮食-水协同安全保障建立在绿色发展理念与地缘安全的基础上,而绿色发展和地缘安全属于全球治理的范畴。其中,水资源是三要素中的基础,社会变革改变了传统的用水模式,增加了对水的需求。而一次能源的大量消耗造成气候变化,进而改变并影响了粮食生产,尤其对农业灌溉用水的需求增加。再者,社会的发展,能源需求不断增加,导致能源开发用水量增加。水资源-粮食-能源,三者相互作用。与此同时,三者作为人类社会发展的基本要素,也对人类福祉的全球可持续发展起相互促进与制约的作用。具体如图1-3所示。

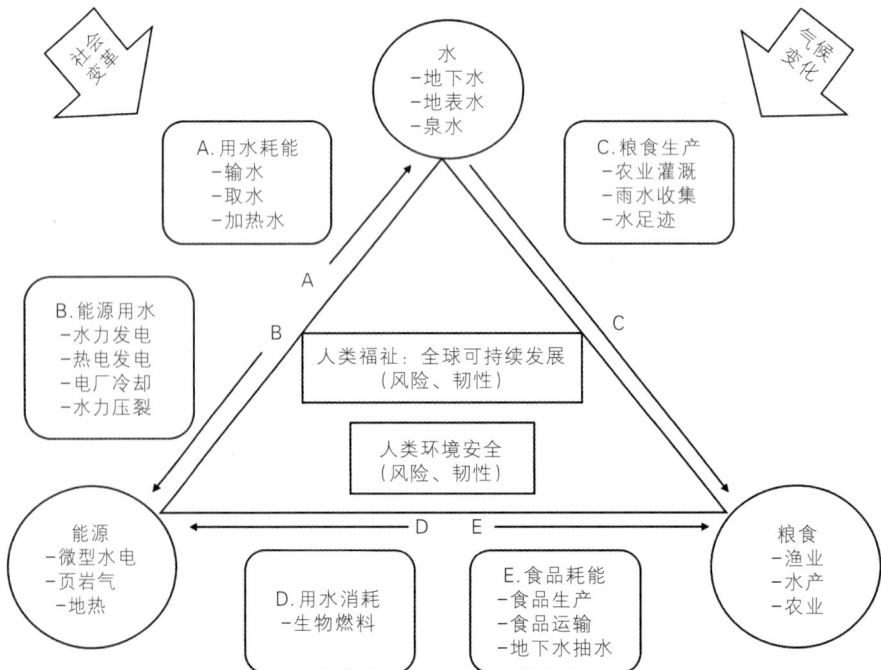

图1-3 水资源-粮食-能源,三者的相互作用

1.2.4　"能源–粮食–水"三位一体安全的治理框架

1. "能源–粮食–水"安全传统治理体系的割裂和碎片化现象

在传统的对能源–粮食–水协同关系的讨论中，通常存在着各自为政的割裂和碎片化问题。能源–粮食–水全球治理机制并未达成跨部门的综合管理国际条约，学者也主要对三者进行单独国际治理体系研究。就水治理体系而言，学界多专注于《联合国水道公约》以及《欧洲水事公约》所构建的水治理国际原则进行合作研究；就能源治理而言，学界多专注于在《能源宪章条约》下以能源贸易合作框架为基础，将与能源贸易有关的过境自由原则以及能源贸易争端解决机制作为研究对象；而关于粮食治理，当前世界范围内首先以"联合国粮食与农业组织"主导下的粮食治理为主，并未达成全球范围内的"粮食宪章条约"，未实现依靠国际组织推动国际粮食问题的全球治理。托马斯·迪克逊（Thomas F. Homer-Dixon）、杰西卡·马孟修斯（Jessica Mathews）等强调全球人口、社会经济发展所带来的稀缺性矛盾，即需求稀缺、供应稀缺和结构性稀缺。但是传统理论却面临着三个困境：一是以分离研究为主，注重对单个领域的供求均衡分析，忽视资源本身的延展性和交换性（如石油换食品案例），也忽视了全球资源"不可分割"的容量限制和整体挑战；二是传统理论无法解释全球资源安全的发生机制，特别是在局部资源均衡情况下产生的资源冲突现象（如在水量充沛的跨界河流所出现的水冲突案例）；三是虽然围绕水、粮食和能源问题均建立了很多单独领域的国际制度，但这些制度缺乏相互联系，有些存在原则、规范和规则上的冲突，有些则基于不同议题联盟出现治理冲突。①

2. "能源–粮食–水"协同发展和安全评估的工具路径

将能源–粮食–水作为具有关联性的整体已成为研究的一个流行框架，旨在探

---

① HOMER-DIXON T F. On the threshold: environmental changes as causes of acute conflict［J］. International Security, Vol.16, No.2, 1991: 76-116; HOMER-DIXON T F. Environmental scarcities and violent conflict: evidence from cases［J］. International Security, Vol.19, No.1, 1994: 5-40.

索这三个资源领域之间的相互作用和相互依赖性。它经常被用于跨越学科的研究背景下，并被认为可为研究提供一条新的途径，帮助应对全球社会挑战，如粮食安全和气候变化。尽管人们普遍认识到跨学科研究的潜在价值，但利益相关者在联系研究过程中的参与程度还很有限，非学术伙伴通常被定位为学术研究的最终用户，而不是知识的共同创造者。随后，在联系研究的范围内，仍有跨学科方法的发展空间。有多种手段可以对已有的工具进行分类，依据目标将其划分为：可持续性评估、建模（包括优化）和可视化。由于认识到利益攸关方参与设计过程的好处，人们日益支持他们参与开发评估与可视化相关的工具。然而，将利益攸关方作为这些工具所包含和描绘的知识共同创造者的研究仍然是非典型的。上面讨论的研究演示了跨学科方法如何提高工具的质量和严谨性，以及增加其在真实环境中的应用。此外，引入利益相关者或许将抵消对宏观资源可用性的过分强调，跨学科办法提供了一个空间，促进讨论，可能有助于解决利益攸关方之间的冲突。因此，开发评估和可视化关系工具的关键是使用互动方法，通过信息提供的方式，扩大参与和促进对话。

能源-粮食-水三位一体关联的协同发展和安全评估的工具路径也是学者研究的重点。唐凯（Tang Kai）等提出了"自然资本核算"的理念，同时还有生态系统服务功能。[①]沃特斯（Frank Wouters）和纳格普（Divyan Nagpal）强调可再生能源技术可以成为水资源-粮食-能源协同发展的最佳解决方案。为了促成能源安全进步、能源使用范围扩展、气候变化缓解、社会经济发展的诸多目标，可再生能源得以快速崛起。[②]格罗比克（Ania Grobicki）尝试性地将气候变化因素纳入水-粮食-能源协同关系，形成水资源-粮食-能源-气候协同发展路径，指出应当加强其薄弱

---

① TANG K, NATASHA. Natural capital accounting and ecosystem services within the water-energy-food nexus: local and regional contexts. Water, Energy, Food and People Across the Global South [M]. New York: Palgrave Macmillan, 2018. 63-78.

② DODDS F, BARTRAM J. The water, food, energy and climate nexus [M]. New York: Routledge, 2016.

环节之间的联系、社会系统的弹性和灵活度[1]。奥兹特克（Ilhan Ozturk）等采用广义矩量法（GMM）系统中的动态面板建模来获得能源-粮食-水协同关系参数估计。[2]建模结果显示，能源匮乏和水资源短缺损害了金砖国家的粮食安全。经济增长扩大了对能源的需求、加速了环境恶化；森林和自然资源的枯竭阻碍了由快速工业化、高增长、国内投资、改善水源和劳动力参与所推动的经济繁荣。

中国相关学者的研究也具有一定的国际影响，天津科技大学的张杰、郝春沣等人通过实测统计和定额推算相结合的方法，对能源开发利用和粮食生产种植的用水总量和过程进行量化分析，并借此研究三者之间的关系[3]。辽宁师范大学的孙才志、阎晓东则采用逻辑斯提曲线、耦合协调度模型和探索性空间数据分析等方法，利用中国能源-粮食-水耦合系统作出空间关联分析及安全评估。[4]

中国农业科学院关鑫以能源-粮食-水关系的粮食安全理论为基础，结合Topsis分析模型，设计了粮食生产安全、水资源投入、农业能源投入和综合要素安全的指标体系，构建了区域粮食安全指数分析模型。[5]西安理工大学张冉以宁夏为研究对象，基于SWAT水文模型和未来气候变化情景，研究气候变化自然因素对水、粮食生产的影响。[6]河海大学毕波、陈丹等以区域内能源-食物-水元素协调演化特征为研究内容，以辽宁省为研究对象，通过构建耦合协调度评价指标体系，对2006—2015年能源-食物-水系统耦合协调关系及其时间序列演化特征进行了实证分析。[7]此外，以黄河流域能源、粮食、水的协同优化为研究内容，彭

---

① 张杰. 中美经济竞争的战略内涵、多重博弈特征与应对策略 [J]. 世界经济与政治论坛，2018 (3)：1-22.

② OZTURK I. A literature survey on energy-growth nexus [J]. Energy Policy, 2010, 38 (1)：340-349.

③ 张杰. 中美经济竞争的战略内涵、多重博弈特征与应对策略 [J]. 世界经济与政治论坛，2018 (3).

④ 孙才志，阎晓东. 中国水资源-能源-粮食耦合系统安全评价及空间关联分析 [J]. 水资源保护，2018, 34 (5)：1-8.

⑤ 关鑫. 基于水-能源-粮食关联性的粮食安全研究 [D]. 北京：中国农业科学院，2019 (5).

⑥ 张冉. 宁夏粮食生产与水和能源的关系研究 [D]. 西安：西安理工大学，2019.

⑦ 毕博，陈丹，邓鹏，等. 区域水资源-能源-粮食系统耦合协调演化特征研究 [J]. 西安：中国农村水利水电，2018 (2)：72-77.

绍明、郑晓康等引入协同学原理，构建了具有总分结构和与互馈相关的总体分析框架和协同优化模型，用多因素平衡智能算法提出了黄河流域资源配置综合优势方案。[①]

3. 能源-粮食-水三位一体安全纽带治理体系协同趋势加强

伴随着形势的发展，全球治理的政策领域与学术领域都越发意识到，单个地区和国家无法谋求绿色发展和能源-粮食-水协同发展，从这个意义上来说能源-粮食-水的协同治理必须是具有国际意义的。将协同纽带关系置于气候变化、关键性基础设施乏力、恐怖主义地区冲突等环境下时，原先的分散治理模式已经无法有效适应。水、能源以及粮食作为社会基本部门，是维持国内经济稳定和政治稳定的基本保障，因此，三者间纽带关系的协同治理引起了国家层面的广泛关注。2003年由美国国防部资助完成了《气候突变的情景及其对美国国家安全的意义》报告，建立了气候变化-承载能力降低-国家安全意义的评估框架。2013年美国国家情报委员会报告认为：水、能源和粮食供给安全相互掣肘导致的损害是未来大趋势之一。[②]由于孤立的安全和经济政策无法有效应对三位一体安全问题带来的挑战，国际社会应共同进行系统性的全球治理。艾克斯利（Robyn Eckersley）等从资源、环境、移民和军事四个方面协同考虑[③]。跨大西洋学会（Transatlantic Academy）提出通过资源关联治理来应对水、粮食、能源和矿产等资源安全的综合挑战。2002年联合国可持续发展首脑峰会、2012年联合国"里约+20"峰会、联合国《2030年可持续发展议程》（SDG）等都强调了协同治理的重要性。

随着能源-粮食-水协同治理走向全球化，从理论上来说三者应该是全球层

---

① 彭少明，等.黄河流域水资源-能源-粮食的协同优化 [J].水科学进展，2017（5）：81-90.

② 参考 IPCC. Climate change 2014 mitigation of climate change. contribution of working group Ⅲ to the fifth assessment report of the intergovernmental panel on climate change [M]. Cainbridge：Cambridge University Press，2014. U.S. National Security，Military and Intelligence Professionals. A security threat assessment of global climate change [EB/OL].［2020-02-20］. https：//climateandsecurity.files. wordpress.com/2020/02/a-security-threat-assessment-of-global-climate-change_nsmip_2020_2.pdf.

③ 陆忠伟. 非传统安全论 [M]. 北京：时事出版社，2003：199.

面上的治理，这一点得到学者的广泛认同。从国内到国际，水资源、粮食以及能源治理路径发生了由内向外的转变。从水资源全球治理的角度出发，奥尔贾伊（Olcay）在《水资源的全球治理：一个实践者的角度》一文中提出，当前影响水的最重要因素往往是在水以外的领域产生的，而没有把水作为优先主题。[①]国内水治理受到跨界水体领土主权争议、可持续发展目标的国际法义务等因素的影响。从能源全球治理的角度来看，罗伯特·贝尔格雷夫（Robert Belgrave）等人也从国家与国际双重角度来界定能源安全，认为能源安全是指在一国之中其政府及消费者相信在可预见的将来，在国内或国外有足够的能源库藏及生产可以达到其能源需求。[②]能源安全对于支持人类的基本需求和经济必需品至关重要，是环境、技术、政治和社会领域系统规划的重要特征。然而，能源安全可能容易受到气候变化和其他全球风险的影响，从而加剧这种资源的紧张局势。从粮食全球治理的角度来看，玛纳斯卡（Katarzyna Marzęda Młynarska）等对粮食安全的全球治理模式提供了一个概念性的决策模型，作为未来粮食安全全球治理的概念框架，即粮食不安全问题源于地方、国家和全球各级缺乏有效的治理机制，而全球化进程下粮食安全治理形式正在发生动态变化，应当融入跨领域因素与多利益攸关方。[③]目前，国内水资源、能源以及粮食领域存在治理问题，无论是治理目标、治理标准还是治理效果的推进，都需要增强国内与国际的联动，以全球治理观引领能源-粮食-水的协同治理。虽然"能源-粮食-水"协同治理具有理论上的治理意义，但是从当前全球治理体系结构上来说，"无政府状态"下缺乏中央权威使得联合国治理能力遭到质疑。中国为了在水资源、能源以及粮食战略中抓住机会，需要从国际层面——中国周边地区着手，逐步实现

---

① ÜNVER O. Global governance of water: a practitioner's perspective [J]. Global Governance, 2008（10-12）.

② BELGRAVE R. The uncertainty of energy supplies in a geopolitical perspective [J]. International Affairs, 1985.

③ MŁYNARSKA K M.Food security: from national to global governanace [D]. Uniwersytet Marii Curie-Skłodowskiej w Lublinie，2013.

区域综合治理。

此外，多利益攸关方层面的行为体间协调合作愈发被视为治理共识。梅兰妮·杜普（Melanie DuPuis）认为民间社会行动者，特别是欧洲的民间社会行动者正在崛起，成为食品安全治理领域一股新的强大力量。[①]阿比盖尔·库克（Abigailm Cooke）认为在当前的全球化时代，政府和政府间为"组织和协调"粮食生产和消费作出了多种努力。世界银行、联合国和世界贸易组织等国际机构体量巨大。除了政府和政府间的监管外，还有私人替代包括生产者合作社、贸易倡议和环境标签。非政府组织不是孤立行动的。它们一方面响应社会运动，有时与之竞争或合作，另一方面与营利性企业竞争或合作。丹尼尔·古斯塔夫森（Daniel J. Gustafson）认为需要一个连贯、契合和切实可行的多边体系和对策，以确保消除饥饿，使农业、林业和渔业在环境可持续性方面发挥作用，包括应对气候变化，农业将为帮助人们摆脱贫困和确保经济增长作出贡献。与20世纪70年代不同的是，当今的重点是加强现有的结构和把现有的机构聚集在一起，包括扩大和活跃的民间组织以及在贸易和环境方面与粮食和农业接触的组织。在积累丰富经验的基础上，在充满挑战和机遇的时代实现全球目标的政治意愿。

联合国可持续发展目标将能源-粮食-水三位一体安全视为重点构成部分。1992年的《联合国气候变化框架公约》提出："人类共同关心的问题是全球气候变化与其消极影响。"能源、粮食和水是易受气候变化影响的领域，中亚、中东和非洲地区则是受能源、粮食和水三位一体安全纽带影响最为强烈的地区，全球气候变化与极端气象灾害增加给这些区域带来的损害远超全球其他地域。近年来非洲之角的粮食危机事件显示出水、粮食和能源问题随着气候变化日趋激化，在能源、粮食和水领域不同地区都出现了安全恶化问题，中东国家沙特阿拉伯曾有一段时间能够满足自己的粮食供应，但现在水资源近乎枯竭，因而不得不再次依靠进口粮食。也

---

① MELANIE E，DUPUIS. Global governance of food production and consumption：issues and challenges［J］. Journal of Rural Studies，2010，26（1）：82-83.

门国内60%的儿童身体发育不良，饥饿、缺水引起部落之间的冲突，部落冲突又会影响到周边国家关系。中亚水资源出现绝对短缺并且资源分配严重不均，大部分的水资源集中在塔吉克斯坦、吉尔吉斯斯坦两个上游国家，其他中亚国家则只能分配到较少水资源。在西非，65%的可耕地面积面临沙漠化的威胁；在东非，气候变暖导致2011年非洲之角地区严重干旱，埃塞俄比亚在过去20年里发生了5次大型旱灾，同时大范围旱灾也肆虐索马里南部、肯尼亚北部和坦桑尼亚东北部，350万人在2000年和2006年的旱灾中受灾，这同时也是肯尼亚60年以来遭受的最严重的气象灾害。[①]在2050年之前，撒哈拉以南地区由于全球气候变暖与极端天气频现，降雨量将下降50%。非洲干旱面积将会增加7 000万公顷，最多有1.5亿人受到饥荒影响。联合国等国际组织意识到，从当下和长远来看，生态环境恶化、能源资源短缺和人口激增等跨国问题对全球安全具有重要的影响。传统安全研究聚焦于无政府状态下主权国家行为体之间的联系。环境安全问题则涵盖对生态系统的破坏：一方面涉及不同国家复杂的国家利益，另一方面能源匮乏、水资源冲突等已经开始威胁国家安全，如水成为中东和中亚的稀缺资源[②]。如表1-3所示，能源-粮食-水的三位一体安全呈现不同区域的挑战特质，并存在日益上升的治理需求。

针对上述问题和治理需要，粮食、能源和水安全始终是联合国千年发展目标和联合国可持续发展目标的重要内容。2000年，联合国大会通过了一项与《千年宣言》有关的后续决议，指导会员国落实该宣言提出的多个目标。之后，各国际组织代表组成了联合工作组，进一步完善了《千年宣言》第三部分和第四部分所载的千年发展和环境保护目标，其中包括：消除极端贫困和饥饿（到2015年，将每天生

① PARRY M L, SWAMINATHAN, M S. Effects of climate change on food production [M] // MINTZER I M. Confronting climate change: risks, implication and response. Cambridge: Cambridge University Press, 1992.

② LOWI, M R, Water and conflict in the Middle East and South Asia: are environmental issues and security issues linked? [J]. Journal of Environment & Development, Vol. 8, No. 4, December 1999: 376-396.

表1-3　　　　不同地区能源–粮食–水三位一体安全问题现状和治理框架

地区	问题现状
南亚	1.能源自给率不足：煤炭依赖度高、核能建设能力较弱 2.河流多属于国际河流：水资源利用受到"绝对主权"和"相对主权"的干扰、上中下游合作面临困境
东南亚	1.气候变化大 2.水安全：地表水减少、季节性变动增大、水坝项目危害区域水安全 3.能源问题：水源灌溉季节性变动、水电项目导致下游农业失衡
中亚	1.总体上：生态系统脆弱，沙漠化、盐碱化成为常态 2.资源分布不均匀：石油能源多分布于哈萨克斯坦等国；水资源多分布于吉尔吉斯斯坦等国 3.其他突出因素：农业生产现代化技术水平低；粮食进口依赖度高；人口增长快，水资源利用不合理
非洲	1.水资源：有热带大陆之称，干旱度高 2.粮食：耕地退化；尼罗河灌溉能力持续下降 3.能源：电力供需缺口大；能源结构单一，以生物材质能源为主

活费低于1美元的人口比例减半），将饥饿人口的比例减少一半，确保环境可持续性和扭转环境资源损失（到2015年将无法持续获得安全饮用水的人口比例减半），到2020年1亿以上贫民生活应得到明显改善。2005年联合国高级别首脑会议采用了由杰弗里·萨克斯（Jeffrey Sachs）主持拟定并提交联合国秘书长的专题报告《投资于发展——实现千年发展目标的实用计划》（Investing in Development—A Practical Plan to Achieve the Millennium Development Goals）中所提出的"绿色革命"建议。2012年联合国可持续发展大会开启了联合国可持续发展目标规划进程。联合国认为，新的绿色经济应促成适应气候变化、科学用水、节约土地、提高能效、能源供应多元化的目标，创造体面就业和改善生计。绿色和可持续增长政策应纳入国家全面发展战略；各国政府而不仅是环境部门应重点关注气候和生态问题。联合国激励并刺激各国采取愈发绿色和包容性的发展战略，在2030年前将自然资源和

生态服务列入国家账目，形成一套周密的2030年可持续发展目标。在联合国可持续发展目标中，水安全几乎贯穿始终，尽管联合国在2010年通过了一项新的经济和社会权利，即安全饮用水和卫生设施的权利，但淡水缺乏范围越来越广的问题却越来越严重。持续的水危机及其地理条件清楚地说明了如果没有明智的应对措施，许多社会的适应容量在未来几十年是过高的。水危机的规模和全球性需要得力的治理人才、新的视野和全球行动。为成功掌控水危机带来的威胁，其关键的潜在原因需要通过水政策和水经济的结构性改变来解决。这需要有一个连贯的战略，适当地协调与政策相关的经济、社会、水和环境等因素。国际社会需要一个独立的、全面的"水目标"作为2015年后发展议程的重要构成要素，基于平等、团结的原则，承认地球资源的有限性和人类基本的生存权利，结合发展和环境来分析并管理政策。这一目标将解决水的三个相互依赖的层面：水、卫生和健康，水资源管理，以及污水与水质管理。对水风险和世界范围内的证据的科学认识清晰地界定了需要解决的难点，为政策提供了坚实的基础；如果水议程得到充分优先的考虑，就可以提供可靠的资源；早期行动的好处和机会是不可否认的。事实上，已经确立了行动中的道德、科学和实践重点。尽管联合国通过了这一重要原则，但淡水的缺乏正在变得越来越严重，范围也更大——与其他资源不同，水没有替代品。

联合国《2030年可持续发展议程》强调建设"一个享有安全饮用水和环境卫生的人权的承诺和卫生条件得到改善的世界，一个有充足、安全、价格低廉和营养丰富的食物的世界，一个有安全、充满活力和可持续的人类生存环境的世界和一个人人可以获得价廉、可靠和可持续能源的世界"。因此能源、粮食和水等是可持续发展建设的核心内容，世界各国经过两年多的谈判才最终取得这一成果，受到了全世界的关注。它的总体目标有17大项，具体目标有169个分项，内容覆盖广泛，且相互关联、不可分割。其中能源-粮食-水安全的相互关联尤为突出（见表1-4）。

表1-4 联合国可持续发展目标（SDGs）

序号	目标	具体目标数量
1	在全世界消除一切形式的贫困	7
2	消除饥饿，实现粮食安全，改善营养和促进可持续农业	8
3	让不同年龄段所有的人都过上健康的生活，促进他们的安康	13
4	提供包容和公平的优质教育，让全民终身享有学习机会	10
5	实现性别平等，增强所有妇女和女孩的权能	9
6	为所有人提供水和环境卫生条件并对其进行可持续管理	8
7	每个人都能获得价廉、可靠和可持续的现代化能源	5
8	促进持久、包容性的可持续经济增长，促进充分的生产性就业，促进人人有体面的工作	12
9	建造有抵御灾害能力的基础设施，促进包容性的可持续工业化，推动创新	8
10	减少国家内部和国家之间的不平等	10
11	建设包容、安全、有抵御灾害能力的可持续城市和人类居住区	10
12	采用可持续的消费和生产模式	11
13	采取紧急行动应对气候变化及其影响*	5
14	养护和可持续利用海洋和海洋资源以促进可持续发展	10
15	保护、恢复和促进可持续利用陆地生态系统，可持续地管理森林，防治荒漠化，制止和扭转土地退化，阻止生物多样性的丧失	12
16	创建和平、包容的社会以促进可持续发展，让所有人都能诉诸司法，在各级建立有效、负责和包容的机构	12
17	加强执行手段，恢复可持续发展全球伙伴关系的活力	19

注：*《联合国气候变化框架公约》是商定全球气候变化对策的主要国际政府间论坛。

可持续发展目标从内容上大致可以分为4组：第1~7项目标涉及消除贫困、消除饥饿、保障受教育权利、促进性别平等、享有水、环境卫生和能源服务等，主要体现保障人自身发展的基本需求，特别是弱势群体的基本权利。第8~11项目标涉及可持续经济增长和就业，可持续工业化和创新，减少不平等，建设可持续城市和人类居住区，可持续的消费和生产等，重点在于促进可持续的经济增长和社会包容。第13~15项目标涉及应对气候变化、保护海洋资源和陆地生态系统，强调环境可持续性。第16~17项涉及制度建设、执行手段和伙伴关系，意在通过国际合作加强各项目标的落实（见表1-5）。

表1-5　　　　　　　　能源、粮食和水的联合国可持续发展目标

粮食	水	能源
2.1 到2030年，消除饥饿，让所有人，特别是穷人和弱势群体，包括婴儿，全年都有安全、营养丰富和足够的食物	6.1 到2030年，人人都能公平获得安全和价廉的饮用水	7.1 到2030年，每个人都能获得价廉、可靠和可持续的现代化能源服务
2.2 到2030年，消除一切形式的营养不良，包括到2025年实现国际社会商定的解决5岁以下儿童发育迟缓和消瘦问题的目标，满足少女、孕妇、哺乳期妇女和老年人的营养需求	6.3 到2030年，通过以下方式改善水质：减少污染，消除倾倒废物现象，把危险化学品和材料的排放减少到最低限度，将未经处理废水的比例减半，大幅增加全球废物回收和安全再利用	7.2 到2030年，可再生能源在全球能源组合中的比例大幅增加
2.3 到2030年，小型粮食生产者，特别是妇女、土著居民、农户、牧民和渔民的农业生产率和收入实现翻倍，途径包括确保人们能平等获得土地、其他生产资源和投入、知识、金融服务和进入市场，并获得增值和非农业就业的机会	6.4 到2030年，大幅提高所有部门用水效率，以可持续的方式抽取和供应淡水，以便解决缺水问题，大幅减少缺水人数	7.3 到2030年，全球能效提高一倍
2.4 到2030年，建立可持续粮食生产体系，采用有韧性的农业方法，提高生产率和产量，帮助维护生态系统，提高适应气候变化、极端天气、干旱、洪涝和其他灾害的能力，逐步改进土地和土壤质量	6.5 到2030年，在各级进行水资源综合管理，包括为此酌情开展跨界合作	7.4 到2030年，国际合作得到加强，以促进获取清洁能源研究结果和技术，包括可再生能源、能效以及先进和更清洁的矿物燃料技术，并促进对能源基础设施和清洁能源技术的投资
2.5 到2020年，维持种子、种植的作物、养殖和驯养的动物及与之相关的野生物种的遗传多样性，包括为此在国家、区域和国际各级建立并得到妥善管理的多样化的种子库和植物库，并按国际社会的商定，促进获取且公正、公平地分享利用遗传资源和相关传统知识所产生的惠益	6.6 到2020年，保护和恢复与水有关的生态系统，包括山麓、森林、湿地、河流、含水层和湖泊	7.5 到2030年，扩大基础设施和进行技术升级，以便根据发展中国家，特别是最不发达国家、小岛屿发展中国家和内陆发展中国家自己的资助方案，在这些国家为所有人提供可持续的现代化能源服务
2.6 通过加强国际合作等方式，增加对农业基础设施、农业研究和推广服务、技术开发、植物和牲畜基因库的投资，以增强发展中国家，特别是最不发达国家的农业生产能力	6.7 到2030年，把围绕水和环境卫生活动和方案开展的国际合作和能力建设资助扩展到发展中国家，领域包括雨水采集、海水淡化、用水效率、废水处理、回收和再利用技术	9.4 到2030年，所有国家根据自身能力采取行动，更新基础设施和进行工业可持续性改造，提高资源利用率，更多地采用清洁的环保技术和工业流程

续表

粮食	水	能源
2.7 按照多哈回合的授权，纠正和防止世界农业市场上的贸易限制和扭曲，包括同时取消一切形式的农业出口补贴和起相同作用的所有出口措施	6.8 支持地方社区参与改进水和环境卫生的管理，并提高其参与程度	11.2 到 2030 年，为所有人提供安全、价廉和无障碍的可持续交通系统，加强道路安全，特别是扩大公共交通，尤其注意处境脆弱者、妇女、儿童、残疾人和老年人的需要
2.8 采取措施，确保粮食商品市场及其衍生工具正常发挥作用，协助及时获取包括粮食储备量在内的市场信息，以限制粮食价格的剧烈波动	15.1 到 2020 年，根据国际协议规定的义务，养护、恢复和可持续利用陆地和内陆的淡水生态系统，特别是森林、湿地、山麓和旱地，以及它们提供的便利	11.3 到 2020 年，大幅扩大已开展以下工作的城市和人类居住区：通过并执行统筹政策和计划，以促进包容、提高资源使用效率，减缓和适应气候变化，建立抗灾能力，并根据《2015—2030 年仙台减少灾害风险框架》在各级建立和执行综合灾害风险管理

其他国际机构也开展能源-粮食-水的三位一体安全问题领域合作，从世界银行机制来看，"饥渴能源"是世界银行发起的一项倡议，旨在通过帮助各国在能源部门规划时考虑到水的制约因素，以应对水资源和能源规划的挑战。该倡议采用纽带关系方法，以便在规划和使用中确定水和能源之间的协同效应和平衡关系，试行水智能能源规划工具，加强政府的决策协调，传播应对水-能源挑战的意识，促进多方利益攸关方的对话，并开展了开发和试点水智能能源规划工具的案例研究①。联合国欧洲经济委员会授权设立工作组，对能源-粮食-水-跨界流域生态系统之间的纽带关系进行专题评估。它处理的问题包括各部门政策之间缺乏一致性和一体化，这些问题对共有水域的状况产生了不利影响。工作组致力于加强能源-粮食-水的长期安全以及向绿色经济转型。在阿拉扎尼/甘伊赫盆地（阿塞拜疆和格鲁吉亚共有）开展了一个试点项目，工作组对萨瓦河、锡尔达里亚河、伊松佐河/索卡

---

① WORLD BANK. Water energy nexus in Central Asia-improving regional cooperation in the Syr Darya basin [EB/OL]. [2016-12-03]. http://siteresources.worldbank.org/INTUZBEKISTAN/Resources/Water_Energy_Nexus_final.pdf.

河和德里纳河流域进行了评估。

欧盟始终强调气候安全，2008 年欧盟理事会发布的《气候变化与国际安全》报告指出，气候变化通过七大威胁影响国际安全：资源竞争导致的冲突、沿海城市和重大基础设施破坏造成的经济损失、领土丧失导致的疆域争端、环境恶化导致的移民、粮食供应短缺、能源供应紧张带来的冲突和国际治理更大的压力。2019 年12 月 11 日，欧洲议会举行特别全体会议，欧盟委员会主席乌尔苏拉·冯德莱恩（Ursula von der Leyen）和欧盟委员会第一副主席弗兰斯·蒂默曼斯（Frans Timmermans）向欧洲议会议员介绍《欧洲绿色协议》（European Green Deal）内容和相关立法提案的时间表，并与之进行首次商讨。根据欧盟委员会（2019）640 号公报，绿色协议的定位是一种新的增长战略，是欧盟对气候和环境挑战的积极回应。该协议旨在将欧盟转变为一个公平和繁荣的社会，一个在 2050 年实现"无温室气体净排放"、经济增长与资源利用脱钩、资源高效且富有竞争力的现代经济体。从整体来看，绿色协议架构庞大，涉及领域众多，涵盖经济转型、社会公正、气候变化、环境和生态保护、可持续发展在欧盟政策中的主流化等多方面内容，其中也关注到能源–粮食–水的绿色发展（见表 1-6）。

表 1-6 欧洲绿色协议（The European Green Deal）中相关能源、粮食和水的关键行动

更具雄心的气候目标	
将 2050 年气候中和目标纳入欧洲气候法的提案	2020 年 3 月
以负责任的方式，将欧盟 2030 年温室气体减排目标上调至 50% 乃至 55% 的综合计划	2020 年夏
修订有关法律法规以实现更高的气候目标，重审《排放交易体系指令》（Emissions Trading System Directive）、《成本分担条例》（Effort Sharing Regulation）、《土地利用》、《土地利用变化和林业条例》（Land Use, Land Use change and Forestry Regulation）、《能源效益指令》（Energy Efficiency Directive）和《可再生能源指令》（Renewable Energy Directive）以及乘用车和货车二氧化碳排放标准等所有与气候相关的政策	2021 年 6 月
修订《能源税指令》（Energy Taxation Directive）的提案	2021 年 6 月
针对特定行业的碳边境调节机制提案	2021 年

续表

新的、更具雄心的气候变化适应战略	2020年/2021年
清洁、可负担、安全的能源	
对国家能源和气候计划（National Energy and Climate Plans）的最终评估	2020年6月
跨部门智能整合战略	2020年
对泛欧网络–能源条例（TEN-E Regulation）的评估和审查	2020年
离岸风电战略	2020年
农业政策绿色化——"农场到餐桌战略"	
参照《欧洲绿色协议》和"农场到餐桌战略"（Farm to Fork Strategy）目标，审查国别战略计划草案	2020年到2021年
"农场到餐桌战略"——采取包括立法在内的措施，大幅度减少化学农药、化肥和抗生素的使用	2020年春2021年
实现零污染、无毒害环境目标	
水、空气和土壤零污染行动计划	2021年

此外，国际自然保护联盟和国际水协会于2012年联合发起了一项倡议，通过能源–粮食–水部门解决水资源需求的竞争问题。其旨在通过对基础设施、最新技术以及对生态系统服务的投资，提供多领域解决方案。该倡议在非洲、拉丁美洲和亚洲举办了研讨会①。"水、粮食和能源发展的重大挑战"是美国国际开发署提出的一项倡议，旨在通过创新解决办法、测试新想法并推广成功的试点项目，将各国政府、公司和基金会聚集在一起，共同解决发展问题。在发起的10项挑战中，有两项建立在纽带关系方法的基础上：应对能源挑战，旨在为农业带来清洁能源；应对粮食用水安全挑战，旨在促进技术和科学创新，用更

---

① GARTNER T, OZMENT S. Natural infrastructure could help solve brazilian cities' water crises [R]. World resources institute, 2016.

少的水来促进粮食生产①。

1.3 文献评述

1.3.1 有关能源、粮食和水三位一体安全研究的总体评述

关于能源、粮食和水三位一体安全纽带的研究方法来源于国际社会，我国引入安全纽带概念的时间较晚。从水、能源以及粮食要素研究的角度来看，单独要素分析的文献依然占据了很大的比例，将"安全纽带"作为整体对象进行研究在我国学术界依然留有大量空白。首先，虽然有相关学者进行了安全纽带的整体研究，但主要是从自然科学领域进行初步探讨。其中主要有：刘倩等从城市 WEF-Nexus 模型进行研讨②、彭少明等从黄河协同优化模型进行研讨③、郑人瑞等从地球科学整体观方面进行研讨。由于能源-粮食-水关系纽带不仅具有自然科学意义，更重要的是关系国内稳定、国家政策制定以及外交战略，因此，对中国而言更具理论价值的研究方式是从社会科学的角度对其进行研究。从以上综述可以看出，国外学者关于纽带安全的社会科学研究已经早于我国，无论是从环境保护的角度，还是从国家国际政治双重博弈以及法律监管来看，我国都应当持续提高理论探索水平。水资源、能源和粮食等战略资源是现代社会体系稳定运转的基石。当前，总体性和整齐性特征是世界内水资源、能源和粮食发展所具有的表征，即时间维度上，水资源、能源和粮食都在进行基于技术和市场的绿色发展转型；而在空间维度上，全球围绕水资源、能源和粮食等战略

---

① USAID. Climate risk profile：central asia［EB/OL］.［2018-01-10］. https：//www.climatelinks. org/resources/climate-risk-profile-central-asia.

② 刘倩，等. 城市能源-粮食-水关系研究进展［J］. 城市发展研究，2018（10）：4-25.

③ 彭少明，等. 黄河流域水资源-能源-粮食的协同优化［J］. 水科学进展，2017（5）：81-90.

资源的合作和竞争进入了所谓"人类世"①的治理新阶段。因此，水资源、能源和粮食的国内和国际属性是相互传导和影响的，中国水、能源和粮食发展与安全离不开外部世界，全球资源治理同样不能拒绝中国可持续发展的贡献。通过对能源−粮食−水概念维度、关联关系维度、地缘安全维度以及治理维度的研究现状总结，可以看出以下发展趋势：

首先，能源−粮食−水的三位一体安全属于不同学科的交叉协同研究。第一，从政治视角来看，"能源−粮食−水"的高效利用是安全治理与地缘合作的重要保障。现存地缘政治制度与三位一体安全协同配合，能够促进全球范围内的能源资源、粮食资源和水资源的综合治理，进一步巩固国家安全与稳定。"一带一路"合作水平的提高与"能源−粮食−水"协同利用效率高低息息相关。"能源−粮食−水"安全将对中国"一带一路"建设中的资源高效治理发挥重要作用；东南亚国家以粮食和资源等为主要经济生产结构，人口快速增长、环境污染和碳排放问题严重，水和能源的竞合关系加大了资源高效利用治理难度。第二，从经济视角来看，能源−粮食−水协同发展和安全评估的经济路径也是学界研究的重点。唐凯等提出协同发展中的"自然资本核算的概念"，同时也有关于生态系统服务的功能。②第三，从制度视角来看：法律与水资源、能源、粮食政策的研究息息相关。国际水法、国际能源法、国际粮食法在各自领域形成了相对稳定的法律秩序。国际危机组织对中亚水−能源−气候关系进行了国际法下的规制阐述。联合国体制已经有《联合国气候变化框架公约》、《联合国国际水道非航行使用法公约》以及《能源宪章条约》这样的分散治理框架，但对于水、能源以及气候之间的相互作用以及综合治理却很少提及。

其次，能源−粮食−水的三位一体安全研究对全球治理理论作出了贡献。当前

---

① 扬．复合系统：人类世的全球治理［M］．杨剑，孙凯，译．上海：上海人民出版社，2019.

② TANG K. Natural capital accounting and ecosystem services within the water−energy−food nexus: local and regional contexts//In SWATUK L A，CASH C. Water, energy, food and people across the global south［M］. New York：Palgrave Macimillan.

全球资源领域中的适应性治理（adaptive governance）、触发治理重组（rhythms of adaptive governance）和共同生产治理（co-productive governance）等新理论不断出现（Chaffin，2016①），相关理论强调人类与资源利用系统耦合、跨尺度不同资源的相互作用、能源-粮食-水高效利用的系统集成，以及社会经济与环境相互关联。为了共同应对能源-粮食-水纽带关系的挑战，多项举措已在全球范围内实施，以在更大范围内推广和实施能源-粮食-水纽带关系的应对方案。具体包括：能源-粮食-水纽带关系成为联合国"人人享有可持续能源倡议"这一重大影响力机会平台的重点推进路径；国际机构希望通过帮助各国在能源部门规划时考虑到水的制约因素，以应对水资源和能源规划的挑战；联合国欧洲经济委员会授权设立工作组，对能源-粮食-水跨界流域生态系统之间的纽带关系进行专题评估；国际自然保护联盟和国际水协会于 2012 年倡议通过能源-粮食-水协同治理解决水资源需求的竞争问题（Ozment 等，2015②）；美国国际开发署推出"水、粮食和能源发展的重大挑战"倡议，旨在通将各国政府、公司和基金会聚集在一起，共同解决全球资源高效利用问题（USAID，2018③）。在以上对"能源-粮食-水"资源协同治理方案讨论中，通常存在着各自为政的割裂和碎片化问题，单个地区和国家无法谋求可持续发展和能源-粮食-水协同发展。无论是治理目标、治理标准还是治理效果的推进，都需要加强国内与国际的联动，以全球治理观引领水-能源-粮食的一体化治理。美国国家情报委员会报告提出：水、能源和粮食供应安全之间相互影响所产生的危险是未来大趋势之一；比奇科瓦（Bizikova）等认为如果不考虑相关部门之间的联系，就可能使"资源分配成为一场零和博弈。在这种博弈中，为获取资源的激烈竞

① COSENS B A，GUNDERSON L，CHAFFIN B. The adaptive water governance project： assessing law，resilience and governance in regional socio-ecological water systems facing a changing climate [J]. Social Science Electronic Publishing，2014.

② GARTNER T，SUZANNE O S.Natural infrastructure could help solve brazilian cities' water crises [D]. World Resources Institute，2016.

③ USAID. Climate risk profile： Central Asia ［EB/OL］. ［2018-07-10］. https://www.climatelinks.org/resources/climate-risk-profile-central-asia.

争很容易变成冲突"；①阿伦（Tony Allen）和帕尼特·保罗（Parneet Paul）等区分了蓝水（blue water）与绿水（green water）的概念，并希望通过清洁能源建设来改善能源-水-粮食的资源冲突状况。

再次，能源-粮食-水的三位一体安全范围已经超越了原始的地理和生存要素内涵，而更多地成为一种国家安全战略考量。能源-粮食-水纽带关系的有效应对不仅有助于提升资源利用的可持续性、安全性和公平性，推动可持续发展目标（SDGs）的实现，并促进社会进步，同时三者间的协同安全正在被越来越多的国家视为战略安全问题，深刻影响着社会经济、环境和政治等各个领域。目前对三者之间的两两关联研究较多，但是气候变化下的整体关联性研究成为研究发展的新重点。从全球范围来看，纽带关系主要是被水议程所推动的，粮食议程又将其包含其中，而后被能源安全议程所接受，其研究发展最开始是水-能源、水-粮食和能源-粮食的两两关联关系研究，之后三者慢慢融为一体，总体呈现出从"单一中心"，向"双双关联"，再到三者"纽带关系"的整合过程。纽带关系研究的核心是推进水、能源和粮食三者利用的权衡和协同，这种整体关联性不是封闭和自循环的，而是与气候变化、城镇化、生态系统服务功能等多要素形成的复杂关联关系，而这正是纽带关系研究的重要方向和实际意义所在。

此外，在地缘安全研究中，能源-粮食-水安全关系研究主要集中于欧洲或者北美发达地区，对中国周边地区的纽带研究以及治理应得到更深入的探析。从提出概念、丰富内涵，到分析现状、深化认识，再到推动治理，推进能源-粮食-水纽带关系研究的机构或者研究者多集中于发达国家，但在全球范围内，面临能源-粮食-水安全挑战的多是发展中国家或地区。作为资源消费需求大国、地区发展大

---

① BIZIKOVA L, ROY D, VENEMA H D, et al. The water-energy-food security nexus: towards a practical planning and decision support framework for landscape investment and risk management [R]. IISD Report, 2013.

国、地缘政治复杂大国，中国能源-粮食-水协同纽带和协同治理面临着诸多挑战，同时也蕴含着发展机遇，其研究正在不断地深化。

最后，能源-粮食-水的三位一体安全的跨部门协同治理已经成为共识，虽然当前大多是停留在协同治理必要性分析阶段，对具体的协同路径进行扩展将成为新一轮研究的重点。协同治理所要求的利益权衡和制定综合政策不仅是一项技术性工作，而且是涉及不同利益集团和行为者之间谈判的政治活动。纽带关系的挑战或风险不能与各相关方的出发点、利益和实践及其相互间关系分开，政策及行动一致性的主要障碍在于权力、话语权、信息获取、资源和能力在不同部门间分配的不平等，以及缺乏政治协同意愿。虽然目前已有的研究已提出一些模式和框架来改进三种资源利用、分配和协调的政策规划，但这远远不够，应当在更加广泛的认知中对协同治理路径进行研究，如在资源安全、风险治理、经济保护、政治协同等领域中进行求索。

在上述背景下，应结合国情民情作出最为合理的政策路径选择。粮食、水、能源是人类生存和发展依赖的三大支柱，同时也是国际上矛盾日益尖锐的关键所在。习近平主席强调总体国家安全观，总体国家安全观的综合性和整体性较过去研究思路更清晰，视野更广泛，强调传统安全和非传统安全的统一，安全问题和发展问题的统一。这种宏大视野有利于更全面和更准确地认识中国面临的气候变化安全风险。因此，讨论不同要素间的纽带安全十分必要。首先，中国水资源、能源、粮食消费量以及碳排放排名居世界首位，如此大的存量及其增量均会对全球市场与安全产生影响。其次，在全球气候变化背景下，极端天气事件发生的频率和强度不断加大，冰川融化等趋势均对未来水资源供应和粮食生产带来极大的不确定性，从而产生安全问题和连锁反应，需要各国政府予以足够的重视。另外，互联性安全涉及地区差距和不公平问题，尤其是尚未完成工业化的欠发达国家和地区，将会受到更为明显的影响，同时可能加剧地区和国家间的紧张关系。从可持续发展的角度来看，这三个问题不仅关系到国家间分配，还关乎代际间生存权和发展权的分配，甚至人类物种与其他物种之间平衡发展的分配。

1.3.2 能源-粮食-水的三位一体安全研究的不足

将能源-粮食-水的三位一体安全置于气候变化、关键性基础设施建设乏力、恐怖主义地区冲突等环境下时，原先分散治理的模式已经无法有效适应。当前，传统上国内外对能源-粮食-水三要素协同和安全的研究主要面临如下六方面困境：

第一，能源-粮食-水协同安全战略研究不足。首先，非传统安全内涵扩展不足。在传统现实主义范式下，在国际体系权力变化过程中，基于能源-粮食-水等资源地理分布非平衡可能造成大国之间的矛盾。这种传统西方权力政治主导的范式已经不能应对当前能源-粮食-水安全之间构成的三位一体非传统安全的挑战，特别是传统理论无法解释全球资源安全的发生机制，以及在局部资源不均衡情况下产生的资源冲突现象。其次，对于大国政策协调，尤其是水资源、能源和粮食要素间协同，缺乏深度研究。现有的研究主要集中于美国在亚太地区水霸权的战略部署、在中东地区进行能源市场抢夺，以及在世界贸易组织中在贸易壁垒与争端方面争取更多的利益。但是加强大国间的合作对话，特别是中美在"水资源-能源-粮食"协同关系领域实现机制互动，对三者的国际治理具有重要的推动作用，也有利于以大国协同实现国际秩序稳定。

第二，从地缘政治角度进行的中国周边地区能源-粮食-水纽带关系的研究欠缺系统化。中东及北非地区成为世界石油中心地带以来，当地淡水资源严重匮乏、农业发展一直先天不足，纽带安全已经上升为社会矛盾焦点，成为国际政治的突出特征。因此，该地区能源-粮食-水纽带关系一直成为学术界关注的重点问题。对于幅员广阔的中国来说，如何处理好与周边国家的纽带关系、加强纽带安全建设将会成为我们研究的重点。从地缘政治上探索东南亚纽带安全问题，其中比较突出的是跨境水纠纷以及管理问题。青藏高原是东南亚大部分大江大河发源地，我国的领土主权部分，我国对此享有"绝对主权"。但是，作为负责任的大国，中国又必须处理好上游国家和下游国家的水资源利用与合作关系，维系稳定和睦的周边外交环境要求加强东南亚水合作与监管力度；中国与印度等南亚国家除了传统的领土纠纷以外，近些年关于水资源利用、水污染治理以及水电开发的矛盾也逐渐突出。中印都是主要的粮食生产大国，跨国河流合作不仅能够为国内农业、电力部门提供有力保障，而且会深刻影响两国的政治、军事关系；中亚地处内陆，成为学界经常忽视的一个区域，但是其与我国地理位置相近，且水关系的协调对于中亚国家稳定以及推动中亚国家参与"一带一路"建设有着重要意义。中亚地区存在着严重的资源分配不均问题。水资源集中于塔吉克斯坦以及吉尔吉斯斯坦两国境内，上下游国家存在实力严重不对称，在水合作中面临参与度不够以及话语权较少的困境。

第三，能源-粮食-水的三位一体安全研究方法联系性和协同性不足。一方面，学界关于水资源、能源和粮食的研究普遍面临"各自为营"的困境，只注重于单一领域的研究分析，忽视了全球不同资源之间的整体性、协同性和紧密性。虽然国外对"协同纽带"有所研究，但是与单独领域的学术文献相比较而言，依然需要加强跨部门的研究方法。另一方面，相关研究在与法学和经济学的协同方面存在短板，协同治理机制更多地与行政机制相结合。受限于"国际软法"的性质，研究者对国际法协同理论的治理效果颇有争议，全球"法治"化是全球化顺利进行的基础。能源-粮食-水之间的联系性以及传导性要求改变传统的水部门、经济部门、能源部门以及粮食部门的单独治理体系。为了构建整体治理观，国际法体系必须在法律层面将三者进行制度嵌构。国际法体系除了立法层面的国际公约、条约以及宣言外，更包括广义上的国际法参与以及"全球行政"与"全球司法"的监督治理。最为重要的是，在方法论中，水资源、能源和粮食三者安全发展和协同发展评估体系的量化指标研究不够充分。基于水资源、能源和粮食纽带关系的科学内涵与关键要素，需要加强模型构建以及三者量化指标的构建。总体上，按照数据可得、指标选取合理的原则，制定表征水资源、能源和粮食纽带关系三大关键要素的指标体系。具体而言，首先，搜集我国以及分省区的基础数据，构建表征水资源、能源和粮食纽带关系的面板数据，评估目前我国以及分省区资源体系在这三大关键要素上的现状、特征、演化趋势以及存在的问题。其次，搜集美日等发达国家的基础数据，并构建"国家-时间"面板数据，梳理欧美发达国家资源体系的现状、特征和演化趋势，并通过横向对比，评估我国资源体系与欧洲各国以及美日等发达国家在包括水资源、能源和粮食在内的资源体系整体以及三个维度上的差距，分析其背后的主要原因。

第四，能源-粮食-水的三位一体安全研究与联合国可持续发展建设制度的衔接依然需要加强。联合国可持续发展目标为世界提供了努力方向和基本准则。水资源、能源及粮食作为可持续发展目标不可缺少的关键要素，在各自领域都取得了与目标相匹配的成就。但是三者联动效应加剧了资源利用紧张形势，特别是随着科技进步，能源部门与粮食部门对水资源的"抢夺"将带来新一轮的可持续发展困境。如何与联合国可持续发展目标相契合、增强三者的可持续发展属性，需要更进一步的思考。可持续发展目标涉及消除贫困、经济可持续增长、气候行动下的环境保护等具体目标，涵盖了社会、经济等多角度可持续发展。联合国可持续发展目标为纽带关系提供了一个测试路径，纽带关系概念也为可持续发展目标的制定与检测提供了重要指标。能源-粮食-水关系框架有望在一个面临气候变化、人口增长和资源获取不平等的世界中指导政策制定和结构调整。[①]结合我国情况来看，可持续发展目标的制定与落实对于能源-粮食-水三位一体安全纽带建设具有重大实践意义，特别是在"一带一路"倡议的国际背景下，能源-粮食-水三位一体纽带安全以及环境治理的共同推进需要更多的研究。

第五，能源-粮食-水的三位一体安全研究与"一带一路"倡议及构建人类命运共同体等国家重大战略思想的结合有待夯实。总体国家安全观内涵包括水、能源以及粮食的协同治理。作为重要的社会公共物品的供给，水、能源以及粮食的协同治理有利于社会秩序稳定。从政府与市场的角度来看，协同治理既要坚持市

---

① SIMPSON G B, JEWITT G. The development of the water-energy-food nexus as a framework for achieving resource security: a review [J]. Frontiers in Environmental Science, 2020（2）.

场自由化的治理理念，也要坚持政府的适当干预原则。从我国来看，政府在重要的公共部门的监管能力依然强大，协调我国水利管理、能源开发与监管以及粮食安全落实是政府部门加强公信力的必然要求。从我国基本国情来看，目前我国存在水资源、战略资源以及粮食区域分布不均匀现象。虽然我国采取了"西气东输""南水北调"等工程来缓解水、能源之间的矛盾，但是我国地域广阔并且对公共物品需求量大，在未来很长一段时间内如何强化三者之间的协同治理效应依然是一个重要的国内国际双重议题。水、能源以及粮食的协同治理对"一带一路"倡议的推进也具有重要作用。"一带一路"倡议覆盖诸多发展中国家，与发达国家相比，发展中国家在基础设施、能源开发、污染防治等方面都相对较为落后。为了推进"一带一路"倡议"施惠于民"的共同利益观，国家间治理好基础公共部门成为首要任务。"一带一路"倡议覆盖的国家较多，主权国家作为重要的国际法主体依然任务艰巨。

第六，能源-粮食-水的三位一体安全的中国学派建设有待加强。中国能源-粮食-水安全与全球资源安全的内在联系未能得到全面揭示，从而难以解决中国在国际能源-粮食-水治理领域的定价权等问题。关于中国能源-粮食-水综合治理的研究存在大量空白，如何实现跨部门联动效应、如何加强中国与周边地区的协同纽带建设都需要进一步探讨，特别是如何结合中国"两个一百年"奋斗目标和底线思维进行能源-粮食-水的中国学派建设不足。当前国内研究集中于以空间维度探讨能源-粮食-水的协同关系，但缺乏时间维度下能源-粮食-水协同绿色发展领导力构建。传统研究视角也主要以空间维度进行探讨。近年来斯德哥尔摩环境研究所、美国国家情报委员会等机构所发布的报告均认为水、能源和粮食供应安全之间相互影响所产生的危险是未来大趋势之一，但是我国对能源-粮食-水协同治理在大趋势和时间维度下的阶段特点研究不足。不仅如此，从国际层面出发，能源-粮食-水资源的全球治理和地缘政治这两大属性决定了一国利益（获得和安全）在很大程度上取决于全球体系的稳定性和相关制度安排。对于能源-粮食-水的协同发展来说，协同关系就在于此能源-粮食-水一体化大系统的稳定，各方必须对能源-粮食-水的三位一体这一趋势进行深入分析，而国际社会需要共同致力于该领域的全球治理，然而西方国家对绿色发展下的水资源、能源和粮食的全球治理的贡献意愿大大下降。发达国家积极参与国际气候行动，并积极对国际环保组织进行资助，缓解了全球变暖、海平面上升、极端干旱和洪涝灾害等问题。新兴经济体虽然在国际舞台上的地位已上升，但其自身实力不足，还不能领导全球气候治理，因此水资源、能源和粮食的全球治理在整体上缺乏有效的领导力。不仅如此，西方学者还希望通过资源治理来限制发展中国家的发展。彼得·哈耶斯等[1]和托马斯·迪克逊[2]指出：应当从环境容量的角度，限制发展中国家对资源的失序竞争，全球治理正从"权力平衡"向"付费收支平衡"发展是詹姆斯·罗西瑙（James N. Rosenau）提出的重要概念，发展中国家必须付出代价参与全球治理。美国学者克里斯托弗·斯通（Christopher D.Stone）等学者认为应当通过全球治理来约束发展中国家而非让发展中国家"搭便车"[3]。当前对于绿色发展下我国能源-粮食-水协同发展与安全战略研究和分析鲜有涉及。正如黄仁伟等中国学者所提出的，应追求全球治理的"统一性"，强调全球治理的"合作性"，通过中国学者的努力，建立并完善能源-粮食-水的协同发展和安全战略系统性的全球治理架构。图1-4显示了能源-粮食-水三位一体安全机制研究框架。

---

① HAYES P, SMITH K. The global greenhouse regime—who pays [M]. London: United Nations University press, 1993: 12-23.

② HOMER-DIXON T F. On the threshold: environmental changes as causes of acute conflict [J]. International Security, Vol.16, No.2, 1991: 76-116; HOMER-DIXON T F. Environmental scarcities and violent conflict: evidence from cases [J]. International Security, Vol.19, No.1, 1994, 5-40.

③ STONE C D. Defending the global commons [M] //Greening international law. New York: Routeledge, 1993: 36.

1.4　能源-粮食-水三位一体安全的研究框架和各章主要内容

能源-粮食-水三位一体安全的研究框架如图1-4所示。

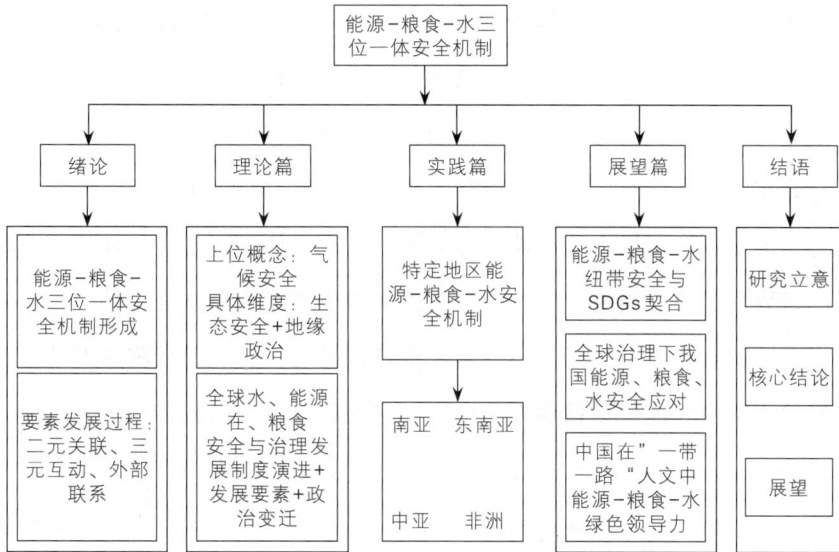

图1-4　能源-粮食-水三位一体安全机制研究框架

本书理论篇强调在能源-粮食-水三位一体安全纽带之上，存在一个更为重要的综合概念，即气候变化。本书从现象描述这一角度，先分析了气候变化所带来的系列影响，如水资源和领土资源锐减、发展中国家疾病与粮食安全危机、厄尔尼诺现象与自然灾害爆发，进而推出更具意义的上位代表性概念——气候安全。为了进一步探讨气候安全与水、能源以及粮食之间的关系内涵，本书从生态安全维度分析气候变化所带来的农业生产受挫等问题，从传统安全维度分析海平面上升带来的淡水争夺以及领陆领水纠纷等问题，从能源资源安全角度分析温室气体排放与气候安全冲突等问题。可见，气候安全与纽带关系密切相关。最后，通过对比分析发达国家和发展中国家两个利益集团，得出双方在国家利益考量、应对能力、综合影响因素的治理要素考量等方面存在较大差异。因此，研究如何进一步加强气候安全与纽带关系治理能力是非常紧迫且必要的。

本书理论篇的内容安排如下：

第1章：能源-粮食-水三位一体安全研究缘起。这一章作为本书的起始部分，主要介绍了本书研究的主题，即能源-粮食-水三位一体安全机制的相关研究背景。在本章，笔者对该三位一体研究的文献学术史逻辑进行了梳理，对既往的研究进行了多要素分析、地缘政治分析、外部联动分析和治理框架分析。接下来，笔者对既往与该研究相关的文献和研究状态进行了详尽评述，并指出了三位一体安全研究存在战略研究不足、中国周边地缘性研究欠缺、三位一体安全的整体性研究不足、与联合国可持续发展建设制度衔接较差、与国家重大战略举措结合不够、三位一体安全研究的中国学派建设不完善等问题。在本章最后的部分，笔者将本书的逻辑框架和各章节的主要内容进行了描述，帮助读者建立起对本书的初步印象。

第2章：气候安全与能源-粮食-水三位一体安全。作为报告之开始，这一章首先从能源、水、粮食三要素共同的上位概念（气候安全）出发，介绍气候变化全球性与整体性等多元特征，对气候治理历史进展进行梳理，阐述地缘政治视角下气候政治博弈。在此前提背景下，以气候安全的生态维度为视角，总结气候变化对能源、水、粮食在数量、质量等方面的安全挑战。与气候变化安全化一样，能源、粮食、水三要素都由纯粹的自然资源要素转变为与政治安全结合的领域。本章为后文能源-粮食-水三位一体安全纽带安全逻辑深入研究奠定了逻辑基础。

第3章：全球水安全与治理发展。水安全作为"能源-粮食-水纽带安全"的核心要素，是联结三者关系的关键中间变量。该部分主要分为四节。第1节是水安全内涵演变。从数量安全到社会稳定安全，再到水冲突引发的政治安全，水安全已经从生活层面转向国家政治层面。第2节是主权思维下的水权认识发展，从绝对水权论到有限水权论，再到命运共同体水权论，水权认知对河流治理合作方式具有重要的理念指导意义。第3节是当前水安全治理状况。在国际法制度化下，水安全治理的研究呈碎片化，全球水安全治理在开发方式、管理方式上呈现不同的地缘特点，

"一河流一制度"的现状使得水安全议题呈现分散化的特点。第4节是美国水外交霸权主义对水安全的影响。美国通过议题构建、水外交盟友伙伴关系等工具进行域外软干预，将水安全外交作为重塑地缘政治格局的手段之一。

第4章：全球能源安全与治理发展。这一章从四个安全维度探讨全球能源安全传统内容与前沿发展演变。第一个维度是传统安全维度：生产国与消费国的内外政治博弈。以欧佩克与美国为首的消费国集团博弈是能源安全治理体系形成的基础，但是两个集团的各自内部政治冲突加上供应与需求地缘中心发生变化，使得大国能源政治博弈更加错综复杂。第二个维度是能源运输安全。当前运输路线集中且依赖于中东、马六甲海峡等地区，受到过境国及大国的干预。第三个维度是能源金融价格稳定性安全。能源金融衍生品市场的不断建立，加上外部危机跌宕起伏，使得全球化下的能源金融体系受到不同程度的扰乱。第四个维度是贸易保护主义下的中美能源博弈。美国单边贸易保护主义阻碍了全球贸易制度的有效性，最大发达国家与最大发展中国家的贸易战使得WTO建立起来的贸易自由化制度红利遭受大危机。

第5章：国际粮食安全及治理发展。当前粮食安全也是自然、社会、政治等多因素安全机制的复合体。除了前面气候安全视角下的粮食安全外，当前全球粮食安全内涵主要体现在两个方面。第一个是社会层面。技术进步使得人口结构对粮食安全冲击的压力减小，多利益攸关方使得粮食安全治理主体要素发生变化。在新自由主义背景下，治理范式呈现出组织、国家、跨国公司等交互式参与的制度综合体特征。第二个是经济层面。粮食经贸规则、粮食金融工具的治理具有不稳定性，易受到国家霸权干预。例如，国际援助以"合法性"为掩护，只为获取自身利益，美元金融市场的霸权优势使得粮食价格波动较大。

本书实践篇强调安全纽带不仅关系到自然环境治理，也是国内国际政治的重要影响因素。中国处于亚洲中心地带，与中亚、南亚以及东南亚关系密切，周边地区纽带安全的联系性与稳定性对我国周边稳定起到关键作用。因此，该篇从地缘政治角度分析中国周围地区纽带安全。表1-3与表1-7均展示了世界各地区的水、能源、粮食问题现状与治理方向。

表 1-7 　　　　南亚、东南亚、中亚与非洲水、能源、粮食问题治理方向

地区	可持续发展治理
南亚	1.总体：能源-粮食-水三位一体安全与2030年可持续发展目标实现对接 2.具体： 安全纽带本身建设 治理水污染、开发新清洁能源 实施生态文明建设 避免跨境水问题安全化和政治化 借鉴澜湄合作机制
东南亚	1.践行倡议的同时注重环境议题。将绿色发展作为应对安全纽带挑战的理念基础 2.加强协调机制建设。协调GMS、MRC、LMC等合作机制的一体化进程 3.自我安全利益意识提高，避免国际政治因素干扰，特别是大国干预
中亚	1.总体：发挥中国在中亚安全带治理中的作用 2.具体：中国引领的必要性——重要商贸通道 3.可行性：治理能力、经验上的优势；中亚治理制度碎片化 4.路径：理念塑造；环境技术增强；治理机制创新
非洲	1.绿色发展为理念基础，协调发展与保护之间的矛盾 2.气候变化谈判合作需要加强 3.南南合作，缓解资金、技术、基础设施薄弱的现状 4.坚持"走出去"发展战略

本书实践篇的内容安排如下：

第6章：南亚的能源-粮食-水三位一体安全。从南亚能源、粮食、水安全现状来看，竞争主导权成为当前的主旋律，使得纽带安全分散化问题进一步恶化。从南亚主要国家内部来看，就能源、粮食、水分布而言，南亚地区主要是水争议。印度光伏市场的强势使其在能源市场上占了上风，但又因以煤炭作为单一结构，能源环境友好型发展模式欠缺。从外部影响来看，中国与南亚国家处于河流的上下游，面临水电开发与用水之间的矛盾。为了实现南亚地区能源、粮食、水协同发展，需要确立竞争状态转向发展状态的认知理念，实现与联合国可持续发展目标对接，以河流区域合作为契机，以专业和技术领域合作作为重点领域，加强国家间对话。

第7章：东南亚的能源-粮食-水三位一体安全。主要分为三节。第1节是关于

东南亚地区能源-粮食-水纽带安全内涵阐述。东南亚地处印度洋与太平洋海域中间地带,气候变化影响指数高,导致东南亚能源-粮食-水纽带安全内涵维度外延较大。从气候变化与能源-粮食-水关系来看,气候变化导致湄公河三角洲地带海平面上升、极端天气频繁导致粮食作物季节性变动大、居民用水受到气候安全牵制。从水能转化关系而言,水的季节性波动影响水电供应稳定性、水坝项目在一定程度上又加剧了区域内上下游国家水安全危机。从能源生产和粮食安全的相互转化和影响而言,湄公河流域水电项目造成了下游地区大米产量的减少、更多的资源用于生物能源原料种植,还会造成粮食价格的波动。第2节是中国参与东南亚能源-粮食-水纽带安全建设的必要性分析。东南亚是美国实施亚太地区再平衡战略的重要地区,它针对能源、粮食、水等新兴领域制定了新制度,东南亚地区对于中国周边安全具有重要战略意义。第3节是中国与东南亚共建纽带安全的具体建议,包括以环境议题为出发点,发展绿色经济、加强机制互动、缓解机制拥堵、防止过度安全化,处理好域外国家干预问题。

第8章:中亚的能源-粮食-水三位一体安全。作为全球生态环境恶化最严重的地区之一,中亚地区的环境安全容易陷入"闭环"状态。水资源是中亚地区最稀缺的资源,水资源的稀缺性极易引发"生态多米诺骨牌效应"。能源主要集中在哈萨克斯坦、土库曼斯坦和乌兹别克斯坦,吉尔吉斯斯坦和塔吉克斯坦主要依靠水电。水电交流政策是中亚地区自我发展的主旋律。中亚国家独立后,水资源交换贸易受到各国自主政策的极大影响。此外,对立和融合一直是中亚不变的主题。作为共建"一带一路"的重要伙伴,需要加强国际合作,夯实生态环境合作基础,投资公共基础设施建设。同时,解决中亚国家水资源冲突需要加强一体化管理协调,中国可以为提升中亚国家整体协调能力提供国外支持和帮助。

第9章:非洲的能源-粮食-水三位一体安全。非洲虽然不属于我国周边地区,但作为共建"一带一路"不可或缺的组成部分,同时也作为最不发达地区,非洲能源-粮食-水纽带安全对于中非深化合作领域与发展趋势具有重要意义。首先,从非洲能源-粮食-水纽带安全现状出发进行介绍。非洲素有"热带大陆"之称，气候变化导致非洲耕地退化、水力发电在一些地区逐渐减弱。非洲各国对有限的跨境水资源竞争日益加剧，以便保证各自国家的水资源、粮食和能源安全。就水与粮食关系而言，整体干旱的大环境使各国主要依靠降雨来维持农业生产，并且上游其他国家把尼罗河水用于满足自己国家激增的水资源和粮食灌溉需要，导致埃及不满并导致潜在区域冲突的发生。就能源与粮食而言，石油出口与消费比例严重失衡，生物材质能源是撒哈拉沙漠以南非洲国家的电力主要来源，导致可食用的能源来源大大减少。其次，中非加强纽带安全的必要性分析。气候治理俱乐部是多边主义的重要表现形式，中国需要力所能及地向受气候变化不利影响最为严重的非洲国家、小岛屿发展中国家和最不发达国家提供支持和帮助，构成环境议题盟友。最后，关于中非纽带安全协同发展的建议措施：绿色发展是中非合作应对安全纽带挑战的理念基础；加强气候变化谈判合作应对安全纽带挑战，在气候变化问题上结成统一阵线；南南技术合作是中非合作应对安全纽带挑战的重要支撑；中国"走出去"战略是中非合作应对安全纽带的物质基础，以援建基础设施，实现共同发展。

前面部分主要从理论和实践方面对能源-粮食-水三位一体安全进行分层次、分领域和分区域的解析，本书政策篇结合2030年可持续发展议程来阐释能源-粮食-水三位一体安全纽带和安全传导性及整体发展观的联动性。联合国通过的2030年可持续发展目标在中长期为能源-粮食-水三位一体安全机制提供了实践机遇窗口，如"一带一路"沿线地区特别是澜湄地区成为中国参与能源-粮食-水三位一体安全机制的典范。展望篇也分析了澜湄地区落实可持续发展目标的机遇与挑战：基础设施建设和更新力度较弱、经济发展与可持续发展之间的矛盾突出、管理经验缺乏等，但是也要看到澜湄合作机制的不断深化、"一带一路"倡议带来的共商共享的大好前景。为了更好地推进纽带安全与可持续治理，本书也为澜湄地区的可持续发展提供了较好的路径选择：致力于以发展为途径、以合作关系为基础以及以生态治理为方向的多方位协同推进；用"人类命运共同体"打造亚洲治理典范；探索中国参与的路径。除了对澜湄地区合作典范进行说明外，本书更将纽带安全治理置于"一带一路"大环境中进行阐述。海上丝绸之路将会面临更大的生态环境考验，在港口等基础设施建设中存在治理赤字。除了将人类命运共同体、可持续发展以及协同治理引入海上丝绸之路经济带的建设中外，更要加强我国的海上强国建设，在纽带安全治理中打下更多的中国烙印。

第10章：2030年可持续发展议程与"能源-粮食-水"三位一体安全契合。发展清洁能源、清洁饮水及用水这三个全球可持续发展最基础的部门，对于发展中国家摆脱低分困境，实现从低端可持续目标发展走向高效可持续发展具有重大意义。加上SDGs与气候安全的联动效应，能源、粮食、水三部门作为气候安全治理体系的重要内容，也是SDGs的重要评估体系内容。从SDGs总体得分发展趋势来看，发达国家在可持续发展目标实现上总体处于高分集团。相反，非洲、东南亚、南亚等地区总体上处于低分集团。南北得分的差距不仅体现了南北在可持续发展治理理念与治理实践上的成效不同，也反映了南北国家在产业转型上的对待措施并不统一。其次，从中国与其他国家集团评估得分比较来看，发展资源出口的同时，SDGs指数并未得到同步发展，说明资源出口在环境技术标准等方面与可持续发展目标之间仍有不小的差距，依然有较大的进步空间；良性的政治体制对于水、能源、粮食等具体可持续发展目标的优先安排、效率提高等有较大促进作用，国内政治稳定能够保障各项可持续发展目标的达成；保障能源、粮食、水三个基础部门的独立性，是实现经济独立发展的重要内容，也是可持续发展独立性政策制定、标准制定的基本前提。最后，中国需要落实SDGs合作实践，将能源、粮食、水嵌入SDGs澜湄地区实践发展计划，以发展为途径的手段协同、生态治理的环境协同促进SDGs与能源、粮食、水的同步发展。

第11章：全球治理下中国能源、粮食、水安全应对。为了适应安全议题全球化趋势，这一章从能源、粮食、水安全治理体系出发，提出了我国如何应对的建议措施。第1节是如何应对能源安全全球化。面对能源地缘安全多中心化，应把维护能源地缘安全和能源体系均衡统一起来；促进大国协同，进行能源经贸磋商，遏制贸易单边主义；深化与能源生产和过境国家合作，注重运输中间枢纽，规避高政治化运输地带风险。第2节是如何应对粮食安全全球化。增强农业适应性多样性发展，发展气候智慧型农业；面对发达国家与发展中国家二分法的绝对划分，"发展中国家对全球粮食短缺"的国际悖论，要积极推动非国家行为体与粮食治理，避免政治利益直接碰撞；善用WTO规则，增强粮食贸易安全；发挥"一带一路"粮食治理协同效用，实现基础设施援助、结构互补。第3节是如何应对水安全全球化。坚持相对主权论，坚持公平合理利用与分配，兼顾沿岸国共同需求；水外交与国际水法二元治理手段共同推进；加强水外交主体网络关系合作。

第12章："一带一路"背景下我国"能源-粮食-水"绿色领导力构建。从"一带一路"沿线关系的安全隐患出发，本部分提出了"一带一路"倡议的发起国中国应如何在"一带一路"建设中发挥作用。第1节归纳了中国在绿色"一带一路"建设中的现状。第2节分析了绿色"一带一路"建设的进展情况。第3节论证了绿色"一带一路"的建设目标与"能源-粮食-水"链接的建设目标是一致的。第4节分析了绿色"一带一路"建设中安全保证的挑战。主要挑战是公共产品供应不足，缺乏发言权和领导能力，以及对海上丝绸之路治理缺乏关注。第5节为我国提出了七种主要方法，以提高在安全关系中的发言权，并提高我国在绿色"一带一路"和"能源-粮食-水"关系治理中的地位。

展望未来，突发公共卫生事件等凸显了加强环境保护和生物安全建设的紧迫性和重要性，机遇与挑战共存，中国应加大清洁能源发展力度，并推出可持续的低碳经济刺激方案。同时，国际环境合作更是不可或缺，值此百年未有之大变局的机遇期，面对能源-粮食-水三位一体安全的全球性挑战，迫切需要采取强有力的集体行动以促进全球治理发展。此外，在努力摆脱生存与发展危机的同时，应警惕气候变化问题，以进行更好的经济复苏。坚持可持续的、包容性的、低碳的以及市场导向型的增长，持续审视能源-粮食-水三位一体安全的影响，推动气候友好型和绿色发展型社会发展，实现全球能源-粮食-水的三位一体安全的可持续治理。

理论篇：
气候安全背景下的能源、
粮食和水安全

导言

　　当今世界人口不断增多，城镇化进程加快，发展中国家工业化进程加速进入资源紧张时代，全球生态压力激增，能源、粮食和水资源面临安全压力并且在资源领域相互影响甚至竞争。随着气候变化挑战的日趋发展，安全理念也不断变化，新的安全研究强调不同环境安全种类间的传导效应和联系机制，强调了安全因素、安全议题及安全行为体间的纽带关系，以能源-粮食-水为核心的三位一体安全纽带理论由此产生。

　　能源-粮食-水的三位一体安全与经济发展、生态保护、资源开发、社会可持续发展等其他问题密切相关并互相影响。在能源-粮食-水三位一体安全纽带之上，存在一个更为重要的综合概念，即气候变化，而在分析气候变化所带来的系列影响之后——包括水资源和领土资源锐减、发展中国家疾病与粮食安全危机、厄尔尼诺现象与自然灾害爆发，气候安全这一上位代表性概念无疑是更具意义的。气候变化大背景下的能源、粮食、水三者相互联系、相互影响，任何因素的恶化都会对其他领域产生传导效应，且传导性还体现在同气候变化安全紧密相关，这也是气候安全的后果之一，具有全球性、整体性、长期性、不可逆性和人为性是气候变化安全影响的五方面特征。全球气候安全治理历程始于1972年的联合国人类环境会议，直至2019年，全球气候变化经历了政治化和机制化并在不同阶段都取得重要成果。同时，人类世[①]问题与地缘政治紧密相连，并主要表现在国际秩序发展和气候治理主体分散性两方面。对气候变化对安全的影响的重视程度南北分化，美国以及欧洲各国的气候安全治理动向对国际关系格局与变迁影响的深度及范围更大。发展中国家普遍面临着严重的气候问题，同时，中低收入国家和弱势群体对气候变化问题应负的责任也最小。发达国家与发展中国家在气候治理经验、资金、能力等方面都存在差异，纯粹的责任二分法很难适应现实中国际关系的发展趋势。同时在气候安全的影响下，水、能源、粮食安全由单纯可持续发展安全问题发展为政治安全问题。气候安全相对于生态安全来看，其特殊性在于其与其他社会系统更广泛的关联性以及公地性质，对传统安全等高政治领域提出了更加严峻的挑战。气候变化将会加剧已有的生态安全威胁，并导致新问题的出现，涉及水、能源、粮食安全的可持续发展，并且它远非单纯的非传统安全问题，通过水资源冲突、能源资源争夺、生态系统危机、移民危机等，它还会引发地区甚至全球冲突。气候变化将影响生态安全、政治安全、社会安全等一系列复杂的安全网络。本书从全球水的安全角度阐释了水安全内涵从数量安全到社会稳定安全，再到水冲突引发政治安全的转变，以及从生活层面向国家政治层面的转变，并且对水主权的内涵也有不同角度的解读。当前对水安全治理现状的研究在国际法制度化下呈碎片化，这使得全球水安全治理在开发方式、管理方式上呈现不同的地缘特点，水安全的综合性与复杂性，使得其从数量安全转向社会稳定安全维度，并且包含了水冲突引发的政治安全。在主权思维下，对水权的认识也在不断发展，国际河流利用权益学说包含了不同理论，如绝对领土主权论、绝对领土完整论、有

---

① 扬.复合系统：人类世的全球治理 [M].杨剑，孙凯，译.上海：上海人民出版社，2019.

限主权论、沿岸共同体论。从治理现状来看，制度层面包含了一系列的国际水法；流域治理包含了多元开发机制；通过有效的国际河流合作，带来多方收益。与此同时，由于深受国际因素影响，其开发也具有一定的特殊性。除了治理与开发，在地缘政治发展阶段，水外交战略也是大国发展阶段中不可缺少的组成部分。例如，美国霸权引导式的水外交战略，其以流域外大国的身份，通过地缘性介入流域来保障其水外交领域的战略利益。此外，美国还通过对区域水治理体系的制度性嵌入和重构来保持其水外交的合法性和有效性。

当代能源治理也逐渐成为全球治理的关键领域。本篇从四个角度探讨全球能源安全传统内容与前沿发展的演变。首先，生产国与消费国的内外政治博弈与供需地缘的变化使得大国能源政治博弈更加错综复杂；其次，从能源运输安全维度来看，当前运输线路主要依赖中东、马六甲海峡等地区，受过境国干预明显；再次，从能源金融价格安全角度看，全球化下能源金融衍生品市场不断建立，但由于外部危机跌宕起伏，全球化下能源金融体系受到不同程度的扰乱；最后，美国单边贸易保护主义给全球能源安全带来负面影响，所挑起的贸易战对能源贸易造成阻碍，WTO框架下的贸易自由化制度红利遭遇危机。当前能源生产国与消费国存在着内外政治博弈，尤其是中东地区。另外，欧佩克与以美国为首的西方发达国家在国际能源体系话语权上也存在竞争。操纵或控制欧佩克是美国中东能源政策的重要目标，然而中东地缘政治紧张局势可能会抵消原油上涨的经济收益，恐怖主义、极端主义也在蔓延，内部地缘政局不稳定，影响能源运输的过境安全。能源金融价格稳定性安全也是重要的影响因素，尤其是2020年石油价格进入震荡时期，其变动因素也呈复杂态势。而在贸易保护主义下，经贸摩擦对中美能源关系的扰动效应使能源贸易面临危机。

粮食安全作为一种全球性和区域性公共产品，不仅是经济问题，也是社会、政治和国际安全问题。技术进步使得粮食安全受人口结构冲击的压力减小，多个利益攸关方使得粮食安全治理主体要素发生变化，治理范式呈现出组织、国家、跨国公司等交互式参与的制度综合体特征。在经济层面，粮食贸易规则、粮食金融工具的治理受到地缘政治因素的干预。因此粮食安全不仅是资源生产和贸易问题，也是政治博弈的结果。其中突发性粮食安全公共危机问题不断冲击全球治理体系。当前粮食安全面临着多元挑战，粮食安全治理体系和制度复合体趋势日益明显。

第2章　气候安全与能源-粮食-水
三位一体安全

　　气候是由地球上的大气、海洋、陆地表面、冰冻圈和生物圈等组成的复杂系统。气候影响自然生物生存基础、人类生活基本需求、社会秩序稳定等方方面面。全球产业转移加速了工业全球化进程，也带来了全球气候变暖这一严峻挑战。借用福柯对系谱学的理解，历史总是在当下被讲述，安全的内涵更是如此，国际安全研究源于第二次世界大战后，该研究聚焦于国家如何防止外部和内部威胁，在此之后，存在着大量随时空变化的安全主题、安全探讨及参与者。国内外相关文献认为，国内政治的稳定性易受气候变化影响，气候变化将导致跨国或国家内部矛盾，这些冲突很多也会影响国家安全。水资源矛盾、生态系统恶化、生态移民等因素被视为气候安全引发区域乃至世界冲突的原因。气候变化是重要的非传统安全议题，它给人类生活和健康带来严重灾难已成为科学共识。

　　自20世纪90年代以来，全球环境问题特别是气候变化等逐渐在国际关系议程中升温并改变传统安全概念，气候变化等全球问题所催生的安全是新安全观最独特的标志。水、能源、粮食安全都离不开自然生态系统，而气候作为自然生态系统的核心要素，是水、能源、粮食从自然生态要素转化为多元安全要素的上位概念。所以在研究"能源-粮食-水"纽带安全之前，需要了解气候安全的内涵与发展。

2.1　气候安全概述：特征、治理现状

　　气候变化是重要的非传统安全议题这一共识逐渐被认同。其实早在20世纪80

年代初，欧洲的科学家就提出人为排放二氧化碳等温室气体可能导致地球平均气温上升。有关专家认为，20世纪是15世纪以来最热的时期，在近一个世纪里，整个地球的平均温度增加了0.6~1.2摄氏度。由于地球变暖，南北极冰川融化，海平面上升，许多低洼地带被淹没，各种自然灾害频发。到2100年，温室气体含量将增加到1 000PPM；全球气温将升高3.5~6.5摄氏度，自然灾害和非常气候急剧增加，海平面将上升15~95厘米，温室气体浓度上升将会使地球生命系统面临严峻挑战，并对人类生活和健康构成巨大威胁。目前，相比于前工业革命时期，世界地表温度平均高出0.74摄氏度。至21世纪末，全球平均地表温度将上升1.8摄氏度，海平面将上升18~59厘米。

2.1.1 气候安全多元特征

全球性、整体性、长期性、不可逆性和人为性等是气候变化安全的五方面特征。第一，气候安全覆盖面积广。由于大气处于整个地球上层，几乎所有国家目前都或多或少受到一定气候变化的影响，其中包括土地荒漠化、海平面上升、生物物种锐减等各种环境安全问题。第二，气候变化具有整体性特征。其中最为典型的是气候变化导致的冰川消融引发海平面上升，同时也会导致降水地理特征发生变化，从而引起土地荒漠化，并且海平面上升导致许多低洼地带被淹没，各种自然灾害频发。第三，气候安全时间维度跨度长，故而容易被人所忽略。例如，北极冰川、中国喜马拉雅山脉和祁连山的冰川消融在多年前就开始，但直到21世纪才引起高度重视。第四，气候变化问题往往是不可逆转的，或者必须付出相当大的努力和成本来降低这些伤害带来的影响。例如，冰川消融、海平面上升、生物多样性锐减、土地荒漠化等诸多气候变化带来的问题，在较短时间内都无法还原。第五，气候变化问题的产生具有人为性。在工业革命前的几千年中，大气层中的温室气体浓度基本是恒定的，然而，温室气体排放量在19世纪初工业革命后开始显著升高。

相关研究认为，在未来50年中减少世界温室气体的排放至关重要，如果世界各国不能采取有效措施，全球每年将遭受高达3 000亿美元的经济损失。另外，如果在 2030 年前不能将温室气体的浓度控制在一定范围之内，全球 GDP 可能损失 0.2%~3%，而《斯特恩报告》认为，全球 GDP 的 5%~10% 将会是人类为全球气候变化所付出的不可避免的代价。

2.1.2　全球气候安全治理历程

1972 年，在斯德哥尔摩举行的联合国人类环境会议标志着环境与可持续发展领域的国际决策正式进入现代化。全球气候变化合作的政治和经济行动始于 20 世纪 80 年代政府间气候变化专门委员会（IPCC）的成立。它的主要任务是定期处理与气候变化有关的问题，进行科学、经济和社会研究，并向政府提供决策建议。1990 年，联合国在其第 45/212 号决议中成立了政府间气候变化框架公约谈判委员会。1992 年 6 月，166 个国家在联合国环境与发展会议上签署并通过了《联合国气候变化框架公约》。

1992 年《联合国气候变化框架公约》规定了目标、原则、义务、财务机制、技术转让和能力建设，以指导缔约方采取合规行动。该公约还要求发达国家将温室气体排放量恢复到 1990 年的水平，但没有量化目标。经过一系列谈判，公约缔约方大会第三次会议于 1997 年 3 月在日本京都举行，会议上达成并通过了《京都议定书》，该议定书定量确定了平均排放量减少 5.2% 的限额。

自 2005 年以来，气候变化谈判的主要任务（称为"双轨谈判机制"）是在《京都议定书》框架下设立特别工作组，谈判发达国家第二承诺期（2012 年以后）的减排义务，同时《京都议定书》尚未被美国等发达国家批准。各国还在《联合国气候变化框架公约》下就促进国际社会应对气候变化长期合作行动进行谈判对话。

2007 年，从 G8 峰会到联合国大会、安理会，再到世界主要经济体能源与气候变化大会，气候变化成为重要话题[①]。2007 年，联合国安理会举行了关于气候变化

---

① 崔大鹏. 国际气候合作的政治经济学分析 [M]. 北京：商务印书馆，2003：101-115.

及国际安全关系的首次辩论，联合国大会2007年围绕气候变化这一世界性挑战首次举行了非正式主题辩论。近100个国家和地区在气候变化大会上作了发言。2010年7月，联合国安理会又举行了关于"国际和平与安全：气候变化的影响"的辩论。会后声明对气候变化可能对国际安全造成的长期影响表示关切。各国于2007年通过了巴厘岛路线图，并再次强调气候合作，包括2009年哥本哈根会议上达成的全球协议。所有发达国家（包括美国）都被要求履行其"可衡量、可报告、可核查"的温室气体减排责任，同时，气候变化适应、技术开发和转让、资金等问题被强调并受到重视。哥本哈根会议后，主要国家和谈判联盟积极筹备以长期目标为核心的气候变化谈判，围绕以下两个问题展开激烈博弈：一是规范气候变化谈判程序，二是责任义务问题。

2009年12月，哥本哈根气候变化大会标志着全球气候变化合作谈判的进程到达一个新的起点。《哥本哈根协议》（Copenhagen Accord）由美国和包括中国在内的"基础四国"推动达成，但没有被UNFCCC缔约方大会通过，仅成为大会的附注。因此，《哥本哈根协议》的国际法效力大打折扣。此外，原本应通过的新气候议定书草案也没有通过；不仅如此，欧盟、美国、"基础四国"、拉美、小岛屿国家，以及沙特阿拉伯等都有各自的版本，在减排、资金、适应、技术上产生巨大分歧，即使是《哥本哈根协议》，其内容也含糊不清，充满争议。

在2010年坎昆会议上，各方就推动全球减排、构建资金和技术援助机制等问题达成了集中共识。坎昆会议协议对发达国家和发展中国家共同但有区别的责任进行了明确区分，但全球气温上升必须控制在1.5～2摄氏度以内，到2020年发达国家将需要考虑1990年的情况。发达国家承诺每年减少25%～40%的温室气体排放，建立"绿色气候基金"，同时提供300亿美元的气候快速融资。为了保证发展中国家在短期内应对气候变化的能力，帮助贫穷国家发展低碳经济，保护热带雨林，分享新的清洁能源技术，发达国家将采取行动，这需要每年筹集1 000亿美元。2011年，由德国和美国主导，联合国安全理事会继续就与和平及安全有关的气候变化进行公开辩论，并通过了一项有影响力的声明。这展现了安全理事会成为联合国确保环境问题和实现这一目标的主要平台。同时，2011 年南非气候变化会议的德班平台的建立是国际应对气候变化进程中的突破性事件，为当前的国际气候谈判带来了新的要素和活力。在一年多的发展之后，德班平台的主要谈判负责人不仅就 2020 年后国际气候机制谈判的具体计划和时间表达成了协议，而且更重要的是，促进了各方对谈判立场的理解和交换。目前，德班平台谈判的主要参与者专注于 2020 年后 "国际气候公约" 的法律地位、德班平台谈判的指导方针、框架、主要议题以及加强行动的方式和选项。2011 年德班气候会议的决定 1/CP　17 号，是 "适用于公约所有缔约方的一项议定书，另一项法律文书或某种具有法律约束力的协议的商定结果"，这给 2020 年后国际气候条约的法律地位留下了太大的灵活性，各方在谈判中争先恐后地争取对自己有利的理解和解释。德班平台谈判的启动，首次将应对气候变化责任义务不同的各方纳入同一国际气候条约的法律框架，实现了参与应对气候变化的普遍性。这也使得国际气候谈判从双轨制转向单轨制。

2013 年 11 月 23 日，《联合国气候变化框架公约》第十九次缔约方会议和《京都议定书》第九次缔约方会议（以下简称华沙气候大会）在波兰举行。该会议有两个重点议程：一是执行 "巴厘岛路线图" 设定的每个谈判任务，特别是发达国家履行其财政承诺，在 2020 年之前提高减排能力，以及它将建立一个 "伤害" 的国际机制；二是将正式开始在 Squad 平台上进行谈判，制订工作计划并绘制路线图，以在 2015 年达成新协议。尽管会议取得了一些成功，但气候谈判仍缺乏统一的领导和普遍的执行力。在大会上，以《联合国气候变化框架公约》为中心的气候安全的合法性受到质疑，其影响力、合法性和有效性受到进一步挑战。

2014 年，《联合国气候变化框架公约》第二十次缔约方大会暨《京都议定书》第十次缔约方大会在秘鲁利马举行。利马气候大会是 2015 年巴黎会议前的最后一次阶段性会议，大会最终决议要求各国 2015 年递交本国应对全球变暖的行动计划，并作为 2015 年巴黎气候大会签订全球协议的基础。最终，各方达成 "利马气候行动倡议"，这被视为推动 2015 年巴黎举行的缔约方大会就 2020 年后国际社会应对气候变化强化行动达成协议的重要步骤。利马气候大会成功地实现了两项重要的任务，即就 2020 年后气候协议的文案要素达成一致，并确定在新协议中本国国家自主贡献（INDCs）预案所需提供的信息。正如会议主席曼纽尔·普尔加尔·维达尔（Manuel Pulgar Vidal）所强调的，"就像所有的协议一样，它也是不完美的。但毫无例外，我们都是赢家。协议更加聚焦，并以一种平衡的方式考虑到了每个国家的关注（点）。"从各谈判集团能够在利马气候大会中达成重要的共识来看，2015 年巴黎气候大会的准备工作正向着积极的方向推进，有可能产生一项环境运动史上最雄心勃勃的协议，第一次把所有国家绑定在遏制气候变化、减少碳排放的单一舞台上。无疑，利马气候大会所达成的"利马气候行动倡议"为推动以《联合国气候变化框架公约》为核心的气候变化治理迈出了扎实的一步，提高了联合国气候治理的合法性。其表现在主要目标的实现和气候资金问题的进展上。利马气候大会有两大目标：第一个目标是为 2015 年的《巴黎协定》制定文本草案大纲；第二个目标是通过 2015 年各国制定的本国国家承诺条款，即各国的国家自主贡献。这两个目标均在各国的妥协下得到实现。首先，各国通过了"利马气候行动倡议"和一项 37 页的文本草案附件，它包含了各国愿意在 2015 年协议中选择的所有条款与各方面要素。欧盟气候行动及更新能源项目主管米格尔·阿里亚斯·卡涅特评价道，当前的气候谈判是为巴黎气候谈判铺路。虽然强度大幅降低，与此前预期相比有一定的距离，但是它得到了 190 多个成员国的普遍支持，向国际社会发出了确保多边谈判于 2015 年达成协议的信号。其次，各国"国家自主贡献"相关信息已初步明确。各大国终于同意在 2015 年 3 月前提交自己的国家自主贡献目标，其他国家也会在 2015 年 5 月前采取相同的行动。虽然在实际操作上，各国的提交时间有所延后，但是截至 2015 年 9 月 10 日，覆盖全世界碳排放量约 75% 的国家和地区都已公布了各自的自主贡献文件。最后，利马气候大会见证了气候变化谈判在资金问题上的进展。在本次大会上，绿色气候基金终于获得了超过 100 亿美元的捐赠承诺。尽管这个数字距离在 2020 年达到 1 000 亿美元的目标似乎还很遥远，但是正如时任联合国秘书长潘基文所强调的，绿色气候基金捐赠承诺将促进各方之间的信任，推动达成新气候协议，更为重要的是这是减排行动和帮助发展中国家提高应对能力的一笔

"首付款"。在绿色气候基金上的进展，无疑为气候谈判重要的资金环节开创了新的局面。

2015 年年底巴黎气候大会通过的《巴黎协定》是人类应对全球气候变化挑战的一个新的里程碑，该协议在尊重气候变化科学的基础上，又通过国际社会达成共识，21 世纪实现可持续发展目标的优先任务则为能源转型、低碳经济、气候韧性提升等。《巴黎协定》确立了国家自主贡献减排的法律模式，开创了自下而上的气候变化履行机制。参与《巴黎协定》的所有国家都同意将全球气温上升幅度控制在 2 摄氏度以内，并要继续努力，将温升控制在 1.5 摄氏度以内，《巴黎协定》还规定对贫穷国家施以资金援助，以帮助其完成减排目标和应对极端气候带来的影响，并对一些受气候灾害影响的国家提供紧急援助。《巴黎协定》规定的是一个顶层管控与各国家自主贡献的混合机制，其批准意味着在"国家自主贡献+五年评估盘点"机制上，将减排义务分配这一难题从多边层面下放到各国，改变了自上而下的约束路径，从而有效化解了之前的"京都困境"，成为全球气候治理进程中一个新的转折点。目前，世界气候治理转型的总体趋势越来越表现为低碳竞争和合作成为全球气候治理的核心；全球责任共担和自愿减排原则成为 CBDR-RC（共同但有区别的责任）原则的新含义；国内、跨国、小多边、多边层次上对多种类型的国际领导的要求也更高，《巴黎协定》谈判的落实无疑也反映了这一点。

2016 年 11 月 4 日《巴黎协定》以大家始料未及的速度签署通过并开始生效，使 2017 年成为落实《巴黎协定》的关键节点。2016 年 11 月 7—18 日，联合国气候变化大会在摩洛哥马拉喀什召开。作为《巴黎协定》生效后的第一次缔约方大会与落实行动的大会，马拉喀什气候变化大会发表了《马拉喀什行动宣言》。《马拉喀什行动宣言》进一步深化了多利益攸关方行为主体参与气候治理，如北欧和北美城市正在引领着建设低碳城市、城市规划革新、城市能源系统可再生化等政策创新。世界各城市之间的跨国网络（以 C40 为代表）也正成为低碳政策扩散的重要平台。由少数国家组织的小多边论坛和合作机制在全球气候治理领域中逐渐崭露头角，这些国家的政府和社会组织的气候合作使国际气候政治博弈呈现新的变化并进入新的阶段。在马拉喀什大会上发展中国家共同捍卫非洲国家在气候谈判中的利益，敦促大会具体落实援助资金及技术转让，如来自27个非洲国家的20名部长和27个代表团就非洲农业适应倡议（Adaptation of African Agriculture，AAA）通过了《马拉喀什宣言》。倡议于2016年4月实施，旨在降低非洲农业应对气候变化的脆弱性。《马拉喀什宣言》认可了寻求更高、更有效的公共和私有资助原则、监控资金在AAA倡议流向的原则，以及让非洲项目能更顺利得到气候资金等。它在27个国家的通过意味着在COP22（Conference of the Parties）①的谈判中，这一联盟将致力于让非洲农业适应成为谈判的核心。马拉喀什大会已决定在2018年之前完成《巴黎协定》的规则手册制定工作。但在与气候资金、适应资金以及扩大温室气体减排的范围等相关的诸多问题上，发达国家与发展中国家的争议一直都存在。发达国家曾承诺为2020年后行动每年向不发达和发展中国家提供1 000亿美元的资金，帮助它们应对气候变化。最终，联合国在有关"长期资金"的文件中正式地承认了这部分资金，许多发展中和欠发达经济体对此感到不悦，因为发达国家因此可以主导所有重要的气候资金的条款。尽管如此，对适应气候变化资金的补充仍是马拉喀什会议的积极进展之一。

2017年11月18日，波恩气候大会取得的成果被称为"斐济实施动力"，与会方就落实《巴黎协定》的各方面问题形成了平衡的谈判文案，进一步明确了2018年促进性对话的组织方式，通过了加速2020年前行动的一系列安排，为《巴黎协定》如期完成奠定了良好基础。2017年6月时任美国总统特朗普宣布退出《巴黎协定》，此举严重影响气候治理进程。2017年波恩气候大会推进国家层面的承诺并推进《巴黎协定》，会议审议《巴黎协定》第4条第9、12款要求各国定期通报国家贡献，并将其"记录在秘书处保管的一个公共登记册上"；第14条要求从2023年起，国际社会每5年进行一次全球盘点，以此为各国提供调整减缓措施的参考。全球盘

---

① 它是UNFCCC（《联合国气候变化框架公约》）下各国商量怎么落实的会议，每年举行一次。第一次会议是在1995年举行的，到2016年已是第22届，简称COP22。

点机制可以分析出全球自主贡献与实现"2℃或 1.5℃目标"之间的差距,并鼓励各国加大减排力度,以弥补这些差距。波恩气候大会则推动了气候投融资。德国宣布到 2020 年向"保障复原力全球伙伴关系"倡议再提供 1.25 亿美元;挪威和联合利华设立 4 亿美元基金,用于投资包括高效农业、小农经济和森林保护在内的综合商业模式;德国和英国将联合出资 1.53 亿美元,用于在亚马孙雨林开展的应对气候变化和森林采伐的项目;联合国环境规划署、德国、西班牙和欧盟发起国家自主贡献支持计划(NDC Support Programme);R20 与瑞士蓝色果园金融公司发起的非洲次国家级气候基金(African Sub-national Climate Fund)将在 2020 年前至少为 100 个基础设施项目建设提供资金等。

2018 年卡托维茨气候变化大会完成了《巴黎协定》实施细则谈判,包括缓解、透明度、全球盘点、适应性、资金筹措、执行等,主要包括 2025 年后气候资金承诺、技术转让、透明度框架、2023 年全球盘点等。透明度框架涉及缔约方每五年提交的"国家所有捐款"(NDC)中的缓解、适应和资金支持。缔约方将应对气候变化的努力与可持续发展联系起来,强调发达国家应在气候行动中发挥带头作用,并向发展中国家提供资金和技术合作支持。此外,通过市场和非市场调节,世界各国正在推动投资逐步投向绿色经济领域。《巴黎协定》的基本规则手册正是在 2018 年卡托维茨大会中得以达成的,同时,2018 年卡托维茨大会还面向所有国家提供了指导意见。其中,在透明行动和支持的框架下,通过一套每两年报告和审查进展情况的共同准则,加强了各国对气候行动的参与。[①]政府间气候变化专门委员会提供了一种新型计算方式,用以估计温室气体排放量。依据数据采集与调研结果,发展中国家可以制订并改进其减排计划。适应和损失损害指标将首次被纳入透明度报告中。此外,每五年进行一次的集体评估将涉及非国家行为者采取的气候变化行动,第一次全球评估将于 2023 年进行。

---

① WASKOW D, DAGNET Y, NORTHROP E, et al. COP24 climate change package brings Paris Agreement to life [R]. Washington, D. C.: World Resources Institute, 2018.

会议扩大了现有的减排方法，并向贫穷国家提供了财政援助。会议还就IPCC《全球1.5℃增暖特别报告》、塔拉诺阿对话、本次谈判中强调的不同行为者的积极贡献、卡托维茨会议制定的一系列配套规则和准则等议题进行了讨论并形成相关决议，建立了从透明度行动到支持框架的一系列"绿色激励"机制。这一"绿色激励"机制有效调动了各参与方的超理性动力，各行为者的关注点从承担责任、逃避责任转向权衡增减贡献，从积极的角度有力地推动了全球绿色进程。企业层面积极作出承诺，推动协议落实。气候变化C40城市联盟宣布与IPCC建立合作伙伴关系，以确定如何将《全球1.5℃增暖特别报告》应用于城市气候行动；由英国和加拿大发起的"脱碳联盟"（Power Past Coal Alliance）自COP23召开以来，已汇集了80个国家和地区，旨在加快发展清洁能源，逐步淘汰使用传统煤炭。Invest4Climate（为气候融资）是世界银行集团和联合国搭建的一个新平台，旨在将各国政府、金融机构和企业、投资者、慈善机构和多边银行聚集在一起，以确定气候投资机会，支持政策改革，并吸引私营部门投资于气候行动。全球能源互联网发展合作组织和《联合国气候变化框架公约》秘书处共同发布了《全球能源互联网促进〈巴黎协定〉实施行动计划》，共同成立了全球能源互联网智库联盟，包括发展形势、减排计划、对接思路、大陆行动和治理机制五个方面。国际体育机构与UNFCCC秘书处启动"体育促进气候行动框架"，旨在规范体育界气候行动轨迹与推动宣传工作，扩展气候行动影响力。

2019年12月联合国气候变化大会在西班牙马德里举行，主要讨论2020年前后对气候行动有影响的问题，评估2020年前气候行动的执行情况和雄心，通过了涵盖《智利—马德里气候行动时刻》和碳市场问题在内的"一揽子"决议，其关键目标是全面落实《巴黎协定》的几个方面[1]。马德里大会旨在重启国际碳市场；为应对气候变化造成的损失和损害寻找资金；制定发达国家为发展中国家提供长期融资的路线图；要求发达国家对其在《巴黎协定》生效之前应采取的气候行动负责；促

---

① 重点领域将包括适应、损失和损害、透明度、融资、能力建设、原住民问题、海洋、林业、性别等。

进将性别、人权和原住民权利因素纳入所有气候行动。马德里大会取得了有限的成果，气候治理以国家为关键力量，开创了具有多元化、多层级和多维度主体参与的新局面，学术、理论研究在海洋安全、国际经济和非传统安全上均取得了新的重要进展，与国际贸易、法律、健康和卫生等议题呈现交融的发展特点。发达国家、发展中国家、联合国与国际机构、各国际非政府组织与团体均积极发声，表明立场。不过，此次会议中，重启国际碳市场、为应对气候变化造成的损失和损害寻找资金、制定发达国家为发展中国家提供长期融资的路线图等目标均未实现，很多问题仍有争议，未取得共识。各缔约方仍未就碳市场机制的实施细则达成一致，在增强气候雄心与气候资金等关键问题上也未达成共识，但在大会上《智利—马德里气候行动时刻》得以通过。《智利—马德里气候行动时刻》指出，各方"迫切需要"削减导致全球变暖的温室气体排放量，以实现具有里程碑意义的《巴黎协定》确立的温控目标。尽管各方对成果文件的内容表示失望，但是在为期两周的会议期间各方的若干表态意味着进展。例如，欧盟宣布将于 2050 年实现碳中和，73 个国家随即宣布它们将提交进一步的气候行动计划。区域和地方一级也表现出实现更清洁的经济模式的雄心，14 个地区、398 座城市、786 家企业和 16 个投资方正在努力到 2050 年实现二氧化碳净零排放。此外，谈判扩大了对气候危机背后的科学以及行动迫切性的认识。COP25 将首次设立一个复原力实验室，该实验室将在大会期间作为复原力相关前瞻性活动和参与研讨会的中心枢纽。在复原力实验室内举行的讨论和活动将激励参与者重新审视他们的假设，并超越关于适应和复原力建设的主流思想界限。适应基金 2019 年收到近 9 000 万美元的新认捐。2019 年 12 月 9 日，COP25 组织了适应基金捐助国政府和其他有意向基金认捐机构之间的对话，成功地从 11 个不同的国家和地区政府获得了约 8 900 万美元的新认捐。主要国家达成"圣何塞原则"，为碳市场设定基准。内容涉及评审与气候变化影响有关的华沙损失和损害国际机制（WIM）的改进。

马德里气候大会彰显全球气候治理的急迫性，在多国范围内掀起了以气候变化为主题的罢课、罢工运动。全球碳计划（GCP）预测显示，2019 年不仅全球二氧化碳排放将创历史新高，也是全球遭遇气候变化深刻影响的一年。从总体上看，应对气候变化在国际社会的共同参与下，在很多方面取得了新进展。全球应对气候变化呈现目标的零碳化，状态的"紧急化"，领导模式持续多元化、复合化，道阻且长的常态化的趋势。

2021年11月13日，联合国气候变化格拉斯哥峰会（COP26）比计划延期一天闭幕。会议取得积极进展，完成持续6年之久的《巴黎协定》实施细则谈判，达成相对平衡的政治成果文件《格拉斯哥气候协议》（Glasgow Climate Pact）等50多项决议，为《巴黎协定》全面有效实施奠定了基础。格拉斯哥峰会是《巴黎协定》进入实施阶段后召开的首次缔约方会议，聚焦全球长期温控目标、气候减缓及适应、《巴黎协定》第6条实施细则、透明度等，经过六年的谈判过程，与会国家在本次大会上终于敲定完善了《巴黎协定》国家自主贡献共同时间框架等议题的规则手册，在各项关键议题的谈判上均获得进展。这将使《巴黎协定》得以全面实施，也为提高气候减缓和适应的力度提供具有确定性和可预测性的方法，而关于增强透明度框架的谈判也已达成，说明和报告排放目标和排放量的表格和格式同时确立，其中关于《巴黎协定》第6条有关国际碳市场的机制安排备受瞩目，通过了"6.2合作方法"以及"6.4减排机制"两个决定。

在2021年11月的格拉斯哥峰会达成了以下成果：第一，与会方重申1.5℃的目标。许多部长呼吁与这一目标相一致的国家在第二十六次缔约方会议前达成这一目标，如果2030年国家自主贡献与1.5℃的目标不符，则应在全球盘点之前重新审视该目标；承诺在21世纪中叶提交更新的碳排放标准。许多部长重申，有必要加大对发展中国家的支持力度，特别是技术方面的援助，以及进一步致力于减少煤炭和化石燃料补贴，并投资于基于自然的解决方案。第二，扩大适应范围。部长们强调需要在政治上更多地关注适应问题，并就如何通过实施全球适应目标和增加财政规模和紧迫性来实现这一目标提出了建议。部长们认识到国家适应计划（NAP）和适应性沟通作为解决问题的工具的重要性，许多部长呼吁缔约方在格拉斯哥会议之前提出此类计划和沟通。大多数部长认为，应该在第二十六次缔约方会议上就这一前进方向达成一致，并制定明确的时间表。第三，损失和损害。损失和损害的范围，从缓慢发生的变化到自然灾害造成的更直接的影响，需要更多的关注，需要包括广泛的行动，以避免、尽量减少并解决损失和损害。第四，气候资金和绿色融资。部长们重申了实现每年 1 000 亿美元气候融资目标的重要性。与会者还提出，需要增加弱势国家获得减让性气候融资的机会，包括支持国家行动方案的制订，并满足发展中国家的需求，这将需要加强与私营部门行动者和政府的接触，以及与更广泛的全球金融体系的合作。第五，各缔约方达成一致的《巴黎协定》第 6 条为各国提供了实现环境完整性（integrity）所需的工具，为建立健全、透明和负责任的碳市场提供了必要的规则。它将促进国际碳市场的发展，推动更强、更快的气候目标的制定，进一步为资金从发达国家向发展中国家流动创造新途径。该条款为碳市场免除了双重计算的问题，为碳市场的合理记账提供了强有力的框架，同时也支持了拥有碳市场政策国家的减排行动。《巴黎协定》第 6 条 6.2 款的核心是国际减排成果（ITMO）转让的问题，主要解决减排量进行跨国转移的相关规则。按照相关的安排，《巴黎协定》某缔约方可以通过购买在另一缔约方产生的减排量，完成木国在《巴黎协定》下作出的自主减排贡献（NDC）目标。《巴黎协定》第 6 条 6.4 款 的核心是设计了一个新的减排量生成机制，这个新机制将取代《京都议定书》下的清洁发展机制（CDM）。6.2 款与 6.4 款相互补充、互为支撑，成为奠定新国际碳市场的基石。第六，缔约方还强调了健全的规则和明确的报告对于第 6 条执行的最终成功的重要性。针对 6.4 款建立了一个联合国中央机制，以交易通过特定项目减排量获得的信用额度。第七，强调透明度框架的根本重要性，他们一致认为，有必要在第二十六次缔约方大会上敲定框架的其余运作细节，以便缔约方能够开始按时报告。最后是共同时限，部长们强调，必须确保在共同时限问题上取得的任何成果符合并维护《巴黎协定》规定的国家数据中心通报和全球盘点的五年周期，虽然在第二十六次缔约方会议上没有就可采用的共同时限长度达成明确共识，但西方国家大力支持五年方案，而一些部长则呼吁十年框架，中间点为五年。

通过对气候变化会议的盘点，本书认为，《巴黎协定》的谈判和执行对全球环境治理领域产生了影响。重要的是，它反映并强化了全球气候治理转型的总体趋势：强制性温室气体减排不再是全球气候治理的关键，取而代之的是低碳竞争与合作；南方豁免原则也被全球共同责任原则和自愿减排原则所取代，并为"共同但有区别责任"原则注入了新的含义；而国家、跨国、次多边、多边合作方式也加深了国际社会对领导力的依赖。对中国来说这既是机遇也是挑战。中国在全球气候治理中的传统角色相对保守，过去在多边谈判中坚持南方国家免责，但在当前局势下，这已不适应全球气候治理转型的要求。在全球经济逐渐走向低碳的今天，中国更应该推动自身的低碳经济转型。一方面，由于国际贸易中供应链的低碳化要求中国大力发展低碳经济以适应新形势。受加利福尼亚效应的影响，碳排放标准较高的经济体能够提高全球碳排放标准，中国商品必须顺应未来市场的低碳发展趋势。另一方面，由于中国低碳经济发展处于起步阶段，技术、制度、规则不健全，其发展特征与西方国家没有本质差距，因此必须在经济转型中保持竞争力。在这个层面上，中国在改革开放过程中建立的"试点—推广"模式可以继续进行低碳政策创新，从而更快地推动低碳经济、技术和政策的发展和推广。目前，我国碳市场建设中应用了试点推进模式。中央政府为地方政府的创新热情提供了政策激励，地方政府希望借鉴世界各国的成功经验和政策创新意愿，努力将自己的碳市场建设成为全国碳市场的标杆。得益于这种模式的良性互动，中国碳市场的建设进程比欧洲更快、政策更准、效果更好。显然，未来随着全球碳市场的逐步联动，中国的竞争力将进一步提高。在多边体系建设中，中国也要发挥重要作用，一方面，作为最大的发展中国家，中国的能源结构依赖煤炭，但中国在完成了国家经济发展的同时也积极参与全球气候治理，履行了自己的承诺，为自身积累了很高的威望。另一方面，中国积极参与气候谈判。在发展中国家中，中国通过"基础四国"机制协调主要发展中国家的立场，并通过"G77+中国"机制协调最不发达国家的立场。同时，中国还通过双边合作与美日等发达经济体保持协调。可见，中国在全球气候治理中的榜样作用强于欧洲，声望高于美国。表2-1总结了全球气候变化治理进程和主要成果。

表 2-1　　　　　　　　　　　全球气候变化治理进程和主要成果表

时间	重要事件	主要成果
1992 年	里约环境与发展大会	通过了可持续发展行动纲领《21 世纪议程》、开放签署《联合国气候变化框架公约》和《生物多样性公约》，成立联合国可持续发展委员会
1996 年	日内瓦第二次缔约方大会	《日内瓦宣言》通过，IPCC 第二次评估报告得到赞同，发达国家制定具有法律约束力的限排目标并提出实质性的排放量削减目标
1997 年	京都第三次缔约方大会	通过了《京都议定书》，为附件 I 缔约方规定了具有法律约束力和时间表的减排义务，并引入 ET、JI 和 CDM。CDM 旨在帮助附件 I 缔约方实现减排义务和促进发展中国家可持续发展双重目标
2001 年	美国宣布拒绝批准《京都议定书》	《京都议定书》生效面临挑战
2001 年	第六次缔约方大会	《波恩政治协议》
2004 年	布宜诺斯艾利斯第十次缔约方大会	会议达成了继续展开减缓全球变暖非正式会谈的决议，但在关键议题的谈判上没有显著进展，也没得到美国的实际承诺
2005 年	《京都议定书》正式生效	2005 年底前后京都谈判再开始
2007 年	IPCC 第四次科学评估报告发表	人类活动是近 50 年全球气候系统变暖的重要因素，气候变化已经对许多自然和生物系统产生了显著的影响，证实可持续发展与减排之间并不矛盾
2007 年	巴厘岛第十三次缔约方大会	通过了"巴厘岛路线图"，重新强调包括美国在内的所有发达国家缔约方都要履行可测量、可报告、可核实的温室气体减排责任，同时对适应气候变化问题、技术开发和转让问题以及资金问题作出了说明，要求缔约方于 2009 年达成 2012 年议定书第一阶段到期后的全球减排协议
2008 年	波兹南十四次缔约方大会	波兹南会议确定了长期气候合作框架，制订了详尽的工作计划，赋予"适应基金"独立的法人资格
2009 年	意大利八国峰会	宣布将工业革命以来的气温升幅控制在 2 摄氏度以下，到 2050 年将全球温室气体排放量至少减少 50%，发达国家排放总量减少 80% 以上的目标
2009 年	联合国气候变化峰会	100 多个国家的领导人参加，旨在为年底的哥本哈根气候变迁会议奠定基础。胡锦涛主席提出了显著降低碳强度和携手应对气候变化等主张
2009 年	哥本哈根第十五次缔约方大会	主要成果是无国际法约束力、以"附注"形式被缔约方大会提及的《哥本哈根协议》

续表

时间	重要事件	主要成果
2010年	坎昆第十六次缔约方大会	《坎昆协议》明确世界各国共同努力把全球温升控制在1.5℃~2℃之内，发达国家承诺到2020年根据1990年的基准，减排温室气体25%~40%，设立了"绿色气候基金"，落实快速启动气候融资
2011年	德班第十七次缔约方大会	在《京都议定书》二期得以延续的基础上，会议启动新的谈判进程"德班增强行动平台"，授权从2012年起就2020年后包括所有缔约方的全球减排框架进行谈判，最晚于2015年结束谈判，2020年起生效
2012年	多哈第十八次缔约方大会	多哈大会承上启下，往上承接"巴厘岛路线图"，对持续多年的双轨谈判进行收尾，往下开启德班平台谈判，开启2020年后全球框架工作程序
2013年	华沙第十八次缔约方大会	通过华沙共识：重申核心原则——协议适用于全部195个联合国气候大会谈判方，依照该协定的前身《京都议定书》，富国、穷国没有区分
2014年	利马第二十次缔约方大会	通过利马协议：要求全部国家都提交国家自主贡献文件，这些文件将张贴在联合国网站
2015年	巴黎第二十一次缔约方大会	通过《巴黎协定》，国家自主贡献得到国际法律确定
2016年	马拉喀什第二十二次缔约方大会	马拉喀什气候变化大会是《巴黎协定》生效后的第一次缔约方大会，也是一次落实行动的大会，发表了《马拉喀什行动宣言》
2017年	波恩第二十三次缔约方大会	会议达成"斐济实施动力"共识，提出"促进性对话机制"
2018年	卡托维茨第二十四次缔约方大会	卡托维茨气候变化大会完成了囊括减缓、透明度、全球盘点、适应信息通报、资金、履约等问题在内的《巴黎协定》实施细则谈判
2019年	西班牙马德里第二十五次缔约方大会	大会通过涵盖《智利—马德里气候行动时刻》和碳市场问题在内的"一揽子"决议
2021年	英国格拉斯哥第二十六次缔约方大会	《格拉斯哥气候协议》完成《巴黎协定》实施细则谈判（巴西、印度贡献），强调透明度、盘点、审核，明确表述减少使用煤炭计划，强化气候雄心和"损失损害"资金支持

2.1.3 气候安全与地缘政治

地缘政治意指需要在全球地理范围内理解的问题。这里的"地理"既是一个世界问题，也是一个地理安排问题，它决定了争夺世界权力的格局，涉及政治空间、统治地域、权威分布等地缘相关要素。在气候变化的情况下，当代媒体已经多次援引自然中威胁较大的风暴、干旱和热浪。从政治角度来说，人们对这些问题的认识和解释非常重要，正如美国的"保守派"机构花费巨额资金对气候变化的真实性进行质疑一样，科学与政治的关系，以及各种类型的知识如何成为政治上有用的知识，在地缘政治中都是不可回避的问题。20世纪中叶以来全球进入"大加速"时期，人类的行动正在决定着地球气候系统的未来，气候问题现在已成为人类世中的一个重要问题。人类世的生命问题，与地缘政治紧密相连，这决定在哪里生产什么以及如何使人类社会所做的决定直接关系到未来的气候配置。至关重要的是，虽然国家边界可能是相对固定的，但气候变化导致的国家边界内的地貌和跨越国家边界的地貌并不固定。气候安全地缘政治的形成与发展具体包括以下两个方面：

1.气候安全地缘政治与国际秩序发展密切相关

当前，主要有四种世界地缘政治模型。[①]第一，单极世界秩序。这种模型设想美国已经成为一个主导性的单一大国，与以往任何国家都不同，其军事、经济和文化影响力完全超过了其他国家。美国的领导逻辑是建立在单一国家基础之上的，以牺牲其他国家为代价，有潜在的脆弱性。近年来，一种新的单边主义明目张胆地主张在可预见的未来维持单极化和美国无与伦比的统治地位。第二，多极世界秩序。多极世界秩序模型往往设想几个关键国家或超级大国的崛起，这些国家或超级大国在国际力量和影响力上保持平衡。例如，美国国家情报委员会（National Intelligence Council）的"2025项目"（2025 Project）表明，中国和印度很可能成为新的全球主要参与者，类似于19世纪的德国和20世纪初崛起的美国。这些新的参与者将改变地缘政治格局，多极理论的支持者通常采用以国家为基础的世界观，并假设

① HOMMEL D, MURPHY A B. Rethinking geopolitics in an era of climate change [J]. Geo Journal, 2012, 78 (3): 507-524.

个别国家仍将是权力行使的主要场所，但没有一个国家能够主宰世界经济体系。因此，他们预测会出现几个实力日益强大的国家，在权力和影响力上与美国和欧盟（EU）形成竞争。多极支持者认为，其他国家人口和经济比重的不断增加，将使美国越来越难以维持全球主导地位。第三，文明冲突。在一个日益全球化的世界里，这些不同的愿景正在引发越来越激烈的冲突。不同文明的国家和团体之间的关系并不密切，往往是敌对的。例如，伊斯兰教、印度教、基督教等不同教派之间由于宗教教义、发展历史、产生地区、宗教背景的不同，在诸多方面存在着差别甚至相悖，这也就引发了诸如"圣地管辖权之争"等文明层面的冲突。第四，区域间主义。区域间主义是一套与多极世界格局相一致的地缘政治理念的总括术语，但它将世界地区视为潜在的关键力量节点。在当今全球化的世界中，回归"政治"的一种更为恰当的形式是后威斯特伐利亚秩序。在这个秩序中，权力的中心通过国家主权的自愿联合而超越了整个国家。从现实主义的角度来看，它需要制度化。欧盟所追求的区域间组织最有可能发挥这一作用，尽管这一作用的发挥似乎并非迫在眉睫，但它促进了作为单边主义主要替代办法的多区域治理。这种情况是四种情况中最理想的，单极性是不可持续的。欧盟已经建立了一个"多层面、横向的体制安排"，具有更广泛的潜在吸引力和适用性。

首先，就气候安全而言，假设美国能够维持其主导地位，前提是美国能够重新获得国际经济的主导地位，并继续为其庞大的军事力量提供资金。然而，气候变化的现状表明，由于全球变暖，美国可能在中西部面临重大的农业挑战，海平面上升和风暴加剧的共同作用，可能在东部和东南部产生重大且损失巨大的沿海洪灾问题。此外，公众健康也面临巨大的挑战，包括气候变化导致的疾病和极端温度的变化。加上气候和其他环境变化，美国或任何其他单边大国的主导地位都受到质疑。相反，由于环境、经济和政治问题的复杂性和相互关联性，我们可能已经进入了一个需要多边主义的时期，而单极的情况实际上是站不住脚的。其次，中国和印度将扩大全球影响力（多极秩序情景）。中国和印度将继续向前发展的假设是基于对当前经济和人口发展的推断。科学家预测，如果我们继续保持目前的排放量，会有更多的洪灾和更大面积的干旱，这将导致疟疾的广泛传播，并可能使农业部门瘫痪，中国和印度的农业主产区——平原地带可能面临重大的挑战。气候变化可能与印度、中国和世界其他农业地区日益脆弱的其他变量相互作用。再次，许多地缘政治情景侧重于经济、政治和意识形态趋势，很少考虑大规模区域危机在预计的权力中心之外可能产生的潜在影响。然而，全球变暖影响的模型表明，农业、水和沿海洪水问题可能重叠，在北非和东非、中美洲和南亚造成严重的不稳定。由于建立在全球体系中的相互依存关系，这些问题可能蔓延到其他领土和区域，并可能加剧不平衡的发展轨迹，从而从根本上挑战上述所有地缘政治情况。最后，气候变化增加了改变当前地缘政治话语中隐含的语境和任务的紧迫性，这种语境包括如何让世界为其政治主体所知，以及这些主体如何在政治上采取行动。人类世治理[①]是这个谜团的一部分，尤其是因为它清楚地表明气候变化是一个生产问题，而不是一个环境问题。人类实际上是在创造自己的未来，而不是保护某个特定的环境。对于社会科学家，尤其是地理学家来说，现在的任务无非是设法把政治家和决策者的注意力从试图统治一个分裂的世界转移到学习如何分享拥挤的世界。

2.气候治理主体的分散性也导致了气候安全地缘政治主体要素更加复杂

没有良好的国家治理体系，就无法实现良好的国际秩序。苏长和指出，排他性的主权制度和竞争性的政治制度导致全球治理的成本上升，全球治理的内部制度障碍已经形成。[②]全球层面的气候治理始于1990年，在过去的23年中，国际社会已经形成了一个旨在应对气候变化负面影响的全球机制，包括丰富的规范体系。与此同时，该机制的形成和发展是一个动态的、结晶式的多边进程，处在不断的变迁之中，新的规则和组织正在和即将不断出现。

巴黎模式推动下的全球经济低碳化正在席卷全球，多元行为体正在多边制度框架之外独立行动，推动着一场全球经济的低碳革命。首先，在市场层面，市场参与

---

① 扬. 复合系统：人类世的全球治理［M］. 杨剑，孙凯，译. 上海：上海人民出版社，2019.
② 苏长和. 全球治理体系转型中的国际制度［J］. 当代世界，2015（11）.

者通过碳标签、采购控制等形式推动供应链的低碳化。在这一过程中，大型跨国公司是主导者，而非政府组织（NGO）和政府则通过制定标准等方式推动供应链的低碳化，影响企业行为的方式。例如，发达国家的采购商和分销商（如沃尔玛）在全球供应链中占据主导地位，其购买力具有很强的影响力，并对产品的碳足迹有很大的影响。严格的排放要求实际上迫使发展中国家的供应商采用更多的低碳生产方法。其次，在次国家层面，地方政府也可以独立开展气候活动，增加气候外交的举措。例如，北欧和北美的一些城市正在引领低碳城市的政策创新、城市规划创新和城市能源系统的再生。再次，在国家层面，我们可以看到一些国家政府对新能源项目和碳交易机制的大力支持。例如，欧盟的碳交易制度以及英国、德国等国实施的能源、资源、生态环境税收政策，激发了更多的市场主体参与低碳生产[1]。我国也在区域碳交易平台试点的基础上，积极建设全国碳市场。最后，在国际层面，全球气候治理出现了一些小型多边论坛和少数国家组织的合作机制。这些机制如清洁能源部长级会议等，为跨国传播低碳政策、营造低碳合作氛围提供了机会，也为低碳技术的推广等提供了重要渠道。随着各种形式的低碳化运动的展开，全球经济的低碳化转型正变得不可逆转。由于低碳经济的发展，经济主体（自然包括国家）可以从全球经济的低碳转型中获得巨大的利益。因此，低碳经济已成为各国未来国际竞争力的关键因素。[2]

以非政府组织为主导的气候管理网络日益密集。有人认为，随着这种影响力和作用的扩大，国家主权受到一定程度的侵蚀和制约。从发展角度看，主权国家在维护国家主权方面正受到来自非政府组织在环境领域越来越大的压力。这一观点受到客观质疑，因为主权是国际社会不可动摇的基础。然而，尽管主权国家对这些组织的控制越来越少，这些组织在环境问题上拥有自己的话语权，这将进一步影响和限

---

① 于宏源. 气候变化、能源安全与世界秩序演变——发达国家和新兴市场国家的低碳化竞争 [J]. 人民论坛·学术前沿，2015（11）：56-64.

② 于宏源，李威. 中美碳外交引领国际应对气候变化走向 [J]. 绿叶，2009（7）：100-105.

制各国行使主权的意愿和能力。综上所述，全球应对气候变化有两大发展趋势：一是治理主体多元化，二是分散化。这些趋势表明，气候安全这一地缘政治主题不仅是国家的绝对因素，非国家因素成为气候安全政治因素的趋势也越来越明显。

3.气候安全地缘政治南北分化

其一，美欧等气候安全问题概况

以联合国为代表的全球治理机构已经认识到并认真对待气候变化的安全影响。潘基文（2007年）首次将达尔富尔冲突视为一场气候战争。2010年，联合国安理会在英国的大力推动下，举行了第一次关于气候变化、能源和安全的高级别辩论会。此后，联合国着重说明了国际安全受气候变化影响的重要性。气候变化不仅是环境问题，更是可持续发展问题。经联合国安理会讨论后，全球气候变化同样是一个国际安全问题，应该引起世界的高度重视。气候安全问题正在重塑国际社会的安全观，进而对国际气候谈判进程产生重要影响。特别是美国等大国的气候安全治理方向，对国际关系的格局和变化有很大影响。

欧盟是气候安全的倡导者。英国和德国积极推动气候安全概念，通过推广气候安全的概念，希望引领全球安全治理方向。2007年德国全球变化咨询委员会（WBGU）推出了气候变化与安全的专题报告；2008年，欧盟高级代表和欧盟委员会联合提交气候安全与国际安全报告；2011年，EEAS和EC联合提交气候安全评估报告；2012年，欧洲议会通过"欧盟共同安全与防务政策在气候引发的危机和自然灾害中的作用"的决议。欧盟认为尽管气候变化与暴力冲突不存在直接的联系，但气候变化正成为安全议题。欧盟逐渐将自身打造成气候安全领域的民事力量。

《国家安全战略》（NSS）、《四年防务评估报告》（QDR）、《国防战略》（NDS）、《国家军事战略》（NMS）是美国涉及安全和国防的四份国家战略主要报告。此外作为美国战略思维中心，美国国家情报委员会（NIC）将对影响安全领域的未来发展趋势进行定期评估，以识别对国家安全构成威胁的潜在要素并提出应对之策，国家情报委员会提出的报告有两份：《国家情报评估》（NIE）和《全球趋势》（Global

Trends)。因此气候因素在过去的十年里正逐步被纳入上述重要的国家安全评估中，这显示出气候变化正在为美国国家安全维护所考量，美国正在着手应对其对美国国家安全的挑战。美国的主流观点认为，作为"威胁放大器"（threat multiplier）或动荡/冲突的催化剂，气候变化对美国利益构成重要威胁，是造成"国际不稳定的来源"。对于气候变化及其对粮食、水和能源的影响，美国国家情报委员会发布《全球趋势2030》总结出的2030年世界的四大趋势之一就包括该影响。《全球趋势2030》同时认为，作为"黑天鹅"事件，气候变化恶化速度可能比预想的更快，将会对国际社会带来破坏性影响。

其二，发展中国家的气候问题概况

旱涝等气候灾害是自然灾害中发生频率最高、影响范围最广、损失最大的灾害。随着社会经济的高速发展，人类生产生活对天气气候条件的依赖程度进一步加深，气候灾害对人类社会的影响也不断扩大；特别是在过去半个世纪全球变暖的背景下，极端天气事件发生的频率和强度不断加大，给发展中国家的经济安全、粮食安全、环境安全带来了一系列挑战。在气候变化背景下，水、粮食和能源安全相互影响、相互作用。当前，气候变化对发展中国家特别是最不发达国家影响严重。全球发展中国家主要集中在非洲、南亚、大洋洲、拉丁美洲地区，由于每个地区的气候状况不同，其所面临的主要气候问题也不尽相同。从上述发展中国家的国别问题研究来看，发展中国家面临的问题相对来说比较复杂，但是总体上来说这些国家普遍面临着严重的气候问题，且呈现出各种灾害相叠加的倾向，加重了发展中国家在气候变化方面的损失。具体来说，发展中国家面临的气候灾害问题主要有以下几个方面：

首先，气候变化将导致发展中国家各种自然灾害问题日趋严重，且破坏力越来越强。随着温室气体含量上升，到21世纪中叶，全球各地相当于向赤道移近550公里，冰川缩减，江河减源，陆地含水层下降，降水量及其分布发生变化[1]，气候变

---

[1] 《气候变化国家评估报告》编写委员会. 气候变化国家评估报告 [M]. 北京：科学出版社，2007：177-182.

化将会加剧全球厄尔尼诺现象和洪涝干旱灾害的发生。其次，发达国家与发展中国家在应对气候变化方面的经验、资金、技术等具有较大差距，随着气候变化的不断加剧，欠发达国家将进一步陷入危机之中。中小型国家，本身经济发展较为落后，这就极大地限制了其应对气候灾害的能力。大量的发展中国家缺乏应对气候灾害的技术和物质投入，需要大量的国际社会协助。而一些西方国家在进行援助时，往往以此为借口干涉发展中国家内政，附加很多政治性条件，这都限制了发展中国家进行物质投入的能力。再次，很多发展中国家的各种灾害叠加发生，再加上政治、部族等因素的综合作用，进一步加剧了气候灾害对发展中国家的影响。让我们以非洲为例。联合国 2006 年发表的题为"非洲的弱点和改善"的报告强调，全球变暖将导致非洲比世界其他地区遭受更多灾难。非洲大陆气温上升速度快于世界平均水平，因此气候变化对于非洲的影响是毁灭性的。气候变化主要对非洲的水安全产生严重影响。非洲 1/3 的灾害和水有关。

非洲水安全问题呈现恶化趋势，非洲的大部分地区特别是农村地区仍然缺少淡水。此外，水污染也出现新的污染物，如药物和个人护理产品、纳米和塑料微粒等，一些威胁性的水中毒事件频发。此外，共享水源也会导致冲突，2000—2008年，由水冲突导致的矛盾事件从 28% 上升到 33%。世界上有 236 个国际淡水流域，但仍有约 158 个还未签订相关合作协定，跨流域合作仍具有十分大的潜力。[①]气候变化带来埃及以及尼罗河沿岸其他国家的水危机。

尼罗河总长度 1 000 多英里，是全球最长的河流，沙漠地区是尼罗河主要流经区域。这使得其非常容易受到全球气温升高造成的高蒸发量的影响。上游降雨量的任何下降都会影响到流量进而增加埃及的脆弱程度。同时，伴随水资源稀缺程度的提高，埃及的人口也有增加。到 2050 年，预计埃及人口将会从今天的 8 000 万增加到 1.15 亿到 1.79 亿。在这种情况下，几乎可以肯定的是，若埃塞俄比亚、苏丹、乌干达或者是上游其他国家把尼罗河水用于满足自己国家激增的人口的需要，将引发

---

① 联合国环境规划署. 全球环境展望 5——我们未来想要的环境 [R]，2013：120-126.

埃及的恐慌以及可能的暴力回应。在中部非洲，达马瓦东北部地区的水资源冲突造成100多人死亡。

2.2　气候安全影响下的水、能源、粮食安全概况

作为非传统安全问题，气候安全与诸多社会问题相互影响与制约。从传统安全挑战的角度看，通过引发水资源冲突、生态系统危机、移民危机等方式，气候安全恶化将致使区域甚至国际合作与全球冲突。美国国家情报委员会2008年发布报告指出："国内政治稳定容易被气候变化所影响，进而导致国内或国际冲突。"2012年，严重的干旱和严寒将导致斯堪的纳维亚半岛人口南迁；2016年，欧洲国家因捕鱼权而产生争端；2020年，由于水资源和移民问题，欧洲的冲突将加剧；2007年初，联合国政府间气候变化专门委员会（IPCC）发布了《第四次气候变化评估报告》。报告揭示了人类活动造成气候变暖的科学事实，并指出了气候变化将对人类安全产生的影响。气候变化带来了直接威胁（如极端自然灾害、极地冰川融化、粮食危机、疾病传播等）和一系列间接安全问题（如资源短缺和竞争、社会环境、民族冲突、移民冲突、环境和资源冲突等）。

2.2.1　气候安全的生态安全维度

生态安全，根据肖笃宁等的总结，在技术层面可被理解为："自然和半自然生态系统的安全，即生态系统完整性和健康的整体水平反映……功能正常的生态系统可称为健康系统。它是稳定的和可持续的，在时间上能够维持它的组织结构和自治性，并保持对胁迫的恢复力。反之功能不完全或不正常的生态系统，即不健康的生态系统，其安全状况则处于受威胁之中。"

生态安全并不是一个高政治性的、孤立的概念。首先，与军事、国防安全等传统安全性相比，生态安全更加注重人类生存发展的基本人权。其次，生态安全具有整体性特征，单一领域的发展不足以实现生态安全的整体发展，如水、能源、粮食

生态安全彼此就具有传导机制。2019 年 1 月 16 日，世界经济论坛发布《2019 年全球风险报告》，指出全球呈现多极化和多概念化，宏观经济风险突出、地缘政治及地缘经济风险加剧、环境持续恶化、技术隐患持续显现、社会问题层出不穷，而全球整体应对措施乏力。随着单边主义及民族主义的兴起，多边机制及多边机构受到冲击、国际合作力度降低，这进一步阻碍了全球应对风险的决心和行动。《2019 年全球风险报告》对未来十年可能发生的全球风险（包括政治、经济、社会、环境、科技等领域共 30 项）及其产生的影响进行评估排名，环境领域风险连续三年位居前列。极端天气事件（如暴风雨、洪灾）、应对气候变化失败（包括适应和减缓措施失败）、自然灾害（如地震、火山、海啸）三项环境风险位列最有可能发生的前三位；应对气候变化失败、极端天气事件、水资源危机、自然灾害四项环境风险位列对全球影响最大的风险的第二至五位。报告指出："在所有风险中，与环境相关的风险正在让世界正走向彻底的灾难。"环境风险与气候变化密切相关，水、能源、粮食安全与气候安全的生态维度具有直接关系，同时在气候安全的影响下，水、能源、粮食安全由单纯可持续发展安全发展为政治安全。表 2-2 列示了世界经济论坛《2019 年全球风险报告》各类排名。

表 2-2　　　　世界经济论坛《2019 年全球风险报告》各类排名

排名	可能发生	产生的影响	关联度	趋势
1	极端天气事件	大规模杀伤性武器	极端天气事件+应对气候变化失败	气候不断变化
2	应对气候变化失败	应对气候变化失败	大规模网络攻击+重要信息基础设施和网络故障	网络依赖日渐严重
3	重大自然灾害	极端天气事件	结构性失业/严重不充分就业+技术进步的负面影响	社会两极分化日益严峻
4	水资源危机	重大自然灾害	大规模数据欺诈/窃取事故+大规模网络攻击	收入和财富分化不断加剧
5	大规模网络攻击	结构性失业/严重不充分就业+激烈的社会动荡	全球或区域监管失败+引发区域性动荡的国家间冲突	民族情绪日益高涨

在生态安全方面，气候变化存在以下影响：

第一，与生态安全相比，气候安全的特殊性在于它与其他社会系统的广泛关系。气候安全问题不仅是生态安全问题。气候变化涉及许多领域，如能源、资源、环境保护、经济等。同时，这些区域之间存在高度的重叠和互动。联合国政府间气候变化专门委员会的报告指出，气候变化将对全球自然资源、生态环境和其他领域产生安全影响。由于气候问题几乎根植于社会生产和生活的每一个环节，因此气候治理对现下的政治、经济和社会结构的综合影响远远大于生态治理。其中，气候治理与现有生产模式的核心挑战（能源结构的转变）密切相关。满足未来减少温室气体排放的要求将对能源资源乃至世界各国的发展战略产生重大影响。限制二氧化碳排放的政策要求各国改变和优化能源结构，并降低能源消耗。在2015年通过《巴黎协定》之后，必须促进气候安全与能源安全之间的进一步联系。在全球气候安全的背景下，各国能源系统的脱碳进程正在加速。欧盟一直在气候变化问题上发挥积极的领导作用，长期以来一直将绿色和低碳视为经济社会发展的重要战略目标。美国总统气候行动计划强调了减少温室气体排放，提高能源效率和发展可再生能源的三个关键点。日本将绿色低碳发展作为经济转型的核心，在低碳节能技术领域保持优势，甚至在发展方向上遥遥领先，并相继颁布了促进发展的基本法令，形成低碳社会。

第二，与生态安全多聚焦于局地以及区域不同，气候问题的公地性质要求全球所有行为体（包括国家、国际组织、市场主体、次国家行为体、个人等）的共同参与。这就必然使气候治理有严重的、系统性的国际政治后果，必将对国际安全和全球治理产生深层次冲击。一方面，全球气候变化的系统性和紧迫性决定了全球减排空间的有限性，从而导致国际制度层面各国的矛盾难以调和。另一方面，全球气候变化治理要求能源和经济变革，从而将极大地重塑全球经济体系的规则（尤其是供应链和国际贸易规则），进而影响国家间政治博弈和国际权力的分配格局。可见，全球气候变化安全是一个利益交织的复杂体。而正是这种复杂的利益分歧形成了欧盟、伞形集团、七十七国集团与中国等气候联盟，使气候治理能在多边主义框架中进行。

第三，与生态安全威胁相比，气候变化也对传统安全等政治领域提出了更加严峻的挑战。气候变化容易影响国内的政治稳定，诱发跨国或者国内冲突，许多严重的冲突也会影响到中国的国家安全。全球气候变化恶化到一定阶段，全球各地将会出现淡水资源减少、粮食安全难以保证、生物多样性大规模退化等生态系统损害，同时也将导致气候难民增加、海洋资源重新划分（如北极冰川消融）、部分国家领土被上涨的海平面淹没等结果。这将在世界许多地区引发冲突和争执。战略要地（如中东、东亚、里海、北极、亚欧大陆边缘地带等）的过度资源开发或严重环境破坏，也会使全球政治安全面临严峻挑战。例如，气候变化引发了喜马拉雅地区水资源冲突以及中国、巴基斯坦、印度和缅甸之间可能的水资源冲突。从更广的地域来看，喜马拉雅山脉的冰川融化还能影响东南亚国际河流的水源，从而影响东南亚的经济与社会稳定。

2.2.2 气候变化下的水、能源、粮食安全

由于气候变化是整个大气层的变化，因此势必会对生态系统的所有组成部分产生严重影响。换句话说，气候变化将加剧对生态安全的威胁，并导致出现新问题。例如，科学研究表明，气候变化将加剧生物多样性危机，增大自然灾害的频率和强度，影响农业生产，影响工业生产的各个方面（矿产资源、能源、运输等），并破坏自然资源、人类健康所依赖的条件（水、病毒等）。简而言之，在气候变化加剧和全球气候治理日益紧迫的背景下，我们面临着复杂的、系统的安全挑战。各种安全问题之间的相互联系，特别是水、能源和粮食安全，成为高度敏感和脆弱的安全纽带，已经对人类生存和发展形成了影响和制约。

1.气候安全下的水安全可持续发展

气候变化将导致水资源和领土资源锐减。由于受到气候变化的影响，海平面将会上升，一些低洼地区将被海水淹没，将近1亿人口被迫迁移，太平洋的一些岛国消失。气候变化对小岛屿国家的影响引起了国际社会的广泛关注，特别是图瓦卢和

马尔代夫这类面临消失的岛屿国家，由于气候变暖，海平面上升，海水入侵岛国，已令该国百姓的饮用水源、民居、道路、公共设施等都受到被海水淹没的威胁。消失的小岛国家的海洋权益、国际法主体身份地位都面临重大挑战，国际法委员会正在进行的小岛国家的国际法身份"重构"正是反映了这一严峻现实。由于气候变化在全球范围内是不均衡的，极地气温上升比赤道快，导致大气的动力发生变化，其中一个主要表现是厄尔尼诺现象，这一点在1998年表现得十分突出。美国气象专家认为，如果地球进一步变暖，发生干旱和洪水的频率还会加大，农业种植区将会改变，2/3的森林可能会变成草原。世界变暖后大洋上空的水蒸气增多，形成更多的云，其后果是雨量增大。全球的气象研究预言，温带冬季雨水增多，高纬度地带全年降雨量都将加大。荷兰学者提出的一份研究报告表明，随着温室效应增强，美国和加拿大的降雨量自1991年以来平均增加了7.6%。由于受到气候变暖的影响，印度洋沿岸的孟加拉国等国家将会受到巨大影响，那里一年一度的季风降水已经增加了18%。一般情况下，由此引起的洪水泛滥已经把国家1/3的土地淹没于水下，现在被淹没的土地已经上升到40%~60%。但对于干旱和半干旱地区，随着地球进一步变暖，那里的水资源供应将进一步减少。

从地缘安全视域来看，全球水资源供应的地缘分布将发生重大转变。肯·康克（Ken Conca）通过对关于水资源的冲突的历史事件进行梳理，说明了气候变化导致水资源稀缺，并产生各种冲突，同时也说明当前甚至2025年以后的全球制度也无法调节并缓和水资源结构性的冲突[1]。未来资源匮乏和环境威胁一旦超过人类的适应能力，将在世界许多地区引发冲突和争执。美国国家情报委员会的报告重点分析了气候变化与水资源冲突对中国周边安全的影响，特别是喜马拉雅地区的水资源争夺。气候变化所带来的移民冲突等都是安全领域关注的重要问题。气候变化所带来的海洋资源划分、水资源冲突和移民冲突是当前安全领域毫无争议的热点问题。联

---

① 肯·康克. 水、冲突以及国际合作［M］//环境问题与国际关系. 上海：上海人民出版社，2007：75-99.

合国前秘书长潘基文则进一步阐述了气候变化可能会侵蚀一个国家生存的物质基础。联合国环境规划署于2007年6月发表的《苏丹：冲突后环境评估》也证明环境恶化、生态破坏对达尔富尔危机的直接推动作用。联合国政府间气候变化专门委员会主席拉金德拉·帕乔里（Rajendra K. Pachauri）强调气候变化带来了海平面上升（较之前预测快50%）并引发大规模移民冲突。联合国哥本哈根气候变化大会公布的数据显示，2020—2060年全球海平面将上升0.6米~2.4米，一些低洼地区将被海水淹没，2010年因气候移民达到5 000万，2050年会高达7亿人。

2.气候安全下的能源安全可持续发展

在缓解气候变化的同时，这意味着能源生产和需求的结构将根据清洁发展的趋势进行调整。随着全球人口的增长和城市化进程的加快，它导致资源的大量使用和温室气体的排放。全球化导致国家之间越来越频繁的经济行为。在全球化的条件下，气候环境已成为商业和经济竞争的场所，气候环境已从国家问题变为跨国问题。

能源安全也是气候变化引发的重要安全问题之一。能源消费是人类社会活动中最主要的温室气体排放来源，大约占到大气层中新增温室气体的80%。因此，能源消费是实施温室气体减排对策最现实和最有效的领域，应该成为应对全球气候变化的核心。保护环境和能源发展是一个有机联系的整体，保护环境是为了让能源可持续发展，发展新能源和清洁能源本身也关系到环境保护的能力建设。能源和环境的相互关系必须以可持续利用的自然资源和良好的生态环境为基础，而保护全球气候问题也只有在能源和环境的平衡发展中才能得到解决。能源产业是很多国家的重要经济支撑，为了应对气候变化去阻止能源产业的发展不利于经济可持续发展。而任由能源产业维持粗放型发展方式，无疑加剧了气候变化的速度，威胁人类的基本生存条件。

气候变化的性质越来越明确，国际社会应对气候变化的共同意愿越来越强烈，清洁能源无疑成为社会经济发展的主流方向。显然，世界正在无可奈何地迈向"清洁能源时代"。为了应对气候变化，我们需要使经济恢复到低能耗、高能效的产业结构。通过各种政策措施，全面实现技术进步，大规模推广先进高效技术；全面合理发展可再生能源和核电，使可再生能源和核电在一次能源中的比重占有重要地位。人人参与，改变高耗能的生活方式，寻求节能消费行为。2007年底在巴厘岛举行的联合国气候变化大会指出，我们应该逐步过渡到低碳经济模式，并倡导低碳生活方式。

从地缘竞争的角度来看，在全球气候变化的背景下，国家对能源的争夺已成为冲突的主要根源。在气候变化的背景下，世界一半的人口正在进入或已经进入资源密集的工业化社会，传统的南北关系以及资源和环境系统受到严重影响。随着经济全球化进程的不断加快，全球资源问题日益突出。资源和环境危机的直接后果是全球资源短缺和冲突升级，进而影响到整个国际体系。结果，无论是在传统发达国家、新兴发展中国家，还是受到气候变化严重影响的小岛屿国家和最不发达国家中，由气候变化引起的全球资源的使用已日益成为一个安全问题。为了平衡经济发展和应对气候变化的矛盾，资源利用已成为全球治理的关键领域。新能源的挑战将促进气候变化方面的国际合作。随着中国经济的快速持续发展和国内能源需求的快速增长，环境保护的压力越来越突出。联合国政府间气候变化专门委员会的报告证实，工业革命以来的温室气体排放是造成全球变暖的主要原因，为了减缓全球变暖的速度，必须减少温室气体的排放。问题转向如何减少排放。不同的组织有不同的想法，不同的国家有不同的计划。但是，无论采用哪种计划，都必须最终实施减少碳排放。最后，必须通过减少含碳材料的使用或增加碳存储材料来实现碳的减少。在温室气体的人为来源中，天然气、石油和煤炭是主要原因，约占2/3。森林砍伐是次要原因，约占1/4；其他生产，如氧化钙、分解动物尸体、种植大米、使用化肥和处理废物，也会产生大量温室气体。碳存储材料的增加主要取决于森林资源，因此有必要进行绿化和大规模发展植被存储功能，而减少碳存储材料势必会转向以化石燃料为基础的能源使用。由于《哥本哈根协议》尚未达成2012年后的减排承诺，因此有关碳排放安排的国际谈判在2010年后进入白热化。一方面，美国和欧洲正在向新兴发展中国家施加压力。另一方面，世界各国都意识到气候危机的严重性以及它们共同努力减少排放的义务。在全球气候变化谈判的压力下，低碳经济和气候变化正在将未来推向新的能源时代。例如，奥巴马政府认识到气候变化与国内发展战略和能源独立性密切相关，新能源和低碳经济对美国未来的经济竞争力和国际地位具有重大影响。由于传统能源的匮乏和气候变化的突出，世界各国的经济增长模式将逐步满足新能源的需求。当前，低碳经济的创新是下一代能源的核心。国际体系重大结构变化的前提和条件是能源动态结构的变化，即下一代能源主导国家的出现。

然而不能忽视的社会事实是，全球范围内还存在着大量的环境责任分担和跨国污染转嫁。经济全球化带来的国际产业转移，使得发达国家大城市把低附加值、高能耗、高污染的产业和服务转移到发展中国家。在发达国家享用电力等"清洁能源"的同时，却把火电站的污染物排放、核电站的泄漏风险、水电站的生态风险等转移到了其他地区。在物质产品需求持续增长的情况下，发达国家环境问题得到了有效的治理，却导致了更为严重的全球性环境问题。发展中国家和欠发达地区由于技术落后、资源廉价、环境标准缺失，只会付出更大的环境资源成本，再加上全球化的分工体系所造成的产品定价机制的扭曲，放大的资源环境的社会成本根本无法计入产品最终价格当中。发展中国家要发展，就要参与国际分工；参与国际分工，就必须利用自己仅有的劳动力、资源和环境的比较优势，而要利用这些比较优势，就不可避免地带来全球性、地区性的环境退化。

3.气候安全下的粮食安全可持续发展

首先，气候变化导致土地退化。2019 年 8 月 IPCC 在特别报告《气候变化和陆地》（Climate Change and Land）中指出，气候变化加剧了土地退化过程。全球变暖将进一步加剧土地退化，并导致洪水和干旱的频率和严重程度有所变化，以及强旋风和海平面上升。海平面上升将侵蚀沿海地区。在气旋高发地区，海平面上升和更强的气旋将导致土地退化，严重威胁这些地区人们的生计。这些风险存在明显的区域性，包括撒哈拉以南的非洲、东南亚、中美洲和南美洲。土地退化和气候变化，无论是单独还是结合在一起，都对基于自然资源的生计系统和社会群体产生深远影响。在退化地区，依靠自然资源维持生计、粮食安全和收入的人们，非常容易受到土地退化和气候变化的影响。土地退化会降低土地的生产力，增加土地管理的工作量，从而导致贫困和粮食不安全，以及移民、冲突和文化遗产损失。

土地退化是温室气体排放和碳吸收率降低导致的，即全球气候变化，尤其是全球变暖会导致土地退化；而不合理的生产活动，特别是森林和土地开发活动，也会导致土地退化。土地退化的另一种后果是降低土地或者森林吸收碳的能力，无论是森林砍伐还是农业生产，都从土壤中排放温室气体。自1990年以来，全球森林面积减少了3%，热带地区为净减少。与毁林前的碳储存量相比，再生林中的碳密度较低，导致土地产生（碳）净排放量。农田土壤的有机碳含量减少了20%～60%，传统农业条件下的土壤仍然会排放温室气体。森林砍伐不断、森林大火频发、土壤退化和冻土融化是造成气候变化的主要因素。

其次，极端天气引发各类农业灾害。2003年至2005年蝗灾爆发期间，西非地区有800多万人受到影响，谷类作物颗粒无收，高达90%的豆类和草场遭到破坏，最终耗用了6亿美元和1 300万升农药才控制住虫害。联合国2020年2月10日报道，联合国粮农组织已经募得2 100万美元援助资金，但与需要的7 600万美元仍有较大差距。澳大利亚棉花的主要产区位于新南威尔士州和昆士兰州的内陆河，由于灌溉用水的大量减少和长期干旱，土壤水分大大下降，棉花种植面积从2018年的38万公顷下降到6万公顷，减少了84%。棉花产量从2018年的48万吨下降到14.7万吨，从世界第八下降到第十七名，下降了70%，而棉籽产量从2018年的10.65万吨下降了63%，只有3.94万吨。棉花出口下降到28万吨，相比2018年的79万吨减少了65%，从世界第三下降到世界第六。棉花出口超过产量的主要原因是2017年高产带来高库存。此外，高粱产量从2018年的127.8万吨下降到40万吨，减少68.7%。高粱种植面积从2018年的50万公顷下降到25万公顷，减少50%。高粱出口量从2018年的15万吨下降到5万吨，减少66.7%，最近几年极端天气产生的农业减产使得国家经济、社会稳定面临重大挑战。

再次，气候变化使得农业生产具有季节波动性。以中亚为例，中亚属于人口增长率较高的区域。根据世界银行的数据，到 2050 年，咸海流域内国家的总人口将达到 1.73 亿。鉴于这种情况和战略储备的缺乏，任何破坏稳定的因素都会扰乱该地区粮食脆弱的平衡。例如，塔吉克斯坦因过早的降雪和冬季的漫长霜冻无法进行小麦种植，冬季马铃薯、冷敏水果和藤蔓植物也因此被毁坏。塔吉克斯坦政府预见到即将到来的粮食危机，已经要求国际组织提供特别帮助。塔吉克斯坦共和国总统埃莫马利·拉赫蒙说，只有建成容量为 3 600 兆瓦的罗贡水电站和超过 13 立方千米的水库，才能保护 300 多万公顷土地免受阿姆河下游严重缺水的影响。鉴于全球变暖的趋势，干旱年份将出现得更为频繁。洪水不仅会造成破坏，而且会导致水资源流失——而这是粮食生产的主要资源。2000—2001 年的干旱向我们证明了这种现象的危险。此外，印度尼西亚、菲律宾、泰国和越南等东南亚国家将遭受极为严重的影响。亚行预计，如果全球不及时采取有效措施，到 2100 年，气候变化每年给东南亚国家带来的经济损失将占本地区经济生产总值的 6.7%，是全球平均损失的两倍。到 2100 年，东南亚的粮食生产与 1990 年相比将下降 50%。

综上所述，全球气候变化安全的特殊性在于其复杂的利益属性。复杂的利益分歧形成了欧盟、伞形集团、"七十七国集团+中国"等谈判联盟[①]。欧盟积极促进气候变化治理，强调减少全球温室气体排放；"七十七国集团+中国"主张仅为针对发达国家设定进一步的减排目标，而不为发展中国家设定具体目标。强调发达国家应有效履行公约规定的财政和技术转让义务。《全球温室机制：由谁来承担》拉开了各国研究在气候变暖中不同利得和损失、立场、政策和不同情况的序幕。石油输出国担心温室气体行动对石油消费产生不利影响，因此成为全球气候变化治理的强硬反对派，而小岛屿国家则担心其国家生存，积极呼吁进行全球气候变化治理。全球变暖危及欧洲，而欧洲的低碳经济最为发达，因此欧洲在气候变化治理方面非常活跃。中国、印度、巴西等国家人口众多，资源匮乏，经济技术水平和管理水平相

[①] 伞形集团以美国为主，集结了其他非欧盟的工业国家，由日本、美国、加拿大、澳大利亚、新西兰等国家组成。

对较弱。一方面，应对气候变化不利影响的能力相对脆弱；另一方面，随着经济的快速发展和城市化，对能源消耗和温室气体排放的需求也在迅速增长。美国的能源消费模式是浪费的，接受强制性的减排目标将损害中西部的石油公司和农业，而中西部正是美国共和党的传统利益集团所在地区。

从未来的发展趋势来看，气候变化将对政治、经济、社会、文化等一系列复杂的安全网络产生关联性影响。安全状态的这一系列变化使气候变化治理必须承担统一和共同的全球责任。处理气候变化已不再是一个简单的国家大事或一个单一的地缘政治内部问题，加强外部联系是气候变化治理发展趋势的必然趋势。从 1992 年到 2013 年，世界各国一直在努力达成全球减排框架——到 2015 年建立德班平台。2013 年在华沙举行的联合国气候变化大会概述了在 2015 年达成新协议的路线图。关键问题是，发达国家和发展中国家之间的分歧大于共识，会议取得了积极但相对有限的成果。前联合国秘书长潘基文提醒世界："人类历史上没有任何危机像气候变化那样清楚地表明了国家之间的相互依存。"新型冠状病毒流行对公共卫生和全球经济与社会体系构成前所未有的威胁。这也对全球气候治理和能源–粮食–水三位一体安全构成了挑战。为了拯救世界经济和全球治理进程，迫切需要采取紧急集体行动。在努力摆脱新型冠状病毒危机的过程中，我们需要对气候变化保持警惕，实现更好的经济复苏。新的增长应该是可持续的、包容的、低碳的和面向市场的。有必要将一个世纪以来的空前变化视为世界共同努力应对气候和生态环境危机、利用并实施经济刺激计划的重要机遇时期。继续防止人类社会在未来几十年内因生态和环境危机而付出更大的代价，所有国家都应同等重视预防和控制流行病，关注经济发展和环境保护，并考虑经济刺激计划中的变革和生物多样性保护。

第 3 章　全球水安全与治理发展

　　水资源不仅是人类生存的必需品，而且是国家战略发展的重要部署。为了实现生态平衡与生态经济的协调发展，有必要从水安全的角度解释现状并制定政策。随着世界经济和生产能力的发展，相对有限的资源的基本经济原理在水领域越来越突出。人类生存与发展对水资源的高度依赖与水资源的相对短缺之间的矛盾日益加剧，对水资源的保护与开发同水安全的研究日益迫切。到 2030 年，全球经济发展所需的水资源短缺将达到 40%。水资源一直被认为是不可再生资源，尤其是近年来，随着工业化和城市化的发展，国际水资源已成为全球资源不可缺少的一部分，可利用部分在全球淡水总量中的比例有所下降。资源短缺加速了水安全内涵的研究。

3.1　水安全内涵演变

　　在国际政治中，国家是国际关系的唯一主体，其议题主要是军事、领土和其他安全。随着非传统安全问题概念的传播，其含义涵盖了经济、社会、文化、人口、环境等方面的各种安全问题。它的显著特征之一是体现了内容、主题、手段和思想的多样性。国家不再是安全的唯一参与者，也不是安全参考的对象，军事威胁不再是安全挑战的唯一来源。在这种情况下，水资源问题的紧迫性和破坏性已进入人们的视野。梅雷迪斯·乔达诺（Meredith A. Giordano）等人认为引发水安全冲突有多方面的因素，包括人口增长、经济发展和不断变化的区域价值[①]。而乔达诺希望整

---

　　① GIORDANO M A, WOLF A T. Incorporating equity into international water agreements [J]. Social Justice Research, Vol. 14, No. 4, 2001 (12): 349-366.

合三种不同的全球区域与功能视角来研究世界水安全问题。

水安全的最初含义是定量安全。地球上97.3%的水是咸水，而淡水仅占2.7%，68.7%的淡水分布在极地冰川和永久性积雪中，而30.36%则分布在地下。凭借人类现有的经济实力和技术水平，真正可用的淡水资源仅占总数的不到1%。世界上大约有20个国家的人均淡水少于1 000立方米，是"缺水国家"，分布在北非、中东和撒哈拉以南的非洲地区。吉布提、科威特和马耳他的水资源短缺最为严重，1990年人均淡水分别仅为23、75和85立方米。其他8个国家属于"水紧张国家"，人均淡水不到1 700立方米。全世界有10亿人缺乏清洁的饮用水，24亿人基本没有卫生设施，每年有1 100万儿童死于各种与水有关的疾病。[①]水资源竞争无疑将导致未来国家之间的斗争，并对地区稳定构成严峻挑战。

水安全影响因素的综合性与复杂性使得水安全内涵从数量安全维度转向社会稳定安全维度。克丝汀·斯达赫（Kerstin Stahl）等人通过俄勒冈大学地理信息系统数据库考察了水气候、社会经济以及政治条件对国际水关系的影响。梅雷迪斯·乔达诺等人对国际水资源冲突产生的背景因素进行了分析。他们认为人口增长、经济发展、不断变化的地区价值观加剧了全世界争夺水资源的情势，使未来共用水资源冲突的预言逐步变成现实。国际河流流域内复杂的自然、政治和人类行为互动使管理这些共享水特别困难。日益严重的缺水问题、水质的下降、人口的迅速增长、单方面开发水资源，以及不平衡的经济发展水平普遍被列为共同河流沿岸国之间水关系潜在的破坏性因素。在水安全的社会内涵研究不断被强调的同时，关于水安全社会治理的研究也日渐增多：对于国际河流水资源管理来说，水资源管理应该是自下而上的，而不是自上而下分配式的；接纳水资源中各种利益主体参与进来，承认水的公平价值并了解它是如何被使用的；水资源建设也必须由社区管理者进行监督，才能发挥监督的作用。

水冲突造成的政治安全也是重要的内涵之一。冲突是指两个或两个以上社会单

---

① 何大明，苟俊华. 国际河流（湖泊）水资源的竞争利用、冲突和求解 [N]. 地理学报，1999（2）：10.

位在目标方面不相容或相互排斥，从而导致心理或行为上的矛盾。水冲突的形式多种多样，如基于时间维度的不同地区降水时间分布不均，基于地理分布不均的空间分布不均以及基于技术发展的水资源不公平利用。这些不公平的差异导致水冲突。水资源短缺，特别是在某些国家和地区，加上问题的安全性，导致了水冲突。在国际政治的背景下，对"水冲突"的讨论与跨境水冲突更为相关，冲突的主体是不同的国家。所涉及的大多数水资源是共享的（例如边界河流或边界湖泊），或在一定程度上是共享的（上游国家和下游国家共享河流）。俄勒冈大学地理系的艾伦·沃尔夫（Aaron T. Wolf）研究了水冲突与国际河流合作之间的关系。他认为，即使在国家关系紧张的流域，处理国际河流的水资源也是建立信任、展开合作和防止冲突的重要途径。水提供了一种对话方式。在国际关系紧张的某些地区，水是谈判的重要组成部分，实际上在预防冲突中发挥了作用。

造成水冲突，特别是跨境水冲突的主要原因是：（1）不同地区水资源利用的收益和成本的差异；（2）由水资源的空间流动性引起的区域差异累积；（3）水资源流通导致区域水资源产权不清；（4）水利工程的取水、污染和外部性导致水资源的过度开发利用；（5）准公共水资源的性质导致内在冲动，加大了该地区的开发利用程度，限制了其他地区的开发利用。其表现如下：（1）跨界水污染冲突；（2）跨界取水冲突；（3）跨界水利工程冲突（防洪工程、水电工程）；（4）跨界河砂开采冲突。在某些缺水地区，水冲突严重破坏了区域和谐关系，危及当地社会发展，而水冲突造成的暴力冲突则严重危害区域稳定与国际和平。相关国际报道认为，石油危机之后，下一场危机将是水领域的，而当前的区域水危机可能预示着全球水危机的到来。水已成为各国缺水时诉诸武力的唯一原因。

就国内研究而言，李志斐将水资源作为一种区域公共产品来分析水资源问题的重要性以及水资源安全与国际关系之间的密切性。中国社会科学院李少军在《水资源与国际安全》中指出，随着人口的增长和全球气候变化带来的供水问题，供水和供水系统越来越有可能成为军事行动的目标。从国际关系的角度来看，水资源问题将日益构成或已成为国家安全和国际安全的重大问题。何大明、汤奇成所著的《中国国际河流》是唯一一本反映中国国际水资源总体情况的书。该书还对中国国际河流的合作开发进行了分类和阐述，并认为通过国际合作开发国际水资源是未来的必然趋势。此外，他们还对西南地区国际河流的国际联合保护和开发进行了专门研究。

一般而言，水资源是一种循环性和可再生资源，人类对水资源的利用应足以支持人类社会的生存和发展，但世界经济尤其是在工业革命后已取得了突飞猛进的发展。第二次世界大战后世界人口的爆炸性增长，加上水资源区域分布不均和发展程度不同，导致世界许多国家的水资源短缺，危害当地社会的稳定与发展。在世界各地，水资源竞争越来越激烈，人们对水资源的竞争和占领越来越关注，以国家和政府为代表的高级行为体日益成为水资源的主体。水资源问题愈发"安全化"。水资源问题安全化并最终进化为水资源安全问题包括含两个层面：（1）水资源问题已经威胁到人类社会的生存和发展。（2）水资源对人类社会构成的危险或其潜在危险已被人类社会视为安全问题。在国际政治领域谈论"水资源安全问题"也意味着，第一，水资源问题已严重影响或被认为已严重影响人类社会的生存和发展，并已成为国际社会的一个重要问题；第二，各国政府作为重要的参与者参与水资源问题；第三，水资源问题已"高度政治化"，已成为可能导致地区和国际冲突的重要因素。

3.2 主权思维下的水权认识发展

3.2.1 水权概念内涵界定

当今世界大多数国家都规定水为国家所有，国内法领域的水权都是排除了私人对于水资源的所有权，而往往被解释为是一个由汲水权、引水权、蓄水权、排水权、航运权等组成的权利束。国际河流处于不同的国家领土范围，河流的跨国性使得河流利用成为一个政治划区问题，而不同国家在政治上的冲突也具有不同的特征，使得国际河流成为政治冲突的源头。所以，国际领域的水权利用首先面临的问题是处理好水权与主权或者主权与主权之间的关系问题，在这一点上国际领域的水权同国内的水权有着根本区别。

根据《牛津法律大辞典》的定义：国际河流是指在地理上和经济上涉及一个以上国家的领土和利益的河流。

对国际河流水面的管辖权与国际河流水面以下水体的所有权是国家对于国家河流主权的两个方面。其中，国际河流水权的基础是水体所有权。国内法认为国家是国内水资源的一般所有者，水利用权由国家通过法律进行分配，因此从水资源所有权中派生出水权，水权的存在依赖于水资源所有权的独立与清晰[1]。水权的初始分配以及水权交易离不开国家，水资源的利用、管理及其收益分配由国家统一调配，需要公权力的介入。在国内法视角下，国内法主体不存在并未拥有水所有权的问题，其对于水资源的利用、收益与补偿等仅建立在水使用权的分配与交易之上。但在国际法的层面，如果将水权定义为使用权，那么获得国际河流使用权的是国家。由于国际社会中缺乏凌驾于所有主权国家之上的超国家行为体，因此国际法无法对各国家的河流使用权进行初始配置。由此而言，国际河流的水权应当建立在对其水体具有所有权的基础之上，因此国际水权与国内水权有着显而易见的区别。有鉴于河流的生态需水量对于全球环境和生态保护的意义非常重大，因此，国际河流水权应当界定为扣除生态需水量的水体所有权。[2]

3.2.2　国际河流利用权益学说的不同理论认识

1.绝对领土主权论

绝对领土主权论产生较早，是国家主权最直接的表现，即无论是上游国家还是下游国家，沿岸国家都坚持认为自己对河流享有绝对的管辖权，在行使河流主权时可以不受外部条件的限制。这就是所谓的"绝对领土主权论"（absolute territorial sovereignty）。这是美国司法部部长哈蒙（Judson Harmon）在1895年发表的声明。他

---

① 裴丽萍．水权制度初论［J］．中国法学，2001（2）：91-102．
② 王志坚．简论国际河流水权理论的构建［J］．水利经济，2012（2）：22-24．

在处理美国和墨西哥之间关于使用里奥·格兰德河（Rio Grande River）主权的争端过程中，陈述了构成绝对领土主权理论的基础。哈蒙认为："国际法的一项根本原则便是国家均在其领土上拥有绝对主权。自然资源主权是排他的和绝对的国家管辖权中的一部分，任何外部限制都是对其主权的干涉。任何国家都按照自己的意愿处理内政，不必遵守其他法律。"（该理论也称"哈蒙学说"）显然，绝对领土主权理论虽然坚持最重要的国际法基本原则，具有一定的合法性基础，但与国家主权平等的基本原则相冲突。过分强调一国的河流主权而不考虑全局利益，将损害国际河流的可持续开发利用。从当时的语境来看，绝对领土主权论更像是一种政治宣言，目的在于在谈判的过程中向对方施加更大的压力，为己方争取更多的利益。最终在1906年美国与墨西哥签订《有关以灌溉为目的格兰德河公平水分配的条约》时，美国放弃了绝对领土主权论的立场，而承认缔约双方都有利用里奥·格兰德河的权利。

2. 绝对领土完整论

然而，在早期的河流资源争夺中，下游国家则声称，它们应当获得不受上游国家任何影响的自然水流，即所谓"绝对领土完整论"（absolute territorial integrity），也称"自然水流论"或"绝对河流完整论"①。根据这种理论，下游国家在河流资源开发中具有否决权，上游国家对于国际河流作任何改变都要经过下游国家或者邻国的预先同意。这个学说起源于传统国家法律体系中的沿岸居民权利原则，完全站在了下游国家的立场上，忽视甚至剥夺了上游国家对于其领土内河流资源开发的权利。实际上，针对上游国用水需经下游沿岸国同意的说法，早在1957年的"拉努湖仲裁案"中就被仲裁法庭毫不含糊地作出了裁决："只有在得到相关国家的预先同意才能开发利用国际水道水能的规定不能被确立为惯例或普通法原则。"这就反映了国际法学界对于"绝对领土完整论"的否定态度。

3. 有限主权论

20世纪后，各国逐渐意识到国际社会中唯有坚持权利与义务的一致性才能更

---

① 冯彦. 国际水法与澜沧江—湄公河流域开发利用研究 [D]. 南京：南京大学，1999.

好地维护国际体系和世界和平，同时捍卫本国的利益。国家作为国际法的制定者，遵守国际法是其应当同意承担的国际义务，因而其国家主权的行使不可避免地会受到限制。在这种语境下，沿岸国在利用国际河流中的"有限制的领土主权论"（limited territorial sovereignty，以下简称"有限主权论"）被各国法律文献和具体实践所接受。有限主权论是权利与义务统一的学说，宣称国际河流的每个沿岸国都有权开发利用其境内的国际河流部分，但也有义务确保不对其他沿岸国造成重大损害。

有限主权理论认为，所有利用国际河流的国家都应适用国际法主权平等的一般原则。从本质上讲，这反映了有限主权理论强调了所有国家公平使用国际河流的基本特征（公平合理利用的原则）。基于这一理论，现代国际水法逐渐形成了国际河流利用的基本原则，如公平合理，对其他国家没有造成重大损害。因此，可以说，有限主权理论为现代国际水法的制度化奠定了重要基础，是国际河流治理集聚全球力量的重要理论支撑。

4.沿岸共同体论

经过近些年的发展，可持续发展理念以及水资源综合管理、流域综合管理等概念逐渐被国际社会认可提倡，并被写入政策法规文件。有限主权理论在可持续发展的基础上得到进一步发展，共同体理论使得国家为主导的多种国际关系主体能够共同参与到国际河流建设中来，由此发展出了一种更为理想化的河流资源合作开发学说，即沿岸共同体论。"利益共同体"（community of interests）、"沿岸国共同体"（community of co-riparianstates）等理念超越了国家行政界线和主权要求，整个国际河流流域作为统一的地理和经济单位，流域国家或沿岸国家被视为一个利益关系共同体，被赋予共享国际河流水资源的权利，强调相互合作，采用"共同管理"（common management）方式，成立国际机构，制定和实施流域综合管理和发展政策，使整个流域实现最佳而全面的发展。这个理论寻求的是突破现有行政区划的界限，考虑到流域内所有国家和居民的利益，寻求实现流域的综合开发和管理，实现总体最优的开发合作方案。

一般而言，"绝对领土主权论"和"绝对领土完整论"都只是单方面强调利益矛盾一方的要求，而忽视甚至剥夺了另一方的合理利益和关切。它们无视其他国家应享有的平等权利以及本国应承担的国际道德和义务，因此并未得到所有国家的支持和发展。著名的国际法学家麦卡弗里（McCaffrey）曾评论说："从本质上讲，这两个理论是短视的，在法律上是'非法的'。它们忽略了其他国家对国际水路水资源的需求和依赖，并否定了以下原则，即主权国家应承担义务。"①然而，尽管世界上许多流域已经建立了合作机制，但就合作的范围和程度而言，它们还不能满足沿海共同体理论的要求。同时，客观的怀疑和民族主义使该理论难以落地。

3.3　当前全球水安全治理状况

3.3.1　制度层面：国际水法

1815年维也纳会议制定的《河流自由航行规则》规定一切国家（不论是沿岸国还是非沿岸国）在某些欧洲河流上自由航行的原则，其中"国际河流是指分隔或经过几个国家的可通航的河流"这一定义强调了"可通航性"的国际河流概念，在此后的150多年时间里"可通航性"概念基本没有改变。②1934年《国际河流航行规则》对其作了重要的概念拓展，将支流包括在国际河流之内，规定"国际河流是指河流的天然可航部分流经或分隔两个或两个以上国家，以及具有同样性质的支流"。由于支流，尤其是界河的支流往往完全在一个国家境内，将支流包括在国际河流的范围内，实质上就是将条约适用范围扩大到一国的内河，同国际河流一样实行自由航行。1966年《国际河流利用规则》（又称《赫尔辛基规则》）扩大了国际河流的范围，并表述为"国际流域"。此后，1986年《汉城规则》的表述与其雷

---

① MCCAFFREY S. The law of international watercourses [M]. Oxford: Oxford University Press, 2001: 135.

② 1921年《国际可航水道的国际公约与规约》也采用这一定义，只不过更强调具有普遍性商业航行价值，表述为"国际水道"。

同，并进一步拓展到封闭地下水。①国际流域的概念突破了沿袭百年的国际河流的可航性要求，为国际河流的全面开发和综合利用以及生态环境保护创造了基础和条件。②然而由于国际流域概念暗含的"主权意味"不能为大多数国家所接受，1997年世界上第一个专门就国际水资源的非航行利用问题缔结的公约——《国际水道非航行使用法公约》，将其定义为"国际水道"。③这是迄今为止最明确也是最有法律效力的国际河流概念。国际水道除了国际河流和湖泊以外，还包含水通过其流过的许多不同的组成部分，不管是在地表，还是地下，包括河流、湖泊、含水层、冰河、水库和运河，即包含了国际河流的主流及其支流、国际湖泊等国际地表水，以及与这些国际地表水相连（通常流向同一终点）的地下水。④

尽管经过了一些实践的发展，到目前为止，涉及水资源分配的国际水法条款依然非常有限，主要包括5个国际公约：《国际水道非航行利用的国际规则》《关于国际水域的非航行利用的决议》《国际河流水利用规则》《跨界水道和国际湖泊保护与利用公约》《国际水道非航行使用法公约》。这些文件更多地强调了河流利用和管理的规范原则，确立国际河流开发中"尊重一国国际水道开发和利用的主权权利原则"、"公平合理利用原则"和"不造成重大损害原则"。同时应当看到，上述涉及河流的国际法，其模糊性和抽象性使得在对其解读的过程中弹性过大，流域内各个国家会根据自己的利益解读文本。同时国际水法不具有约束力和强制实行的能力，没有配套的落地措施，这些都使其缺乏法律效力，不能有效规范国际河流开发合作。总体而言，当前国际水制度主要以一系列公约进行国际管制。联合国框架下的公约为全球水治理提供了上层制度的逻辑构造，区域性立法也在水治理中发挥越来越重要的管制作用，湿地等具体部门公约也为水治理提供了不同领域水治理的逻辑框架（见表3-1）。

---

① 《汉城规则》第2条规定："国际流域是指跨越两个或两个以上国家，在水系的分界线内的整个地理区域，包括该区域内流向同一终点的地表水和地下水。"

② 何艳梅. 从基本概念的演变看现代国际水法的特点 [J]. 法治论丛，2004（5）：96-99.

③ 公约第2条规定：水道"是由于自然的联系构成一个单一的整体，并且流入同一终点的地表水和地下水系统。"而国际水道就是指组成部分位于不同国家的水道。

④ 贾琳. 国际河流开发的区域合作法律机制 [J]. 北方法学，2008（5）：104-110.

表 3-1 涉及水资源分配的国际水法条款

名称	时间	签署国/缔约方数量	目标	原则
《湿地公约》	1982年3月	169	聚焦于生态系统,致力于通过合作增进对世界湿地资源的保护及合理利用,从而促进可持续发展	各签约国需合理利用境内所有湿地、指定国际重要湿地并开展国际合作
《埃斯波公约》	1991年2月	签署国:30 缔约方:45	缔约方有义务在规划的早期阶段评估某些活动对环境的影响。各国一般有义务就可能对跨界环境造成重大不利影响的所有正在审议的重大项目相互通报和协商	环境影响评估作为一项国家文书,应对可能对环境产生重大不利影响并须由主管国家当局作出决定的拟议活动展开评估。各国应事先及时向可能受影响的国家提供关于可能对跨界环境产生重大不利影响的活动的通知和相关资料,并应在早期与这些国家协商
《赫尔辛基公约》	1992年3月	签署国:26 缔约方:43	旨在通过促进合作,确保跨界水资源的可持续利用	预防、控制、减少跨界影响,以合理公平方式使用跨界水,确保其可持续管理。毗邻同一跨界水域各方须通过缔结具体协定和建立联合机构合作
《工业事故跨界影响公约》	1992年3月	签署国:27 缔约方:41	旨在保护人类和环境免受工业事故之害,尽可能防止此类事故发生,减少事故的频率和严重性,并减轻其影响。它促进各缔约方在工业事故之前、期间和之后开展积极的国际合作	预防原则、备灾原则、反映原则、通知原则
《生物多样性公约》	1992年6月	188	保护生物多样性、生物多样性组成成分的可持续利用、以公平合理的方式共享遗传资源的商业利益和其他形式的利用	按照联合国宪章和国际法原则,国家拥有按照本国环境方针开发资源的主权,并有责任确保其管辖权或管理的活动不会对其他国家或地区环境造成损害
《水道法公约》	1997年7月	签署国:36 缔约方:16	规范国际水道非航行使用问题的唯一的全球性公约	公平合理地利用国际水道,采取适当措施防止对其他水道国造成损害、对计划采取的措施进行事先通知
《奥胡斯公约》	1998年6月	签署国:39 缔约方:47	促进和保护今世后代人得以在适合其健康和福祉的环境中生活的权利,保障在环境问题上获得信息、公众参与决策和诉诸法律的权利	获取有关环境的信息——这使公众能够获得有关环境的广泛信息、公众参与——要求"公约"缔约方促进公众参与有关环境的决定、诉诸司法——规定公众可利用及时、公平和费用不菲的独立审查程序,质疑有关环境的决定
《巴黎协定》	2015年12月	178	增加可持续发展和消除贫困的努力,加强对气候变化威胁的全球应对,主要目标是将21世纪全球平均气温上升幅度控制在2摄氏度以内,并将全球气温上升控制在前工业化时期水平1.5摄氏度以内	按照不同的国情体现平等以及共同但有区别的责任和各自能力的原则

由于规范国际河流权利与开发的国际法具有很大的模糊性和弹性，针对各个河流和流域的具体问题，并没有一套统一的标准，针对各个河流的开发和管理行为的规范形成了"一河流一制度"的现状。

3.3.2　流域治理多元开发机制

通过有效的国际河流合作，可以带来四个方面的收益：第一是反哺河流的收益，通过对河流污染的共同治理可以更好地保护环境、实现可持续发展；第二是来自河流的效益，如可以实现增加水浇地、发电和环境增益方面用水的最优化；第三是河流合作带来的好处，合作的收益应包括合作带来的直接利益，并且合作削弱了邻国之间的紧张关系和冲突；第四，超越河流的利益，对河流的合作态度将带来一些无形的政治利益，如人们对国家形象的印象、责任心和信誉。基于此，虽然缺乏普遍性的规范制度，但是对于国际河流的合作开发依然在全球遍地开花。

由于国际因素的深刻影响，国际河流的开发具有一定的特殊性。但是，对于河流的非航道开发和利用，总体模式仍然是上游国家高坝水库的建设，其目标是发电和调节河流径流，中上游可以蓄水以减少下游洪水，下游地区主要集中在具有多用途目标的水库建设上，以最大程度地减少淹没损失。目前，世界上河流发展的主要方式如下：

第一，根据水资源分配的比例进行开发。在这种方法中，流域中可确定的水资源量是根据所有流域国家可接受的标准分配给每个流域国家的，流域国家在各自的水资源份额内进行开发。该模式基于河流的自然分布，这使各国能够在河流主权的范围内更自由地开发和利用河流。这种分配模式可以使流域国家形成更大的利益，但不能使整个流域获得最佳利用和最大的综合利益，特别是对于河流分布较小的国家来说，经济发展所需的水动力明显不足。

第二，协议应共同制定。为了满足流域国家的用水需求和经济利益，流域国家应签署共同协议，根据确定的流域总体发展计划，共同进行开发。协议的共同开发主要基于发电和防洪。有效实施这种发展模式的关键在于规划方案的完整性，流域国家之间的合作与信任程度以及其他技术和资金的支持能力。通过协议共同开发的大多数项目，采取各国共同投资、共同建设、共同管理的方式。对于共同开发利用的国际河流项目，参与开发的国家一般按照协定或条约建立国际河流联合委员会或其他组织，然后由联合委员会或其他组织负责研究、规划、设计国际河流项目的建设、运营和维护。实际上，由于领土和主权的差异，这种模式有时无法实现，当然，也不乏成功合作的例子。

第三，协议分段开发。流域国家（主要是双边合作中的国家）根据项目特征分配已开发和涉及的水资源，这是一种地方合作分配，而没有考虑流域的综合规划和整个流域的水资源分配。但是，这需要各方之间的密切合作。这种模式主要基于项目合作，通常不考虑其他国家的用水情况，而且该协议的分段开发也很容易牵涉到沿海国家以外的其他国家，使流域以外的其他国家容易受到伤害。

第四，根据项目开发。一般而言，与双边合作的流域国家就发展一个特殊项目和分配水资源或所产生的利益签订双边合作协议，以满足两国的水资源利用需求。这种模式要求双方都具有足够的资金实力和充分的信任与合作。因为"一事一议"的发展方式相对灵活，可以加快开发进程，但也没有考虑到整个流域水资源的分配和综合规划，容易制约发展，并且易受其他国家水资源利用和流域的其他开发项目的影响。

3.3.3　流域水治理管理多元机制

由于不同国家的国情和流域的具体条件不同，因此不同国家建立的流域管理机构存在很大差异。通过对美国、加拿大、日本、澳大利亚和欧洲国家流域水治理的分析，集中管理模式、分散治理模式和集中–分散治理模式是各国采用的三种主要流域水治理模式。

第一，集中治理模式。国家建立或指定专门机构的管理模式，进行总体流域管理。集中治理模型的典型案例是美国田纳西州流域管理局。它从组织形式上可以分为两类：一类是流域管理委员会模式，另一类是流域管理局模式。流域管理委员会模式是为跨多个行政区域的流域建立流域管理委员会，该委员会由代表流域州和联邦政府的成员组成。目前，此类流域管理委员会包括萨斯奎汉纳河流域管理委员会、特拉华河流域管理委员会以及俄亥俄流域管理委员会等。流域管理局模式可从世界银行政策分析和建议项目的《欧洲和美国水资源管理的经验：从部门向综合管理模式的转变》①一文中考察，最早的流域整体化治理机构就出现在美国 1933 年成立的田纳西河流域管理局（TVA）。田纳西河流域管理局的建立，标志着首次出现一个直接处理地区全部资源发展需求的独立机构。田纳西河流域管理局的任务是承担由破坏性洪水、严重被腐蚀土地、赤字经济和稳定外迁所呈现出来的问题。该方案适用于整个田纳西河谷的综合发展，该地约 10.5 万平方千米，涉及 7 个州。田纳西河流域管理局由一个三人指导委员会管理。事实上，它的主要办公室都位于该地区，而不是在华盛顿，这使得田纳西河流域管理局的工作能够更贴近当地民众。

张璐璐在《论莱茵河流域管理体制之运作——以德国段为例》中介绍了莱茵河流域管理委员会机构设置。委员会机构的设置、职权以及管理的运作由包括欧盟在内的六个缔约方负责，由缔约国部长参加的部长级全体会议是委员会的最高决策机构。委员会下设一个由 12 人组成的常设机构——秘书处，秘书处下设 2 个永久性战略组和 2 个动态性（临时）项目组，委员会决议的准备和制定由其具体完成，特殊任务则由专家组承担起来。为监督各国工作计划的实施情况，委员会下设多个专业协调组和技术组，例如——排放水质组（S）、生态组（B）、防洪组（H）、负责可持续发展规划的专家组等，由他们来对技术性问题进行确定。②

第二，分散治理模式。分散治理模式与集中治理模式相对，其不存在集中的专

---

① 《欧洲和美国水资源管理的经验：从部门向综合管理模式的转变》，世界银行政策分析和建议项目，中国：解决水资源短缺背景文章系列，2006 年。

② 张璐璐. 论莱茵河流域管理体制之运作——以德国段为例 [D]. 青岛：中国海洋大学，2011：14.

门机构治理，而是通过不同的区域、职能、方式等分别由不同的机构负责，管理流域治理工作的机构也相当多，按级别分层分部门管理。日本是典型的分散式治理模式。中央政府有很多机构参与流域管理。在2001年1月对政府机构进行大规模改革之前，涉及六个部级机构（在日本称为"省"）：环境厅、国土厅、厚生省、农林水产省、通商产业省、建设省（河川局和都市局）。改革之后，国土厅和建设省都被合并于国土交通省。其中，流域的综合管理主要由国土交通省、环境厅、农林水产省负责。国土交通省的具体职责包括：（1）制定全面的流域水政策；（2）流域设施的维护管理；（3）流域水体的利用与保护；（4）污水处理设施的建设和管理；（5）监督与水有关的机构，参与流域水的开发、设施建设、运行、维护和管理。环境部的具体职责包括：（1）制定流域水环境保护的指导原则、政策和计划；（2）流域污染检测；（3）制定流域水环境质量标准。农林水产省的具体职责包括保护流域水源和周围的森林。

第三，"集中–分散"治理模式。除了集中式治理模式和分散式治理模式之外，还存在"集中–分散"混合治理模式。所谓"集中"是指流域管理部门协调流域管理、开发利用的机构和地区，"分散"是指流域管理、开发利用的机构独立制定与流域有关的机构的政策、法规和标准，根据职责分工不同，按不同的分工职责完成流域环境管理。

澳大利亚参与流域治理的联邦部门是联邦政府水利委员会，该委员会负责协调与水有关的国家研究与开发计划，提供与水治理有关的水信息和政策指导。通过流域部门协调流域国家的治理，其他主要部门是流域部长理事会，负责对流域治理的政策指导和指南。在流域部长理事会的指导下，流域委员会不属于任何州政府，但为每个州的流域治理提供保障，并负责向各州分配水权，就流域的水环境交换意见，与流域部长理事会合作，并实施治理原则和政策。社区咨询委员会负责流域的研究，在流域管理过程中收集意见和建议，咨询流域管理决策过程中出现的问题，并发布研究结果。

俄罗斯联邦自然资源部负责协调和监督联邦自然资源利用局、联邦地下资源利用局、联邦林业局和联邦水资源管理局的工作。首先，在俄罗斯自然资源部内部，俄罗斯联邦水资源局专门从事水资源管理。根据法律，联邦水资源局是由自然资源部管理的联邦权力执行机构。其次，俄罗斯自然资源部的主要任务是调查、开发、利用和保护水资源，制定和执行有关自然环境保护和生态安全的国家政策，并进行国家管理。再次，要制定和采取各种措施，以满足俄罗斯联邦经济水资源的需求，保护和改善自然环境，提高自然环境的质量，合理利用自然资源。此外，协调其他联邦行政当局在自然资源的调查、开发、使用和保护以及自然环境保护和生态安全方面的活动。最后，对水环境现状和水资源利用进行综合评价和预测。

3.4 美国水外交霸权主义对水安全的影响

大国崛起的各个阶段均有地缘战略作为其理论指导，美国崛起过程中经历了大陆扩张、海外扩张、世界秩序搭建、全球霸权建立的不同地缘政治发展阶段。在发展的不同阶段，寻求伙伴或创造议题，从而实现地缘性介入始终是其战略的重要突破口。而维护其霸权的知识性权力则是美国地缘性存续的重要支撑。美国作为资源攸关全球性霸权国，其霸权地位的维持不仅依赖于经济、军事等物质性资源，支持霸权扩张、提供公共产品以及引领全球议题这三种资源知识同样是其霸权国地位的支撑机制。[①]这种资源知识性的支撑机制最终通常会转化成制度性安排。

水外交战略是美国全球霸权战略的重要组成部分，美国水外交的核心是通过水的全球治理，巩固其全球霸权地位。在 2010 年 3 月 22 日世界水日，时任美国国务卿希拉里·克林顿表示："水是我们这个时代最伟大的外交和发展机遇之一。"此后，负责民主和全球事务的副国务卿玛丽亚·奥特罗（Maria Otero）在同年 4 月 15

---

① 于宏源. 霸权国的支撑机制：一种资源知识视角的分析 [J]. 欧洲研究，2018（1）：41-56.

日至 21'日前往埃及、约旦、以色列和约旦河西岸，她的访问强调提升围绕水的外交努力，并在地方、国家和区域层面作出贡献。美国水外交政策的主要目标是增加水安全，确保水资源的可利用性。近几年，美国逐步提高解决全球缺水问题在其外交政策中的重要性程度，既鼓励有效利用水资源，也避免战略地区出现水资源冲突。到了奥巴马执政时期，美国尤其注重科学在外交领域的地位，水治理问题被纳入外交政策的重要议程，也被提升为一项独立的优先事务。

2017 年的美国政府全球水战略报告明确指出美国水外交的具体内容，以四项相关联的战略目标为指导：一是增加可持续获得安全饮用水和卫生服务的机会，以及采用关键卫生行为；二是鼓励健全管理和保护淡水资源；三是促进共享水域的合作；四是加强水部门治理、融资和机构建设。目前由于全球水和废水市场每年超过 7 000 亿美元并且还在持续增长，而美国私营部门具有先进的技术和成熟的经验，可以通过致力于解决全球水资源问题，增加美国的出口和就业机会。同时，全球经济增长和气候变化给水资源带来了巨大压力，很多国家都存在水资源短缺、管理不善等问题，水资源直接威胁到能源和粮食安全，利用水资源外交可以加强美国现有的盟友关系。此外，水资源与美国发展援助目标息息相关，水资源议题本身与健康、经济、粮食、性别平等和减少冲突等方面相联系，对促进可持续性发展构成挑战。

总体来看，美国的霸权引导式水外交战略在维持其传统外交策略的同时也进行了一些创新：首先，美国依然以流域外霸权国的身份介入地区性的水问题，以保持其水资源霸权地位，意图获得更多的战略资源与利益；其次，美国坚持其制度性霸权的传统，企图通过制度性重构来增加其插手域外水问题的合理性和合法性。

为了对美国水外交对水安全造成的影响有更加清晰的认识，现从以下几个方面进行探讨。

3.4.1　美国霸权引导式水外交战略的手段与路径

其一，采取议题联系的方式应对新兴国家对美国构成的挑战。这种手段服务于两个目的：一是采取同时进行多个问题谈判的策略，以期增加达成协议的可能性。例如，美国将水外交与建立气候变化治理领域的领导力建设联系起来，把水发展项目作为气候适应战略的关键要素；①二是激励各方持续地致力于达成协议。如美国希望加强同印度的合作，同时要求中国和周边国家增加地理水文的数据共享。对此，中国需要和周边国家建设智库层面的水对话。

其二，利用水外交盟国和伙伴之间的协调来建立联盟。美国积极发展与新加坡和瑞典之间的水外交协调，并通过这两个水外交大国介入有关地区。例如，新加坡多次在东南亚推广具有美国色彩的水市场化机制。日本同时也是美国与东南亚国家的水外交盟国。美日两国在东南亚供水方面的合作，不仅将促进东南亚执行有效的水管理和可持续发展目标，还将进一步加强印度–太平洋地区的区域稳定并预防冲突。美国国际开发署（USAID）和日本国际合作署（JICA）已经为菲律宾水循环基金（PWRF）实施了一项水融资项目。此外，根据亚洲和两国政府目前的基础设施发展战略，美国和日本可以考虑就东南亚共享水资源的融资机制进行合作。在东南亚次区域一级，美国呼吁日本积极参与在美国领导下湄公河倡议提出的合作。

其三，利用国际组织和非政府组织施加影响。亚洲开发银行是一系列次区域开发项目（包括湄公河流域水电开发）的重要贷款方和援助提供者。亚洲开发银行最大的两个资金来源方是日本和美国，它们在亚洲开发银行中拥有否决权。亚洲开发银行的大湄公河次区域发展项目在一定程度上可以反映出美国和日本的意愿。例如，在2011年反对缅甸密松水电站项目期间，湄公河流域的几个活跃的环境保护组织由美国政府和美国反水坝组织资助。

---

① 李志斐.美国的全球水外交战略探析［J］.国际政治研究，2018（3）：66.

其四,利用网络化的伙伴关系推进水外交。传统的全球水治理以主权国家为主体,不过在基本性制度下通过主权国家适度协调,实现有限治理的方式正在松动。这主要是因为以国家为主体的跨界水管理和国际水外交现状并不尽如人意,河流本身以及在河流沿岸的社群几乎都不是流域内组织最经常代表的利益攸关方。由于美国在国际话语领导权上具有较大优势,通过构建广泛的水外交伙伴关系,由各领域专家组成网络化的研究和实践模式,可为水外交提供更多的专业化指导和建议。例如,在2012年,美国宣布建立新的伙伴合作关系,运用与水问题有关的经验应对全球的水资源挑战。该伙伴关系将汇集在水资源问题上具有不同经验和知识的遍布全球的30多个机构、科研院所和维权组织。美国前国务卿希拉里·克林顿表示,合作伙伴们在政府、工业、发展和环保管理方面拥有不同背景,可为危及国家和地区安全的水问题提出突破性解决办法。网络化的伙伴关系带来的直接优势是水外交的研究和实践更加开放化、专业化和科学化,水外交的主体和议题也将因此而处于一个不断变动的过程之中,其中在水外交领域快速提升影响力的非政府组织值得关注。

3.4.2 美国霸权引导式水外交战略制定的影响因素

美国政府内部的多元寡头设置优势明显。在分析美国水外交的时候,这种优势表现在当一个部门做得不好时,另一个部门试图进行补救,即双重介入特征。比如美国国务院提出的《全球页岩气倡议》,它主要的获益方是有相关科技知识优势的美国公司,但其对整个世界的影响却是灾难性的,主要体现在对水资源的消耗、污染以及加剧全球变暖(溢出甲烷的排放)等方面。对于从加拿大到美国的基斯通油砂管道项目,美国国务院不断进行努力使它得以批准,但美国环保署却多次发表声明表示反对,虽然理由并不充分。这是美国政府在科学和利益的选择上内部分化的一个明显例证。谢尔登·沃林对美国的这一"治理民主"或"颠倒集权主义"的做法进行了批判,指出美国的真实意图在于主导治理的话语权,从而实现对外的霸权政治。此外,美国的反应也被视为一种危机管理的表现。美国国家科学与环境委员会（NCSE）主席彼得·桑德利（Peter Saundry）认为，美国担心"水–资源–粮食纽带安全"可能引发战争，特别是在东南亚、中亚和非洲地区，美国需要通过援助手段来解决纽带安全问题。对此，2010年美国前国务卿希拉里·克林顿曾表示支持治理改革和能力建设，以更好地解决水问题。"将加强地方和区域外交及技术援助，例如非洲水事部长理事会和中东水资源卓越中心。"

在此大背景下，美国水外交政策制定受到多重复杂因素的影响：其一，国际权力体系变迁和地区水权力格局是美国水外交政策制定的重要国际背景，对国家地缘利益的思考和全球战略的布局是美国水外交政策制定的主导因素。其二，美国总统和政治精英的战略偏好是政策制定的关键引导方向。外交决策者的观念折射出美国的政治传统观念，领导人的政治观念受到国内政治气候的影响，同时也在一定程度上代表了国家利益。其三，在美国次国家层面，来自美国城市和州的水资源专家通过水资源专家计划（WeP）来提供建议凸显其作为重要利益代表的地位。该计划是美国水资源伙伴关系和国务院之间的合作计划。在次国家层面，密尔沃基水资源委员会通过其以水为中心的城市倡议，将当地政府、公司和研究全球水资源问题的研究机构联系起来，以加强全球水资源领导地位并促进私营企业出口。其四，美国国内的利益团体，特别是商业利益团体的游说和影响是决策制定的主要博弈对象。随着水资源相关的利益多元化发展，民间团体的力量也在不断扩大，从而对政府决策产生不可忽视的影响。其五，美国国内的科学团体对气候安全以及能源–粮食–水的纽带安全研究成果是决策的重要智力支持。美国凭借智库等技术层面的优势，加大了水外交实施的力度。

3.4.3　美国通过霸权引导式水外交战略介入和重塑亚太水治理格局

美国作为"域外国家"通过水外交来拓展在亚太地区的地缘利益诉求及战略。美国在亚太地区有着极大的经济和战略利益，亚太地区是美国重要的商品和服务贸易市场，也是重要的投资目的地和原材料市场。该区域横跨印度洋和太平洋的海上航线，连接澳大利亚和新西兰与东北亚各国的南北航线，其独特的地理位置也使该区域对美国的国际安全和商业以及同盟国利益具有战略意义。对于美国而言，其最大的国际政治逻辑便是一个地区大国成长为足以挑战其世界领导者地位的体系强国。亚太地区内出现的权力结构变化，尤其是中国的快速崛起，诱发的"结构性紧张"（structural tension）态势，加深了美国的大国竞争与防范意识，中国自然成为其首要的防范和遏制对象。特朗普政府的《国家安全战略》报告中声称"中国正试图取代美国"，并采取一系列战略遏制中国的崛起和发挥其影响力，亚太地区也成为中美两国关注的重点。水外交虽然处于低政治领域，不是中美之间的首要竞争议题，但可以作为美国的重要区域战略工具和方便其地区介入的议题。在亚太地区，美国的"亚太再平衡""印太战略"都内嵌有水外交战略，而湄公河和中亚是美国施展其水外交战略的主要次区域。

与此同时，亚太地区有着复杂的跨界水文环境和低效的治理体系，该地区严重依赖域外国家提供的相应治理公共产品。亚太地区虽然具有丰富的水资源，但同时也是全球水安全问题最为严峻的地区之一。世界60%的人口和近一半的最贫穷人口居住在该地区，为实现减贫目标，该地区仍需保持较高速的经济增长速度，这将严重依赖于有限的水资源。据估计，到2050年，多达34亿人可能生活在亚洲缺水地区。亚太地区同时又是易受气候变化影响的脆弱地区，气候变化加剧和与水有关的灾害，威胁着许多主要城市地区、农业生产和沿海人口，水与粮食、能源等安全问题间存在着复杂的纽带联系。此外，亚太地区还是跨界水资源争端比较集中的地区。地区内有澜沧江—湄公河、印度河、阿姆河、锡尔河多条跨界河流。这些国际流域都存在不同程度的争端，严重地威胁着地区的稳定。亚太地区在严峻的水安全背景下，其治理体系却是低效的，虽然存在着多项治理、合作机制，但机制间任务重叠、竞争明显而合力不足，[①]治理存在严重赤字。这便为域外国家和行为体提供了广阔的参与空间，美国虽然是域外参与者，但却是亚太水治理的重要行为体。具体表现以下几个方面：

---

① 程子龙，于宏源. 湄公河环境安全纽带治理与中国的参与 [J]. 国际关系研究，2018（6）：72.

第3章
全球水安全与治理发展

119

1. "湄公河"区域治理从"地区牌"转向"全球牌"

美国以湄公河地区为主的亚太水外交平衡中国在该地区的影响力。奥巴马上任后，基于亚太地区的重要政治、经济地位以及美国国家利益，其加强了对亚太地区的关注和投资并促进了美国"再平衡"战略在亚太地区的落实。亚太地区再平衡战略旨在遏制和平衡中国的综合力量和影响力的上升，巩固美国在该地区的利益和地位，加剧与中国的地缘政治和地缘经济竞争，并重塑区域政治和经济格局。[①]美国将湄公河流域内的国家纳入其外交重点经营的对象。在2009年7月举行的东盟地区论坛外长会议上，美国国务卿希拉里·克林顿与湄公河委员会四个成员国的外长额外举行了一次会议，强调美国对湄公河流域的关注，美国还通过亚洲开发银行参与了湄公河的开发。

美国以"中国在上游修建大坝等举措将对下游国家产生不利影响"的宣传为契机来实现自身"水霸权"对东南亚的干预，以渲染水恐慌的方式削弱中国在水议题上的地缘政治经济影响力，从而为自己赢取所谓"国际合法性"的介入参与。美国与湄公河五国建立"环境和水"合作领域，试图以"水资源数据倡议、渔业和适应计划"对湄公河流域进行安全、情报等信息的收集与利用。美国也积极鼓励日本、韩国、澳大利亚和欧盟国家等传统盟友通过参与湄公河区域治理分担全球责任，扩大自己的水霸权合作范围，从而灌输自己的意识形态，争取全球范围内的水领导权。美国通过与湄公河国家的合作倡议和发展计划，正式重新介入该地区，并在此过程中不断将自己塑造成下游伙伴，以对抗上游"环境公敌"。

2. "亚太再平衡战略""印太战略"与印太地区内河流治理

特朗普执政后终结了"亚太再平衡战略"，并以"印太战略"取而代之。"印太战略"是"亚太再平衡战略"的继承与发展，其核心战略目标同样是遏制地区内大国特别是中国的崛起，赢得与中国的战略竞争，维持东亚在美国霸权统治下的自由主义秩序。虽然"印太战略"中没有明确美国在地区内水外交的规划，但

① 吴心伯. 奥巴马政府与亚太地区秩序 [J]. 世界经济与政治，2013（8）：54-67.

是水问题极有可能再度被嵌入自然灾害相关的治理议题当中，而气候变化、洪水等与水有关的自然灾害则是"印太战略"中明确应面对的跨国威胁。另一种可能是，水的安全化趋势进一步加大，一方面，水作为独立安全议题的重要性再度提升；另一方面，水与其他安全议题，如粮食、能源之间议题结合，形成更为突出的安全纽带关系。

美国将通过盟友或伙伴关系继续寻求战略突破口。盟友和伙伴关系已成为美国介入印太地区的战略基石。为巩固与盟友或伙伴之间的战略关系，美国很可能会在水争议中提出支持盟友和伙伴的外交政策，或是提供相应的知识支持。湄公河流域国家仍将是美国东南亚水外交的重要目标对象。为了增强自身影响力，彰显其在东南亚和亚太地区的战略地位，美国曾以改善与缅甸的关系作为其调整东南亚战略的突破口，视缅甸为平衡中国的重要力量，恢复与缅甸的双边关系，并向缅甸提供援助。在"印太战略"的框架下，美国将加强与日本、韩国、澳大利亚、菲律宾和泰国的联盟，采取措施强化与蒙古国、新加坡、新西兰的伙伴关系。在南亚，美国正在努力使与印度的主要防务伙伴关系付诸实施，同时寻求与斯里兰卡、马尔代夫、孟加拉国和尼泊尔建立新的伙伴关系。美国还在继续加强与包括越南、印度尼西亚和马来西亚在内的东南亚地区的安全关系，并继续与文莱、老挝和柬埔寨保持接触。由此可以判断，泰国、越南、老挝、柬埔寨等美国传统的东南亚水外交对象国的地位仍将保持。同时，印度、孟加拉国、尼泊尔、斯里兰卡、马尔代夫等国将成为美国的新水外交对象，而南亚的跨界水域将成为美国的新兴水外交次区域。那么，届时中国对喜马拉雅—青藏高原地区这一亚洲水塔的南向部分水源管理将面临更为复杂的考验，与印度、尼泊尔、孟加拉国的潜在跨界水争端中将增加更多的美国权重。

3.中亚地区新秩序与中亚地区跨界水治理

中亚地区是美国亚太水外交的另一重要次区域。中亚各国独立以来，美国、日本、欧盟等西方国家及其主导的国际组织和多边开发机构（如联合国、世界银行、亚洲开发银行等）纷纷进驻中亚，参与该地区跨界水资源治理和生态环保合作。出于不同的经济和战略考量，美国、日本、欧盟等国各有所图，而中亚国家又秉持多点获利的心态，导致该地区跨界水资源问题变得愈加复杂。美国介入中亚跨界水问题具有鲜明的地缘战略和政治渗透意图。特朗普政府时期，美国的中亚政策并未发生显著变化。美国希望在确保自身既得利益的基础上，继续设法削弱中亚与俄罗斯的传统联系，通过解决阿富汗问题整合中亚与南亚，建立起由自身主导的地区新秩序。近年来，美国在中亚地区开展了一系列水外交布局，并将阿富汗与塔吉克斯坦所在的阿姆河流域作为中亚水外交的重点。

近年来，阿富汗用水量的增长已逐步成为引发阿姆河流域沿岸国家水冲突的潜在根源。独立后的中亚国家显然并未充分考虑阿姆河上游阿富汗的用水需求。随着阿富汗国内形势趋于稳定，尤其是北部灌溉区重新恢复，它对阿姆河水资源的需求量预计将在目前30.7亿立方米用水量的基础上再增加40亿立方米，这将进一步加剧阿姆河流域水资源的紧张状况。与此同时，美国将阿姆河流域水资源问题和"帕米尔高原亚洲安全"议题紧密结合，认为帕米尔高原环境变化和经济活动的日益频繁，会带来巴基斯坦、阿富汗和中亚国家之间的资源冲突。因此，阿姆河流域水资源问题事关美国在阿富汗的利益，有效的跨界水资源治理有利于形成美国主导的区域规则。

美国在阿姆河流域开展水外交的目标包括：第一，协调"水-能源-粮食"的纽带关联。鉴于跨界水资源争端影响中亚地区能源和粮食安全，三者之间关系的协调至关重要。阿姆河流域下游的乌兹别克斯坦严重依赖耗水量大的棉花产业，而上游国家塔吉克斯坦则通过拦河修建电站来发展水电。目前，上下游各国水资源、能源、食品和环境政策已经被高度政治化，国与国之间时而产生冲突。第二，尝试提高阿姆河流域水文信息透明度，建立信息发布机制。目前，阿姆河流域各国缺乏政治互信，不愿意分享水文数据，各国都在控制甚至隐瞒水流和水质信息，导致阿姆河流域水资源治理和环保合作形成零和游戏的局面。第三，设法影响阿姆河流域国家的国内政治建设。这些国家政治高度集中，政府效率和治理能力低下。中亚国家许多权贵利益集团希望控制本国拥有的水资源并以此牟利。比如，美国认为乌兹别克斯坦的几个家族控制了水源和棉花种植。同时，中亚地区水资源、能源、食品等缺乏市场化建设，存在很多政府补贴，各国在跨界水资源治理方面能力较差。第四，尽力协调各国际组织和多边开发机构参与阿姆河流域的跨界水资源治理和环保合作。目前，联合国开发计划署、联合国欧经委、欧洲安全与合作组织、世界银行、亚洲开发银行等国际组织和多边开发机构，以及部分跨国公司均已进驻中亚开展活动，美国希望在水资源治理模式和协调资金等方面借助各方力量，推动阿姆河流域的商业开发。

3.4.4 作为"制度嵌置者"通过水外交来构建基于美国价值规范的水治理体系

美国在各治理领域进行制度嵌构最终是为解决美国霸权衰落之后怎么办的问题，根本目的仍是维持美国的国家利益。而制度嵌构的根本是使各项治理活动的运作过程遵循符合美国价值观和利益的原则与规范，并使之制度化的过程。从内容来看，美国水外交以市场原则、自由原则和共同管理为重心构建水治理体系。此外，美国还借助水外交推行可持续、民主、透明、治理等原则。从阶段划分来看，具体的过程体现在议题引领、平台搭建（或共享）、原则（或规范）嵌入三个阶段。

1.水外交制度嵌构的主要内容

一是"水市场"。利用市场机制实现稀缺水资源在竞争性用水者之间的有效分配，利用水价、水市场、税收、水许可证等手段改善水资源配置，提高用水效率。以智利为例，水政策直接鼓励水资源市场化，水公司通常从农民手中购买一些水权，农民通过提高用水效率，将多余的水转移给其他用水者，从中获得一定的经济收入。使用可交易许可证可以降低污染治理成本，降低开发新水源的投入成本，提高水资源利用效率。美国早年与加拿大在哥伦比亚河的利益分配问题上便通过市场交易方式得以解决。加方国际联合委员会于1944年进行流域内调查后，美加于1961年达成协议，提出一项公平且权责明晰的分配水权的计划。通过建立一套复杂的上下游水电利益交易体系，美加解决跨界河流水资源争端的案例较好地展示了公平合理的水利益分配之重要性。

其二，自由流动原则。美国国务院前官员认为，国际河流治理必须以"自由流动"作为基础，自由流动即上下游之间的公平分配机制。计算国际河流流域内各国的水权份额占比或国际河流水权分配比重应依据各国际河流各段水文特征、区域内社会经济发展程度、各流域国用水需求等因素，从而确保以公平合理的方式实现水权的公平原则。

其三，共同管理原则。依据共同管理原则，流域内各国将被视为一个利益共同体，被赋予共享国际河流水资源的权利；共同管理原则强调相互合作，采用"共同管理"（common management）的方式，成立国际机构，制定和实施流域综合管理和发展政策，使整个流域实现最佳而全面的发展。美国最早于1889年和墨西哥共同建立了"国际边界及水域委员会"，该委员会共同管理美国和墨西哥跨境河流的水量和水质。

不同区域组织水资源管理均采用共同管理原则。作为一种通用规则，欧盟2000年9月颁布的《水框架指令》（Water Framework Directive）指出，要求所有欧盟国家以流域为单位进行水资源综合管理，同流域内的成员国相互协作，并指定执行统一的国际河流流域管理计划。此外，1995年的《湄公河流域可持续发展合作协议》还要求包括柬埔寨、老挝、泰国和越南在内的所有沿岸国家共同编制流域发展规划，并利用该规划制订计划和实施项目。

2.水外交制度嵌构阶段划分

首先，美国在水治理中的问题意识和治理手段都具有一定的前瞻性和创新性。这主要是因为美国治理水平更为先进，对诸多全球性问题更为敏感，并在诸多领域有着引领性的实践。还有一个原因在于，在环境、发展等这些全球治理的新领域，美国受制于其相对削弱的物质能力和尚未确立的制度霸权，以议题引领和创设来抢占道德高地，确保未来的规范和机制对其最为有利。具有代表性的是美国对于"能源-粮食-水安全纽带"概念的提出。"安全纽带"（security nexus）这一概念最先由美国进步中心（Center for American Progress）于2010年提出，后来成为奥巴马政府决策的重要参考。随后，美国进一步将此概念付诸实践，在参与中亚的制度嵌置过程中，专门组建了关于"水-能源-食品"纽带安全的中亚智库网络，在此基础上推出中亚跨界水资源治理顶层方案，具体包含信息、教育培训、水金融等方面的内容，希望以此解决跨界水资源治理面临的困境。

其次，美国通过创建合作平台，或借助现有合作平台落实其主导议题或主张。美国在亚太地区创建的水外交合作平台包括：一是2009年美国邀请缅甸加入"湄公河下游倡议"（Lower Mekong Initiative），与泰国、越南、柬埔寨、老挝在湄公河下游开展合作，为了在合作对话过程中主导议题，合作平台的组织架构和机制几乎由美国设计和主导。例如，"湄公河下游之友"（Friends of the Lower Mekong，FLM）的部长级会议机制，除下游五国外，还包括澳大利亚、日本、韩国和新西兰的外长，以及亚洲开发银行、欧盟和世界银行的高级代表，这显然将湄公河下游倡议嵌入了美国的联盟之中。它在中国迅速扩大的援助和在湄公河地区的影响力之间展现了明确的政治平衡内涵。美国还引入了"预测湄公河"（Forecast Mekong）模型工具，以显示气候变化和经济发展情景对湄公河以及依赖湄公河维持生计的人们的影响。二是美国于2012年提出的"亚太战略合作倡议"（Asia-Pacific Strategic Engagement Initiative），以及美国国际开发署于2019年提出的"湄公河保障措施"（USAID Mekong Safe Guards）。包括"湄公河下游倡议"在内，这三项倡议都是较为综合性的发展援助规划，而水环境问题仅是其中一项支柱，与其他能源、粮食等议题相关联，这也体现出美国创设的合作平台能够实现议题间的相互联动的特点。三是中亚五国外长加美国国务卿合作机制（C5+1）。2016年11月，美国副国务卿托马斯·香农（Thomas Shannon）在记者招待会上表示，在中亚五国外长加美国国务卿合作机制（C5+1）平台上与中亚各国外交部部长讨论了水管理问题，并介绍了美国与加拿大、墨西哥在跨界水资源管理中获得的经验。[①]

美国在创建新的合作平台时，还会积极地借助既有的合作机制和框架。东盟作

---

① 赵玉明. 中亚地区水资源问题：美国的认知、介入与评价 [J]. 俄罗斯东欧中亚研究，2017 (3)：88.

为东南亚地区的综合性一体化组织，是美国在亚太地区的重要战略伙伴。在东盟—美国战略伙伴框架下，双方主要探讨可持续水资源管理方面的合作。美国还借助东盟帮助印度尼西亚、菲律宾和缅甸的 560 多万人获得清洁饮用水以及灾害救助等。亚洲开发银行是美国另一个倚重的平台。截至 2018 年 12 月 31 日，美国已向其出资 230.4 亿美元，并向特别基金捐款和承诺 48.5 亿美元，以推动亚太地区的发展援助项目。美国于 2018 年加入亚洲开发银行的"太平洋区域基础设施"（Pacific Region Infrastructure Facility，PRIF）项目，该项目的一项主要内容便是关于水基础设施的建造。再有，密西西比河河流管理委员会与湄公河管理委员会建立姊妹伙伴关系的合作框架，在此框架下，加强技术研究和人员培训等水资源管理合作，以影响湄公河国家的河流治理。①

接下来，美国在新创设或共享的合作平台进行原则（或规范）嵌置。原则（或规范）嵌置过程通常有隐性和显性两种方式。隐性方式通常利用有利于美国在合作结构中的话语优势来实现。在美国主导的合作平台的架构中，无论是凭借其实力权重，还是其优越的专业、知识储备，美国都自然拥有较强的话语权，这便为美国提供了先验的话语优势。借此，美国可以推动合作伙伴接受其提出的原则、理念。例如，美国为了在对湄公河地区的发展政策中积极纳入可持续、治理和透明度等普遍性理念，于 2014 年 8 月的"湄公河下游之友"第四次会议发表的一份 700 字的简短声明中，七次使用了"可持续发展"一词。而显性的，也是较为直接的方式是，一方面，美国直接将其原则或规范与其援助项目挂钩，再通过已经创建的合作平台将其制度化。改善民主政治环境是美国在亚太地区推行发展援助的主要附加条件，美国政府时常将民主和治理纳入其发展援助政策的关键目标。再有，美国在国际开发署发起的"2015—2019 年中亚战略"中便积极推动以共同管理原则作为水资源管理与合作的指导原则。同时，美国还积极推动中亚在水-能源安全纽带治理中坚持市场原则，推行更加完善的水能互换机制。美国还

---

① 李志斐. 美国的全球水外交战略探析 [J]. 国际政治研究，2018（3）：82.

重点支持在中亚地区施行"水资源综合管理"（IWRM）模式。该模式是一种多元化、去中心化的，以市场原则为基础的"自下而上"的治理模式。倡导和实施"水资源综合管理"的先决条件，是所在国当地已经培育起符合项目运行所需的民主治理和新自由主义市场经济模式，否则就要对当地进行结构改造。在此过程中，美国的盟友、伙伴，以及非政府组织、跨国企业也是原则（或规范嵌置）过程的重要推手。例如，美国联合世界银行、欧盟、瑞士，以及英国在中亚地区共同发起"中亚能源和水开发项目"（Central Asia Energy–Water Development Program），推动"水资源综合管理"模式将水资源安全和能源安全结合起来，促进国家和地区层面水资源和能源的整合。同时，美国地质调查局（USGS）和国家航空航天局（NASA）提供了阿姆河流域的水文监控信息，而摩托罗拉公司、卡特彼勒工程公司等美国跨国企业则在阿姆河流域开展区域信息和战略资源的开发建设。

第 4 章　全球能源安全与治理发展

随着全球化的发展，全球治理越来越关系到国际体系的稳定。能源治理也逐渐成为全球治理的一个重要领域，对国际体系的稳定发挥重要作用。近年来，全球能源格局与石油供应结构都发生了显著的变化。首先，世界石油生产重心呈现"东降西升"的趋势。欧佩克受到美国页岩油气产能上升的影响，其能源实力逐渐下降，在全球原油市场的地位逐渐被边缘化。其次，"多中心"趋势浮现，巴西盐下石油、几内亚湾和墨西哥湾深海油气勘探开发、加拿大油砂和委内瑞拉重油开发等各种新的供应源逐步出现。此外，石油正在被新能源技术替代，通过降低可再生能源的成本，能源技术的发展将降低人类对化石燃料的依赖。最后，全球能源消费的主流已从"碳化"转向"脱碳"。英国石油公司（British Petroleum）表示，气候变化和低碳排放将导致 2040 年石油消费达到峰值。有 194 个缔约方的《巴黎协定》承诺减少化石燃料的消耗。为了环境保护和可持续发展，各方已达成共识，减少化石燃料的使用，提高新能源在全球能源消费结构中的比重。

4.1　传统安全维度：生产国与消费国内外政治博弈

能源不仅仅是一种普通商品，它还具有政治属性。能源是国家政治和经济发展的重要基础，它为国家的经济发展奠定了坚实的物质基础，能够增强国家的综合国力，使国家能够奉行独立自主的外交政策，在国际政治中具有广泛的影响力。罗伯特·贝尔格雷夫等从国家角度来界定能源安全，认为能源安全是指一国政府及其消费者相信在可预见的将来，在国内或国外有足够的能源库藏及生产可以达到其能源需求；①约瑟夫·隆美尔则从比较系统的角度分析了一国如何追求或实现能源安全，认为追求能源安全的目的包括追求经济竞争最大化，以及降低对环境破坏的平衡，来确保稳定与可依赖的能源服务。他不仅强调了供给侧的重要性，更强调了在能源循环过程中制造的污染及需求侧因素的重要性。中国学者对能源安全的研究多以国家视角为主，但也有人从宏观体系视角来分析界定能源安全的概念。杨洁勉等从全球治理的角度分析了能源安全的概念以及与能源安全和环境变化的关系，认为当前的能源不仅包括化石燃料的供应安全，还包括对气候变化、生态环境、可持续发展战略等问题的关注。围绕能源，以石油输出国组织（OPEC）为代表的能源生产国合作机制与国际能源署（IEA）等为代表的能源消费国合作机制间不断进行政治博弈，这也是传统能源安全最突出的特征。

4.1.1 中东：全球能源地缘博弈的重点地区

中东区域拥有大量的石油和天然气资源。从石油储量来看，沙特为366亿吨、伊朗为216亿吨、伊拉克为201亿吨、科威特为140亿吨。中东地区在全球能源市场依然扮演着举足轻重的角色。至2018年，中东地区石油占全球出口份额仍然高达45%左右。然而，中东当前正处在冷战以来最动荡的时期，国家内部、地区国家之间、域外大国与地区大国之间的关系均发生了新的变化，地区地缘政治正处于重塑之中。不容忽视的是，中东地区一直是大国博弈的主战场，是主要大国力量碰撞、不同治理模式相互比拼的竞技场和试验田。在种种因素的影响下，中东地区成为世界上政治体系最复杂、社会最动荡的地区之一。

美、俄等大国的社会经济发展十分依赖于中东石油市场的稳定，因此高度重视中东地区的政治安全与冲突局势的发展，在此背景下，中东地区内的政治、宗教冲突则进一步放大了该地区的能源地缘政治冲突，因此中东地区长期成为世界能源地

---

① BELGRAVE, ROBERT. The uncertainty of energy supplies in a geopolitical perspective [J]. International Affairs, 1985 (4) .

缘政治的焦点区域。美国长期主导该地区的能源博弈，中东石油输出国也凭借石油获得了较大的国际政治权力。值得注意的是，中东石油输出国与俄罗斯、中国和印度等非西方国家加强能源合作，这些具有新能源市场的国家正逐步增强对中东的地缘政治影响。

参与中东能源博弈的域外大国包括美国、俄罗斯、欧盟、日本、中国、印度等国。各大国根据各自的能源资源需求和能源发展战略，围绕不同类型的能源和能源金融产品形成了各自的领先地位。首先，美国试图长期维持在中东的主导地位，并加紧驱逐俄罗斯等国的势力。美国的中东政策与控制石油资源密切相关。控制中东的石油资源，一方面可以达到保障美国石油消费安全的目的；另一方面可以遏制竞争对手的发展，保持其世界领先地位的稳定。美国不仅在中东部署了大量军事力量，而且通过石油美元维持了在中东地区的能源优势。一方面，美国和沙特签署协议，将油价直接与美元挂钩，确保所有产油国的需求都依赖美元。另一方面，通过向中东开放金融市场和接受石油美元存款，石油美元可以在美国购买房地产。通过投资证券和购买政府债券吸收石油美元资金，促进出口"石油美元"的回流。美国依靠美元金融的垄断地位，通过将美元与石油直接挂钩，建立石油供求关系。石油原料与石油美元之间的相互依存关系，以及美元在中东和美国之间的流出和回流，是美国控制中东石油资源的重要手段。[①]此外，美国还先后提出一系列与中东产油国的经济援助合作计划，如美国中东伙伴关系倡议、美国中东自由贸易区等，以此改造中东国家的经济体制，将经济援助与人权和民主联系起来，向该地区输出美国的自由和民主价值观，并促进中东的民主化，从而控制中东国家的石油政策。随着页岩油气技术的突破，美国可能在不久的将来成为能源净出口国。中东油气资源在美国能源战略中的作用已逐渐从满足国内刚性需求的供给来源转变为美国控制国际油气市场的工具，而后者的战略意图明显不如前者。但是美国并不打算放弃对中东的主导权，美国仍然需从中东进口石油以及通过石油与美元挂钩创造利润。页岩革

① 孔祥永. 地缘政治视角下的美国石油安全战略 [J]. 世界经济与政治，2012（3）：26-36.

命为美国带来的能源优势和全球能源市场的变动对于美国和其盟国的关系也造成了一定的冲击。如沙特"去石油化"努力和"向东看"战略都引起了美国的警觉。另外，为了吸引盟友及建立利益共同体，美国仍然在保护盟国在中东的石油利益。同时，对于美国来说，对伊朗进行地缘封锁和应对宗教极端主义的挑战都是其重要的地缘战略目标。因而，美国在继续保持自身影响力、确保这一地区不被其他大国所控制的同时，减少本身的战略投入，而让其盟友，特别是沙特、土耳其和以色列等盟国发挥作用。

4.1.2　欧佩克与西方发达国家的能源话语权之争

为稳定油价、保障产油国利益，欧佩克（石油输出国组织的简称）从20世纪70年代开始，不断与西方垄断资本进行博弈，利用石油资源与协调成员国间的石油政策长期影响国际油价，欧佩克采取提价、减产、禁运等手段与西方大国进行抗争，迫使西方石油公司无法继续垄断石油定价，维护了自身在石油生产链中的利益，获得了较大的国际政治权力。沙特的石油产量位列世界前三，也是欧佩克中话语权最大的国家，石油是沙特经济的支柱产业和能源战略的最重要组成部分。沙特的主要战略目标如下：将油价浮动限制在较合理的范围内，稳固世界能源结构中石油的地位及竞争力，实现石油收入最大化，促进本国经济的良性发展；保证本国在国际石油市场的份额，保持在欧佩克的主导地位，加强欧佩克的凝聚力和在国际石油市场上的影响力；依托资源优势，通过推动下游产业快速发展、完善石油产业链、提高石油附加值，实现本国经济多元化。石油资金帮助沙特免于"阿拉伯之春"带来的冲击。

而"阿拉伯之春"后，欧佩克集体行动能力减弱，成员国的异质性增加。一方面，欧佩克内部分裂为更倾向于保持石油在能源市场中竞争力的"鸽派"与更加注重自身经济利益的"鹰派"，双方在减产问题上相持不下，在2015年是否需要减产以及2016年减产协议的具体内容中，沙特与伊朗分别走向了两个极端，沙特希望减产协议不对其市场份额造成影响，而伊朗试图通过得到产量豁免权来夺回其原有的市场份额，弥补此前的损失，减产问题的优先级最低。在 2016 年 10 月底的欧佩克专家会议上，沙特表示要加大产油量压低油价，威胁伊朗同意减产。这些分歧使欧佩克减产协议难以达成；同时，政治体制与宗教派别的差异也在不断削弱欧佩克成员国间的互信。[①]这种不断出现的成员间异质性给欧佩克协调集体行动带来困难，加上内部缺乏刺激成员采取行动的机制，使得欧佩克更加松散、行动更加困难。

削弱、操纵或控制欧佩克是美国在中东能源政策中的重要目标。美国对欧佩克成员区别对待，力图破坏欧佩克成员之间的合作基础。当美国在石油市场上与欧佩克协调有困难时，往往会利用其与沙特等欧佩克成员的特殊关系在欧佩克内部制造分歧和矛盾，从而破坏其协调石油政策的能力。2014 年，石油输出国组织中石油和天然气生产能力最强的伊朗，在油价下跌的情况下，并没有像往常一样要求减产来支撑油价，而是暗示可以容忍低油价。这与其核谈判的最后期限、急需取悦六大国、恢复石油出口份额、解除制裁有关。

2017 年 5 月，特朗普访问沙特，强调美国与沙特之间的密切关系。此外，在为期两天的访问中，特朗普与沙特签署了 500 亿美元的能源领域合作协议，但与此同时，特朗普要求沙特每天增加 200 万桶石油产量，这无疑是要求沙特破坏欧佩克的产量配额制度。在"卡舒吉谋杀案"发生后，沙特面临前所未有的国际舆论压力，因此沙特不得不将石油产量作为重要的经济筹码，以赢得美国的支持。同时，美国也把以色列作为中东阿拉伯世界的外围亲密盟友加以扶持，通过以色列对海湾地区的威胁（主要是由于其波斯湾石油出口管道的重要战略位置及其对中东产油国的政治威胁），加强沙特、科威特等国在国家安全方面对美国的军事依赖。

然而，中东地缘政治紧张局势可能抵消原油价格上涨带来的经济收益。恐怖主义和极端主义的蔓延威胁到沙特皇室政权的生存，也门危机也可能破坏石油供应的稳定。欧佩克国家的经济调整和社会转型需求也可能对国际油价构成下行压力。由于石油价格的下跌会影响到中东国家的政治和社会稳定，故而为了争取民众支持，

---

① 陈腾瀚. 欧佩克内部派系之争的原因、影响及走向 [J]. 现代国际关系，2017（9）60.

避免社会革命，欧佩克国家大都实行高福利、高能源补贴政策。如果国际能源转型导致国际油价下跌的时间持续过长，政府财政收入锐减，外汇储备耗尽，那么这些国家维持国家和社会稳定的能力也将面临更多的挑战和不确定性。[①]因此，美国在20世纪的大部分时间里控制了石油价格，但在20世纪70年代将石油定价权归还欧佩克国家。当下，在美国能源地位转变、欧佩克内部分裂等一系列的变化下，最终定价能力又重新回到美国金融资本和西方石油公司手中。

4.1.3　欧盟基于绿色低碳的能源战略

欧盟以《欧洲绿色协议》为框架打造零碳欧洲。核心内涵主要包括以下几点内容：

第一，落实"欧洲绿色新政"行动路线图。2020年3月4日，欧盟委员会公布《欧洲气候法》草案，决定以立法的形式明确到2050年实现气候中立性的政治目标。该草案经欧洲议会和欧盟理事会审议批准后，将成为欧盟首部气候法，对欧盟所有成员国具有约束力，主要通过减排、投资绿色技术和保护自然环境，实现欧盟国家的温室气体净零排放。建立《欧洲气候法》的目的是以社会公平和具有成本—效益的方式，通过所有政策确定实现2050年气候中立性目标的长期方向；创建监测进展的系统，在必要时采取进一步行动；为投资者和其他经济参与者提供市场预测；确保向气候中立的过渡不可逆转。[②]《欧洲气候法》将对区域内政策监管与政策协调起到积极作用。正如欧盟委员会在《欧洲绿色协议》中所指出的，"欧盟的所有行动和政策都应齐心协力，帮助欧盟成功和公正地过渡到气候中立和可持续的未来"，以促使各级政府、民间社会组织、商界、投资者和其他利益相关方及公众积极参与[③]。根据草案，《欧洲气候法》第3条第1款赋权于欧盟委员会，使之有权通过授权法案对

① 吴磊，杨泽榆．国际能源转型与中东石油［J］．西亚非洲，2018（5）：142~160.

② EUROPEAN COMMISSION. European Climate Law［EB/OL］．［2023-02-23］．https：//ec.europa.eu/clima/policies/eu-climate-action/law_en.

③ 王冉，姚颖，赵海珊．欧盟公布首部〈欧洲气候法〉草案——草案主要内容及舆情分析［J］．国际环境观察与研究通讯，2020（3）.

《欧洲气候法》进行补充，并在联盟层面确定一条实现2030年与2050年目标的可行路径。同时根据草案第5、6、7条，以各会员国提交的国家能源和气候计划、欧洲环境署（EEA）与欧盟气候委员会报告、欧洲统计数据等信息为依据，欧盟委员会可以据此对成员国所采取的气候中性措施以及所取得的气候中性进展与气候变化适应性进一步展开五年为一期的评估。以法律形式确定的正式监管措施无疑对于提升欧盟的绿色政策一致性有着积极作用。此外，欧盟2021年2月通过《打造适应气候变化的欧洲——欧盟适应气候变化的新战略》，旨在通过更明智、更系统和更快速的适应以及加强国际行动，来实现具有气候恢复力的欧盟的2050年愿景。

第二，率先提出地区"碳中和"目标和气候中和目标。气候中和（climate neutrality）作为展示欧盟价值体系的重要抓手，在欧盟多个成员国具有强大的民意基础。欧盟在2019年12月的《欧洲绿色协议》中提出，到2050年成为世界第一个气候中和的大洲，打造气候中和的经济体，为《巴黎协定》实施细则的谈判提供气候雄心。它的总体目标是于2050年过渡到气候中和、环境可持续、资源高效以及具有韧性的经济，以及到2030年至少减少55%的温室气体排放量，并且保护、维持和增强欧盟的自然资本的雄心。此外，与能源结构转型相关的内容还包括为所有人提供可持续的交通，向绿色出行转变，提供更多清洁、便利的交通工具。到2030年减少55%的汽车排放量，减少50%的货车排放量，到2035年，新车的排放量目标为0。同时，对交通系统的改革还包括空运业和航运业。欧盟委员会提议将可再生能源在欧盟能源结构中的约束性目标提高到40%，到2030年，最终和初次能源消费总体减少36%~39%，2030年可再生能源在建筑中使用的比例达到49%。要求各成员国在2030年之前，每年将可再生能源在供暖和制冷中的使用增加1.1个百分点。

第三，致力于引领打造全球零碳社会和绿色价值链。为了支持绿色转型，促进负责任和可持续的价值链，欧盟委员会利用自身在国际贸易中的主导地位，在多个领域率先展开行动，包括：与非洲合作，将气候和环境问题纳入双边关系的核心；与占全球温室气体排放80%的G20国家进行接触；在波兹南峰会之后，为西巴尔干地区制定了绿色议程；与拉美、加勒比、亚太等伙伴国家和地区建立绿色联盟。欧盟议会通过了碳边境调节机制（Carbon Border Adjustment Mechanism，CBAM）的议案，是全球第一个以碳边境税作为贸易工具的国家集团，对全球贸易的脱碳进程将产生深远影响。欧盟强调打造以碳循环经济、氢能战略（EU hydrogen strategy）等为代表的绿色价值链和绿色供应链，欧洲清洁氢气联盟同样也是欧盟绿色一体化的尝试与努力之一。欧洲清洁氢气联盟的目标是到2030年实现氢气技术的宏伟部署，将可再生和低碳氢气生产、工业、交通和其他部门的需求以及氢气传输和分配结合起来。通过该联盟，欧盟希望建立其在该领域的全球领导地位，以支持欧盟到2050年实现碳中和的承诺。欧洲清洁氢气联盟汇集了工业界、国家和地方公共当局、民间社会和其他利益攸关方。

第四，在全球率先推动气候变化立法，成为气候变化法律先行者。欧洲议会于2020年3月4日出台了《欧洲气候法》（European Climate Law）草案，2020年3月10日公布了《欧洲新工业战略》（A New Industrial Strategy for Europe），翌日欧盟又颁布了《新循环经济行动计划》。这些政策和行动计划旨在帮助欧洲经济向气候中和以及数字化转型，以提高其全球竞争力。2021年4月21日，欧洲理事会（European Council）发表公告称，欧洲理事会、欧洲议会（European Parliament）及各成员国议会已就《欧洲气候法》达成了临时协议，这意味着欧洲在2050年实现"碳中和"的承诺将被写入法律，为其他国家提供立法参考。

第五，欧洲能源系统一体化战略及欧洲氢能战略。欧盟能源系统一体化战略是指将各种能源载体，如电、热、冷、气、固体和液体燃料相互联系，并与建筑、运输或工业等终端使用部门联系起来，使能源系统作为一个整体得到优化，而不是在每个部门独立进行脱碳和提高效率。它将建立一个更加灵活、更加分散和数字化的能源系统。目前欧盟系统中的跨部门联系需要变得更加强大，使不同的能源载体能够在一个公平的竞争环境中竞争，并利用一切机会减少排放，在此基础上，消费者也有能力作出他们的能源选择并最终实现能源系统脱碳。欧盟氢能战略是欧盟能源系统一体化战略的重要组成部分。氢能可以用作原料、燃料或能源载体，并且可以存储，可在运输和能源密集产业中发挥重要作用，减少温室气体排放。该战略的重点是探索和开发清洁、可再生的氢能，从而以符合欧盟绿色协议的更有成本—效益的方式帮助欧盟经济脱碳，同时也助推欧盟新冠病毒传播后的经济复苏。预计从2030年起，可再生氢能将大规模应用于难以脱碳的行业。

第六，欧盟排放交易体系 （EU ETS）。欧盟排放交易体系是欧盟应对气候变化政策的基石，也是其经济高效地减少温室气体排放的关键工具。它是世界上第一个主要的碳市场，并且目前仍然是最大的市场。欧盟排放交易体系在所有欧盟国家以及冰岛、列支敦士登和挪威（欧洲经济区—欧洲自由贸易联盟国家）开展业务；限制电力部门和制造业以及在这些国家/地区之间运营的航空公司的约 10 000 个装置的排放；约占欧盟温室气体排放量的40%。欧盟排放交易体系根据"上限与交易"原则开展工作。欧盟排放交易体系成立于2005年，是世界上第一个国际排放交易体系。欧盟排放交易体系也在激励其他国家和地区开展排放交易。欧盟排放交易体系第四阶段的立法框架于2018年进行了修订，以确保减排支持欧盟2030年的减排目标，并作为欧盟对《巴黎协定》贡献的一部分。本次修订侧重于加强欧盟排放交易体系作为投资驱动力的作用；继续免费分配配额，以保障存在碳泄漏风险的工业部门的国际竞争力，同时确保免费分配的规则重点突出并反映技术进步；通过专门的资助机制——创新基金和现代化基金，帮助工业和电力部门应对低碳转型的创新和投资挑战。欧盟排放交易体系已被证明是一种以成本—效益方式推动减排的有效工具。根据《欧洲绿色协议》，委员会于2020年9月提出了一项影响评估的计划，以将欧盟的温室气体净减排目标提高到2030年的至少55%。此后，它继续激励着其他国家和地区的排放交易的发展。

第七，努力分担：成员国的排放目标。努力分担立法为成员国制定了2013—2020年和2021—2030年期间具有约束力的年度温室气体排放目标。这些目标涉及未包括在欧盟排放交易体系中的大多数部门的排放，如运输、建筑、农业和废弃物。努力分担立法是气候变化和能源政策及措施的一部分，将有助于推动欧洲走向低碳经济并提高其能源安全。根据现行法规，与2005年的水平相比，到2020年，成员国的目标是共同减少欧盟各行业排放总量的10%左右，到2030年减少30%。

与受欧盟层面一级监管的欧盟排放交易体系中的行业不同，成员国负责制定国家政策和措施，以限制立法涵盖的行业的排放。

第八，国际气候融资。欧盟碳治理的雄心目标需要大量的资金支持，根据统计预测，要实现原有的2030年气候和能源目标，每年需增加2 600亿欧元的投资，约占2018年GDP的1.5%。而随着雄心目标的提高，欧盟碳减排的资金需求将会进一步增大。欧盟将继续支持发展中国家的气候行动。欧盟各成员国（包括英国）和欧洲投资银行是2019年向发展中国家提供公共气候融资的最大贡献者，同时还是世界最大的官方发展援助提供者。2019年，欧盟委员会向发展中国家提供了25亿欧元，其中大部分用于应对气候适应活动。此外，欧洲投资银行在2019年向发展中国家提供了31亿欧元的气候融资，为非洲和其他地区的能源效率和可再生能源项目提供资金，其常与欧盟委员会和欧盟成员国机构共同提供资金。欧盟支持发展中国家政策对话和具体、有针对性的气候行动的主要渠道是全球气候变化联盟+（GCCA+）。欧盟将运用新的金融工具，特别是欧盟对外投资计划，以支持可融资的气候相关发展项目。绿色气候基金成立于2010年，以支持发展中国家减少温室气体排放和适应气候变化。自2014年以来，它已获得价值103亿美元的初步认捐。欧盟成员国已承诺其中的近一半。一些欧盟成员国还提供了约95%的年度自愿认捐份额，以确保适应基金的运作。欧盟委员会将为适应基金提供1 000万欧元的支持。各国需要吸引更多的公共和私人融资，以过渡到气候友好型经济并推动可持续经济增长。应将国际气候融资用作激励气候适应型低碳投资的杠杆，补充发展中国家的国内资源。欧盟的做法是双重的：直接向最贫穷和最脆弱的国家提供赠款；通过将赠款与来自公共和私人来源（包括双边和多边开发银行）的贷款和股票相结合，使用赠款进行私人投资。①

---

① EU COMMISSION. International climate finance［EB/OL］.［2023-02-23］. https：//ec.europa.eu/clima/policies/international/finance_en.

4.1.4 中东：主要生产国内部地缘政治不稳定

"阿拉伯之春"导致中东国家进入政治转型期和地缘政治失序期，当前国际油价处于低位，中东国家民生问题突出，社会矛盾激化。与此同时，地区大国亦展开地区领导权之争。

第一，中东各国可持续发展水平的下降是地缘政治不稳定的根源。可持续发展指标是衡量一国社会、经济和环境发展的综合评价指标，也是国家稳定的基础。从表 4-1 可以看出，2016—2018 年间，大部分中东国家可持续发展水平逐年下降，尤其是失业和物价上涨等民生问题突出，动摇国家的稳定基础。2019 年 4 月，苏丹发生军事政变，总统巴希尔下台，政治治理与民生问题是政变发生的重要原因。据英国经济学家情报社统计，2016—2018 年间，该国消费物价通胀率分别高达 30.2%、25.2% 和 71.6%。因此，苏丹出现了连续数月的抗议示威活动，国内经济状况不断恶化、物价高涨、生活必需品供应短缺等因素是政变发生的直接导火索。

表 4-1　　　　中东可持续发展（SDGs）指数（2016—2018 年）

国家	2016年SDGs指数	2017年SDGs指数	2018年SDGs指数	国家	2016年SDGs指数	2017年SDGs指数	2018年SDGs指数
苏丹	42.2	49.9	49.6	伊拉克	50.9	56.6	53.7
也门	37.3	49.8	45.7	埃及	60.9	64.9	63.5
阿拉伯联合酋长国	63.6	66	69.3	黎巴嫩	58	64.9	64.8
约旦	62.7	66	64.4	叙利亚	—	58.1	55
土耳其	66.1	69.5	66	伊朗	58.5	64.7	65.5
沙特	58	62.7	62.9				

资料来源：Sustainable Development Solutions Network. SDG Index and Dashboards: A Global Report [EB/OL]. [2023-02-23]. http://unsdsn.org.

第二，地区主导权之争激发了中东国家间的地缘政治矛盾。其一，沙特、伊朗、以色列等地区强国不断争夺中东区域内地缘政治的主导权。中东地区逊尼派与什叶派、沙特与伊朗、阿拉伯国家与以色列、阿拉伯国家与土耳其之间的冲突频繁发生，并且"阿拉伯之春"以来，中东地区大国地缘冲突升级，沙特与伊朗的冲突甚至超越巴以问题，成为中东地区的首要冲突问题。这些矛盾使得双方不断介入也门、叙利亚、伊拉克的战乱中，严重影响了该地区的政治稳定。在也门，多国联军与胡塞武装间的激烈冲突实际上是沙特与伊朗争夺地区主导权之争。这不仅使得也门部分原油产区停产，也对沙特部分原油输送管道及油轮运营安全造成严重影响。其二，欧佩克内部对市场份额的争夺也愈发激烈，使其集体协调愈发困难。2017年6月，沙特、阿拉伯联合酋长国、埃及、巴林等国以卡塔尔"支持恐怖主义""破坏地区安全"为由，断绝与卡塔尔的外交关系，并向其施以经济和政治制裁。卡塔尔否认指控，拒绝同伊朗外交关系降级的要求，并于2019年初正式退出欧佩克。卡塔尔的退出一方面显示出天然气市场对石油市场的挑战，另一方面进一步削弱了欧佩克的内部凝聚力，或可引发其他成员的接连"退群"，是地缘政治更加棘手的表现。此外，中东国家的能源之争也不利于实现和平，叙利亚问题背后的天然气管道之争就是很好的例子。

第三，土耳其—叙利亚—伊朗能源合作加深了中东国家的裂痕。天然气能源作为各国改善环境和促进经济可持续发展的利器而日益受到重视，欧洲和亚洲两个世界最大的天然气消费市场都在不断扩展多元天然气进口来源。由于叙利亚是波斯湾天然气输欧管道的必经之地，但该国由于与伊朗签署了建设一条伊朗通往欧洲的天然气管道协议，激化了它同中东其他利益相关国家的矛盾。然而，土耳其也在不断推进连接叙利亚、土耳其、伊拉克与伊朗的输欧天然气枢纽，并在中东国家能源关系中打入楔子。

第四，近年来，中东地区的地缘政治从传统安全领域向非传统安全领域扩展，如打击区域恐怖组织等本应得到区域共识，但却不断被不同国家利用，成为国家间政治博弈的牺牲品。例如，沙特和伊朗都相互指责双方支持恐怖主义组织，土耳其和伊朗都借反恐之名参与叙利亚战争，这些政治博弈导致中东地区能源安全逐渐政治化。

4.2　能源运输过境安全

影响中国能源安全的外部地缘政治因素有：

第一，主要进口国家政治风险较高。以 2017 年为例（参见图 4-1），在中国的石油进口来源中，传统能源输出大国俄罗斯占 14%，居首位；随后是沙特（12%）、伊拉克（9%）等。从总体来看，伊朗、伊拉克、委内瑞拉、安哥拉、俄罗斯等国家政治风险偏高，这主要是这些国家受国内政治局势、社会治安、宗教极端组织活动，以及外部大国制裁等内外因素的影响。

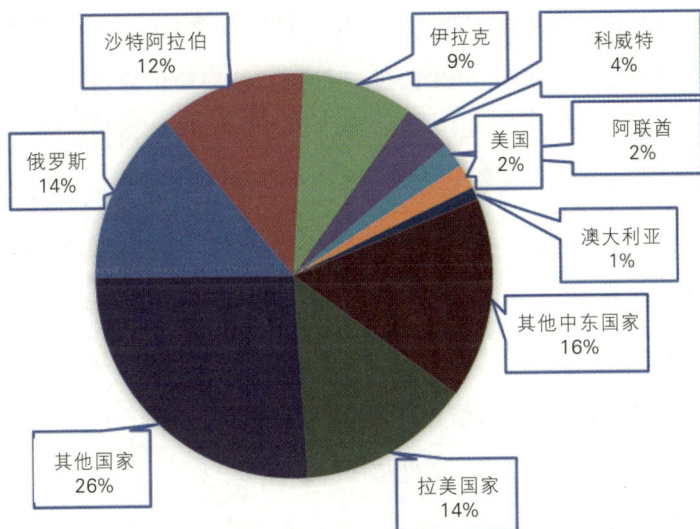

沙特阿拉伯 12%
伊拉克 9%
科威特 4%
美国 2%
阿联酋 2%
俄罗斯 14%
澳大利亚 1%
其他中东国家 16%
其他国家 26%
拉美国家 14%

图 4-1　2017 年中国石油进口来源比例

从地域上看，中东地区占中国石油进口的近半壁江山，但该地区的地缘政治不稳定，不利于中国的能源供应。其中，美国、俄罗斯等外国势力的介入，以及与这些地区国家间的摩擦，导致中东地区热点事件频发。虽然美国已经接近实现"能源独立"，但不会放弃对中东油气资源的控制，继续维持油气美元结算体系。此外，为了维护其在中东地区的霸权利益，打击叙利亚境内的恐怖组织，进行人道主义干预，以此为借口介入叙利亚战争。而俄罗斯则以巴沙尔政府为借口介入叙利亚战争，扩大其在中东地区的影响力。此外，中东地区形成了美沙以、俄伊土叙的博弈，这将对中东地区未来的地缘政治结构和能源供应产生重要影响。2018年5月9日，美国宣布退出《伊核协议》，并对伊朗实施"最高级别"的制裁，随后伊朗封锁霍尔木兹海峡。2019年5月1日，美国宣布暂停伊朗的石油豁免权，并对其实施全面制裁。5月9日，林肯号航母战斗群通过苏伊士运河进入红海，使美伊关系紧张，中东局势更加紧张。此外，极端组织"伊斯兰国"残余势力与中东其他极端组织一起，继续向中东和非洲蔓延，将长期扰乱中东政治生态。

第二，中国石油进口路线严重依赖印度洋—马六甲航线，进口通道风险加大。中国的石油进口路径包括陆运和海运，其中，进口自俄罗斯的石油可通过铁路、管道输送，潜在风险较低，但近90%的进口石油运输需要依靠海运，因而需着重考虑船运风险。目前，中国进口石油主要通过六条海上贸易通道进行，即中东、北非、西亚、亚太、中南美、俄罗斯六大航线，其中霍尔木兹海峡和马六甲海峡海上航线十分重要。从表4-2可以看出，中东航线（中东—霍尔木兹海峡—马六甲海峡—中国）风险系数为8，北非、西非以及亚太航线风险系数均为5，太平洋航线为2，中国平均安全风险较高，约为5.27，而且在2000—2015年期间较为稳定，维持在5.0左右，并未出现下降的趋势。由此可以看出，中国石油进口的海运路线单一，抗风险能力总体较差，安全系数相对较低。

从全球能源供需市场角度看，进口来源、通道地缘安全等能源地缘政治要件始终影响着中国能源进口市场，然而技术、市场结构等动态要件则改变了中国能源安全环境。从静态看，以欧佩克成员、俄罗斯、美国等为代表的有着丰富化石能源的国家仍旧是世界能源体系中重要的生产国和主导国，对于传统化石能源产地及进出口运输通道的控制仍然是大国博弈的核心，而美国依然掌控着印度洋、波斯湾、地中海、南海等海域及马六甲海峡、霍尔木兹海峡、苏伊士运河、巴拿马运河等具有重要能源地缘意义的海上通道。

表4-2 中国石油海运贸易路线

地区	贸易线路（海运）	距离（海里）	运输量（万吨）	进口份额	风险系数
中东	中东—霍尔木兹海峡—马六甲海峡—中国	5 477	17 040	51%	8
北非	北非—地中海—直布罗陀海峡—好望角—马六甲海峡—中国（不包括台湾地区）	14 481	390	1%	5
西非	西非—好望角—马六甲海峡—中国	9 440	5 230	16%	5
亚太	亚太地区—马六甲海峡—中国台湾海峡—中国大陆	4 514	830	2%	5
中南美洲	太平洋航运路线	9 285	4 170	12%	2
俄罗斯	俄罗斯	陆运	4 240	13%	—
通道供应风险（平均）					5.27

其中，地中海更是被美国视为全球石油的"水龙头"，并将其作为影响中国等新兴陆权大国的重要工具。当前，中国对能源需求量大、进口量多，中东地区和印度洋等海上运输通道地缘政治关乎中国能源安全，大国竞争对中国能源安全产生诸多不确定性的风险。但从动态视角看，全球能源结构转型和市场变化促使油价降低，推动中国能源安全在转型中相应发生变化。美国"页岩油气革命"和特朗普政府的传统能源政策，使欧佩克在全球原油市场中的地位下降，世界能源生产重心呈现出"东降西升"的趋势，且能源消费需求逐渐向东移，中国、印度等发展中国家的能源需求增长将占据主要部分，能源对外依存度增加。此外，全球能源体系中的清洁能源取得极大进步，低碳技术显著提升，新能源正在加速对石油的替代。联合国秘书长古特雷斯强调，国际社会必须在2020年之前减少温室气体排放，推动气候行动并迅速摆脱对化石燃料的依赖，2018年联合国气候变化大会达成了《巴黎协定》实施细则，194个国家继续推进减少化石能源使用的国家自主战略。目前，中国可再生能源产量位居全球第一，在能源低碳化过程中占据了领先优势。因此，随着全球能源结构转型和能源治理的推进，中国的能源安全状况会逐渐改善，中国

也将迎来新的能源安全战略机遇期。

4.3 能源金融价格稳定性安全

4.3.1 1986—2020年历次油价大幅下跌回顾及总结

能源安全和国际政治博弈长期密切相关，国外对能源安全的重视和研究起始于20世纪70年代石油危机带来的南北资源政治博弈，约瑟夫·奈（Joseph Nye）所著的《能源与安全》从南北政治博弈等角度来阐释20世纪70年代油价震荡和国际格局变化。英国学者琼·密切尔、皮特·贝克和麦克尔·格鲁伯合著的《新的能源地缘政治学》则提出美国等主要大国通过政治、军事和外交努力来创造更好的能源外部环境，加强能源区域内合作。丹尼尔·耶金（Daniel Yerkin）则重视全球经济相互依存带来的国际政治博弈现象，提出石油价格博弈应在一个全球平台上进行。美国学者则强调在油价震荡中的大国经济竞争力博弈。因此能源政治经济博弈始终是分析油价震荡的主要逻辑。能源政治经济博弈的主体是进口国和出口国，对于能源进口国来说，能源安全指以可承受价格获得充足的能源供应；对于能源出口国家来说，它们关注的是能源市场的可持续稳定和需求安全，欧佩克（OPEC）国家数次在国际关系危机中表现出资源民族主义，以能源为武器和手段，试图通过提高油价，增加石油收入来达到其政治目的，净出口国和工业化消费国都采取各种策略以确保更大的安全性或影响价格，以符合自己的利益。目前美国、俄罗斯和沙特三国原油产量占据全球前三位，合计产量已经超过全球总产量的1/3（见图4-2），这三个国家的石油生产政策主导了欧佩克的石油生产政策，使得欧佩克其他成员国被边缘化。近年来，欧佩克的减产协议主要反映的是沙特和俄罗斯的意志，其他中小成员国并无决定权。欧佩克对原油市场的影响力实际上掌握在少数拥有剩余产能的国家手中，尤其是沙特这样拥有全球最大剩余产能的国家。

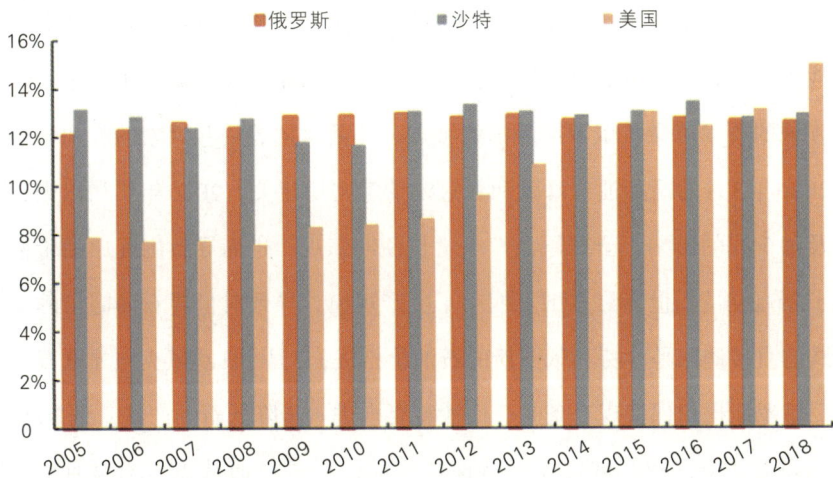

图 4-2　沙特、美国和俄罗斯三国的原油产量占全球原油产量的份额

　　国际石油市场油价的不稳定和世界不同油气地缘政治区域的冲突是由多种因素造成的，其中主要因素包括政治因素和经济因素。如图 4-3 所示，历史上的石油价格暴涨主要是产油国地区的地缘关系紧张所导致的，最突出的例子就是 1973 年的石油危机，1984 年的石油危机则可归纳为产油国与石油消费国之间的关系紧张而伴随的供给不足，或者是石油消费国之间竞争而带来的需求猛增。从权力视角来看，石油价格暴跌主要是产油国之间的竞争，或者是消费国针对产油国的地缘斗争，特别是各国利用国家的权力，使其能源公司在竞购资源方面具有竞争优势：消费国通过外交手段在能源合同的侧面加强其供应状况，而生产国则通过外交手段加强进入市场或储备的机会。1983 年到 2003 年初，油价一直徘徊在 30 美元之下。2009 年金融危机冲击，国际油价出现大幅回落。2010 年（特别是 2014 年）以来地缘政治事件频发，但对全球原油价格的影响有限，短期内拉升全球原油价格，市场担忧得到缓解后油价趋于正常。2014 年的油价暴跌没有非常明显的触发点，是综合性因素共同作用的结果。与 1985 年美苏地缘政治冲突、1997—1998 年亚洲金融危机和 2008—2009 年的美国次贷危机这几个由标志性事件触发的油价下跌相比，此次下跌是在 2013 年底克里米亚事件后，美国主动进攻、利用能源价格和金融武器遏制俄罗斯的背景下产生的。当前地缘斗争

都是围绕油价展开的，也可以说石油地缘政治经过几十年的沉寂，石油武器不再作为附带性战略武器，而是成为俄罗斯、沙特、美国等国家展开战略竞争的主要推手，这与油气领域的技术革命、俄罗斯经济的特点、美俄对抗等一些因素的叠加影响是分不开的。2020年3月的国际油价暴跌和新冠疫情等密切相关，2020年年初以来，受新冠疫情以及油价战的影响，全球原油需求增长预期悲观，进而导致国际原油价格大幅下跌。由于新冠疫情，世界许多国家缩小了生产规模，导致对世界石油需求的下降。但这次下跌的直接诱因是沙特和俄罗斯的石油价格战，3月6日欧佩克与非欧佩克产油国会议后，俄罗斯提议保持现有条款，而沙特要求进一步降低石油产量，到2020年年底将日产量减少150万桶。俄罗斯坚持保持目前的产量，而从2020年4月1日起任何"OPEC+"的参与者都不再承担任何限制产量的义务。沙特因此增产并降低石油价格。随着特朗普政府不断介入石油博弈，生产国终于4月12日在"OPEC+"框架下达成减产协议，拟在第一阶段自2020年5月1日起减产970万桶/日，然而考虑疫情导致的供需巨大差距，生产国之间合作基础薄弱，国际市场对于世界生产国联手减产效果缺乏信心，导致减产协议达成后油价继续下跌，4月22日开盘价格为11.8美元。

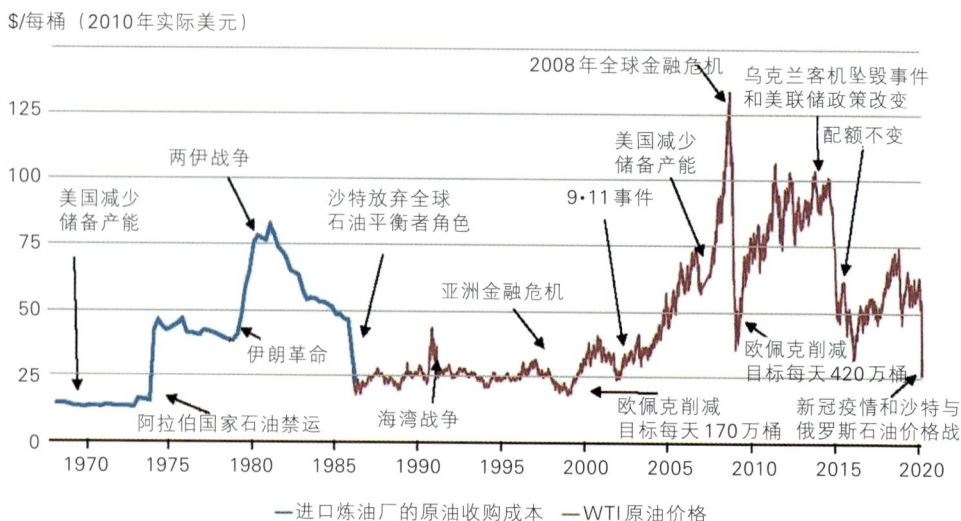

图4-3　原油价格对各种地缘政治和经济事件作出反应

从结果上来看（见表 4-3），历次油价暴跌都带来了巨大的地缘政治经济影响。1986 年的暴跌可谓是彻底打击了戈尔巴乔夫的改革计划，使得苏联一蹶不振，最终解体。1997—1998 年的油价下跌，从金融上来看是强化了美元这一武器，使得国际炒家对东南亚金融市场的打击更为有力，也导致俄罗斯爆发了严重的主权债务危机。更有人指出国际炒家对亚洲货币市场的打击是受到了美国政府的支持，或者说美国巧妙地借油价下跌来帮助其更好地实施对外政策。2008—2009 年的油价下跌不可否认的是受到全球经济形势的影响，但是也有专家指出，超过 20 美元的下跌说明其已经超出供需的基本面。前面没有提到的一点是 2008 年 8 月发生了俄罗斯—格鲁吉亚战争，而战争发生的时间与 2008 年油价开始暴跌的时间是吻合的。随着 2014 年石油价格的持续走低，卢布汇率也持续走低，俄罗斯的国家财政状况面临着严峻考验。另外，美国则坚持要求保持能源资源开发的开放性，主张生产国、过境国和消费国间协同合作，共同确保稳定的能源供应和消费。2013 年乌克兰危机以来，美国通过金融手段与战略石油储备调节，不断利用多种方式压低国际油气价格。未来，美国可能会维持压低油价的策略，以削弱俄罗斯的能源影响力和整体经济基础。高盛集团（Goldman Sachs）认为，如果国际油价跌破每桶 80 美元，俄罗斯政治将重演 20 世纪 90 年代的动荡。综上所述，通过充分利用现有的国际规则，操控国际油气价格，美国不断削弱俄罗斯的国际影响力。

此外，2014 年下半年美联储退出第三阶段量化宽松政策（QE3），美元持续走强，进一步推动油价下跌。[①]

---

① 美联储于 2014 年 10 月 29 日正式结束了维持两年之久的第三轮量化宽松，此前美联储明确宣布 QE3 的退出时间时，整个大宗商品市场都在发生波动。美国多个经济数据向好，美联储退出量化宽松步伐坚定，且欧元区等外部经济增速相对放缓，下半年美元汇率整体呈现持续走强态势。

表4-3　　　　　　　　　　历次石油价格下跌的因素与影响对比

	1986	1998	2008	2014	2020
博弈方	美国及其对手苏联	东南亚各国、美国、俄罗斯	美国、世界主要国家	西方国家—俄罗斯	沙特—俄罗斯
地缘政治因素	冷战下的美苏对抗	亚洲金融危机	俄格战争	俄乌冲突	沙特政变，俄罗斯宪法修改、新冠疫情
经济因素	沙特石油增产	原油市场过剩供应100万桶/日~150万桶/日	美国次贷危机	美联储进行第三期量化宽松（QE3），美元逐步走强。动荡地区的原油生产也处于恢复状态，利比亚、伊朗和伊拉克等国原油产量显著提升	全球石油供应过剩，疫情致石油需求减少
OPEC行动	集体增产	除伊拉克外集体减产	无	欧佩克各国部长会议决定不减产	谈判破裂，集体增产
油价跌幅	1986年12美元/桶。1990年前处于20美元/桶以下水平	从1997年1月的最高26.6美元/桶降至1998年12月的10.8美元/桶	油价低于100美元/桶	2014年12月跌至57.9美元/桶	5月交货的布伦特原油期货每桶32.28美元。6月期货价格每桶26.6美元。4月的WTI原油期货每桶28.33美元，5月期货价格每桶19.98美元
后果	苏联收入减少数10亿美元，从西方进口物资成本大幅上涨	降低了美国的通货膨胀率，美元利率上升，大量资本回流到美国，使得亚洲金融危机愈演愈烈。俄罗斯卢布大幅贬值，陷入经济危机	西方实体经济萎靡不振、失业率上升，许多国家银行的美元储备纷纷告急	卢布汇率持续走低，俄罗斯财政状况面临着严峻的考验	卢布汇率走低，俄罗斯财政收入减少超过2万亿卢布
能源体系变更	西方各国先后制定了以节能的开发替代资源为中心的能源结构改革计划	无变更	无变更	美国调整能源战略，转向能源出口国	无变更

、

从历史上石油暴跌的不同时间点来看，与由 1997—1998 年亚洲金融危机和 2008—2009 年的美国次贷危机这几个标志性事件触发的油价下跌相比，2020 年的油价暴跌没有非常明显的触发点，是综合性因素共同作用的结果。这一点与 2014 年的油价下跌类似：供应增加、需求下滑、美元升值、沙特政策、节能政策与替代能源政策、中国经济新常态、《巴黎协定》和中美低碳合作都起到了推动的作用。当前页岩油技术革命使美国成为世界第一大产油国，对海外石油依赖度低，美国产量持续激增，并在 2019 年创下历史新高，这推动美国成为石油产品净出口国，这是过去油价下跌时不曾有过的现象。总体来说，在此次国际油价大幅下跌前，国际市场石油供应稳定，且伊拉克等国石油产量还有增加趋势。此外，2020 年的下跌还有一个特点是多重因素重合。尤其不像 1997—1998 年和 2008—2009 年的两次油价下跌，此次的下跌并不是作为某一标志性事件的附带产物，而是国际政治、经济、能源等多种因素共同作用的结果。2019 年末到 2020 年第一季度，国际社会在几个月里发生了多次重大事件：2017 年开始的中美贸易争端告一段落，美国与伊朗的新一轮冲突，新冠疫情席卷全球，沙特发生政变，俄罗斯宪法修正案即将公投。这些情况一方面改变了全球石油供需关系，另一方面使油价成为各国竞争的工具。还有一点主要的不同就是历次所凸显出的石油属性有所区别，1986 年主要突出其作为战略商品的政治性一面，1997—1998 年和 2008—2009 年的下跌突出其金融商品属性的一面，而 2020 年的下跌可谓是二者不相上下，但政治意味更强一些，通过这一比较，有助于人们更好地认识石油属性之复杂。

从历次油价震荡的相同点来看，首先历次油价暴跌带来了巨大的影响。1986 年的暴跌使得苏联最终解体；1997—1998 年的下跌导致俄罗斯爆发了严重的主权债务危机。在历次的油价下跌中，虽然各方都有损失，但俄罗斯始终是一个主要的利益受损方，这与俄罗斯自身脆弱的经济结构是分不开的。另外在其中多多少少都能看出一些美俄国际政治博弈的意味[①]。

历次石油价格震荡都反映了国际能源博弈和政治竞争。正如欧佩克轮值主席曾经说过的那样，要判断油价下跌的基本面是什么，不可断然归结于供需因素，否则无法认清其背后的石油政治现状。石油暴跌背后蕴含着石油地缘政治的变动，简言之就是生产格局和消费格局的转变。在新冠疫情和全球经济低迷的双重因素叠加下，各国能源政治博弈和"邻避效应"催生了2020年的全球油价格局震荡。主要产油国之间为了维护各自利益展开了"互损"的价格战。从长期来看，全球能源体系也并不会因此次油价震荡而改变，石油仍然是重要的一次性消费能源，但是，推动清洁能源使用，减少温室气体排放，促进世界可持续发展的长期目标并不会改变。

4.3.2　2020年国际石油价格的变动因素分析

油价的变化受到很多因素的影响，2020年影响国际油价变化的因素包括如下几个方面：石油供求关系变化、全球能源的地缘博弈加剧、石油金融博弈复杂化。

1.供求关系变化

从石油的资源属性来看，能源生产国之间（如欧佩克成员国和非成员国之间）、供给方和需求方、主权国家和石油公司的长期均势博弈最终导致国际能源体系形成相对稳定的状态。从供给侧来看，此次油价是由"OPEC+"组织成员国谈判破裂所引发的。以沙特和俄罗斯为首的生产商没有达成削减产量以减轻疫情影响的协议，而是开始了争夺市场份额的战争，并承诺增加产量。与此同时，石油市场的结构已经回到了所谓的"超期货溢价"阶段。

从供给结构的变化来看，世界石油市场出现供过于求的现象比全球新冠病毒大

[①]　如20世纪80年代苏联入侵阿富汗，2008年俄格战争等。随着2014年石油价格的持续走低，卢布汇率也持续走低，在美国的打压下，俄罗斯的国家财政状况面临着严重威胁。

流行的时间早。这是因为，首先，美国已经完成了由石油消费大国向石油出口国的过渡。2019 年年底美国便已成为石油产品净出口国，石油产量持续飙升至世界第一。预计到 2023 年，美国原油日产量将再增加 370 万桶，占非欧佩克国家增产总量的 70%。其次，其他非欧佩克产油国如巴西、圭亚那、加拿大也增加了出口。[①]预计到 2025 年，石油市场将处于供应充足状态，且全球能源贸易状况处于增长态势。但是新冠病毒的肆虐导致各国能源需求降低，沙特试图通过"OPEC+"减产协议来抵消过剩的石油供应，然而由于"OPEC+"产油国间的矛盾，2020 年 3 月减产协议并未获得支持，于是沙特大幅下调了其官方原油价格，并威胁要提高产量，而俄罗斯也相应提高产量，从而引发价格战，2020 年 4 月新的减产协议虽然达成，但已经无法弥补油价暴跌的总体形势。

从需求来看，新冠疫情持续影响全球石油需求。新冠疫情的全球扩散，破坏了世界各国正常经济活动，全球经济增长比预期降低，全球出行减少，导致全球生产放缓，交通运输活动减少，全球石油供大于求。世界各个机构的普遍预测都指明，2020 年将是全球金融危机以来石油需求量最小的一年。美国能源信息局（EIA）预计，2020 年第一季度中国需求减少 20%，约为 1 000 万桶/日，4 月份全球石油需求减少则高达 2 300 万桶/日[②]。高盛分析认为，由于全球 92% 的国家 GDP 受到疫情隔离措施影响，全球石油消费量每日将减少 2 600 万桶。[③]此外，如图 4-4 所示，从 2020 年 1 月开始，石油价格呈下降趋势，时间节点恰好是新冠病毒在中国快速传播

---

① 到 2025 年非欧佩克国家的石油供应总量将增加 450 万桶/日，达到 6 950 万桶/日。此外，过去十年中，伊拉克的石油出口增加了一倍，达到 400 万桶/日，其中一半流向了全球需求增长的两大中心——中国和印度。伊拉克还与美国埃克森—美孚石油公司及中国石油公司签署价值 530 亿美元的协议，把伊拉克 NahrBinUmar 和 Artawi 两个油田的石油产量从 10 万桶/天~12.5 万桶/天提升至 50 万桶/天。佚名.伊拉克与中石油、美孚签署 530 亿美元原油大单 [EB/OL].（2015-05-09）. http：//oil.in-en.com/html/oil-2867996.shtml.

② 俄罗斯卫星通讯社.分析师：近期会出现对油价不利局面 [EB/OL].[2020-03-19]. http://sputniknews.cn/economics/202003191031031216/.

③ 俄罗斯卫星通讯社.高盛预测石油需求将急剧下降 [EB/OL].[2020-03-30].http://sput-niknews.cn/economics/202003301031115785/.

的时间，特别是2月份，由于日韩与欧美出现新冠病毒蔓延，油价下降幅度有扩大之势。

2020年1—4月WTI走势图

图4-4 2020年1—4月WTI（西得克萨斯轻质中间基原油）走势图

2.全球能源地缘博弈加剧

产油国的石油资源冲突一般分为两个层面：一个是在宏观层面上，涉及国际组织、西方国家和生产国政府之间在财政制度和合同、谈判和不愿意获得特定国际组织的准入方面的利益冲突；另一个是在微观或地方层面上，国家政府与生产国其他利益相关者之间的关系。

2020年3月"OPEC+"谈判失败及沙特增产和降价意图引发的石油危机具有强烈的政治色彩。第一，这是沙特和俄罗斯国家减产底线的竞争，俄罗斯认为其在金融方面比沙特有优势，俄罗斯只有37%的预算依赖石油收入，相比之下沙特是65%，与沙特相比，俄罗斯的预算对低油价的承受能力更强，而且它押注原油价格疲软将有助于消灭生产页岩气的美国这一竞争对手。而沙特则不断增产，到4月1日产量计划达到1 200万桶，出口量将达到每日950万至1 000万桶。与3月日产970万桶相比较，在市场需求已经饱受新冠疫情打击的情况下，增产之举将使市场陷入混乱。沙特试图以此举逼迫俄罗斯重新开启谈判进程。第二，这也反映出沙特继续维持甚至重新得到石油主导权的战略目的，欧佩克国家意图确保其在世界石油生产领域的主导权。通过压低油价，迫使其他非常规石油生产商减少生产与投资，沙特希望借此获取他国国际石油市场份额。目前沙特的出货量，加上前所未有的折扣，正使欧洲成为沙特和俄罗斯之间日益激烈的油价战中最激烈的战场。包括荷兰皇家壳牌、英国石油、道达尔、奥地利石油天然气、雷普索尔和西班牙石油公司在内的欧洲炼油企业均已从沙特阿美公司获得了远高于传统正常水平的原油供应。

"OPEC+"与俄罗斯的谈判从戏剧性失败到相互妥协并最终达成，这预示着沙特与俄罗斯必须共同应对全球低油价挑战。2020年3月由于俄罗斯拒绝屈从于沙特的意愿，导致油价暴跌。俄罗斯与欧佩克的协议破裂，未能就延长减产期达成协议，导致石油价格陷入混乱。因此，俄罗斯以油气为武器的地缘政治博弈工具的意图被削弱。从经济角度上看，2020年3月俄罗斯拒绝减产的目的是防止其国际石油出口市场所占份额减少的风险。除了市场份额之争，俄罗斯的战略还针对美国利用其丰富的能源资源所采取的强制性制裁政策。俄罗斯希望通过削弱美国页岩油气工业，打击美国在能源领域的主导地位。2020年4月以来的低油价已经影响到生产成本较高的美国页岩油气公司。因此，当特朗普提出进行油价斡旋，呼吁减产以缓解供应过剩时普京决定支持。

3.石油金融博弈

国际油价涨落正在从地缘政治控制过程转变为金融系统控制过程，大国间石油金融博弈日趋复杂，能源市场的金融属性愈加明显。能源资源的金融化为市场参与者提供了能源价格发现和套期保值、分散风险的金融工具，国际商品期货市场上的各种投资、投机力量规模日益庞大，参与广度和深度不断加大，影响力已经超过能源的生产商和消费者，逐渐形成某一些国家或大型国际金融机构对能源期货交易市场和价格的定价权优势。国际资本在国际商品价格形成中已经完全具备了对市场产生重要影响的条件。石油价格的反复波动，其背后有华尔街为代表的金融资本反复抄底的投机行为。全球金融资本三成左右在炒作大宗商品，其中油气产品占多数。

实体原油交易和虚拟原油交易存在巨大量差，原油金融资本虚高和金融资本的投机，是造成WTI和布伦特价格快速、反复波动的重要原因之一。

从21世纪国际能源价格的变动情况来看，能源价格的波动明显呈现出从属于国际资本流动的特征[①]。能源的金融属性更明显地表现为期货价格是现货价格的主要影响因素，而且期货的交易量已经超越现货市场的实际需求，能源价格更多地体现出能源期货虚拟价格的高低。此外，能源资源和当前国际金融货币体系汇成一个有机整体。现阶段的能源价格形成机制、国际资本对能源价格的干预、主要能源品种由于以美元计价而形成的美元金融霸权明显影响了国际价格的走势。美国发达的金融体系促进美国采取能源资源金融化的方式，利用自由流动市场，通过期货交易的方式为能源资源的供需双方发现价格。美国的纽约证券交易所是全球能源融资最有影响力的交易所之一，为全球的矿业公司提供直接融资渠道，引导着全球矿业资本的流向。这样，石油价格的决定，除了供需关系本身外，被赋予了更多的金融属性（如图4-5所示，石油能源是重要的投资商品种类），金融市场的波动，更加直接地影响到国际原油价格。早在2020年3月3日，美联储就降息50个基点，达到1%~1.25%这一区间，是2008年以来首次非常规降息。这个时间节点处于"OPEC+"谈判破裂之前，新冠疫情开始在全球蔓延之后。这实际上释放了一个信号：经济形势可能变得糟糕。为了避免股市大幅下跌带来的损失，资本必然尽早抽身，那么石油产业作为典型的易受疫情影响的行业，首选是资本抽离，投资者纷纷撤资或者抛售股票，这恰恰会使油价下跌，从2020年2月24日开始的油价下跌正好印证了这一点，如果出现经济低迷（例如，冠状病毒或其他原因引发），可能会有大量资本流出该行业（或缺乏投资）。可见，在全球经济都受到新冠疫情影响的背景下，投资机构和投资人也不会将大量资金投入到明显受到影响的石油行业。因此，在沙特和俄罗

---

① 目前全球的石油价格均以原油价格为基准，金融期货市场价格在国际石油定价中扮演着至关重要的角色，国际一些大银行、投资基金和其他金融投资者通过远期商品交易，以一种非常隐蔽的方式来决定商品价格。期货市场对于现货石油价格的影响日益重要。期货市场通过公开、公平、高效、竞争的期货交易运行机制，形成具有真实性、预期性、连续性和权威性的价格。

斯展开石油价格战后，能源行业落至创纪录的低点，交易暂停、开支削减，导致原油和股票价格呈螺旋式下跌①。同时许多投资者注意到，沙特宣布提高石油产量对市场的影响如此巨大，以至于他们准备继续出售各种资产。其中，损失最大的是石油、金属和高科技等相关资产的持有者。中石油、中海油以及中石化在中国香港证券交易所的股价都出现下跌，沙特石油公司、沙特阿美公司的股票也在沙特塔达乌尔交易所交易期间出现下跌，而美国的石油公司也出现了同样的问题。

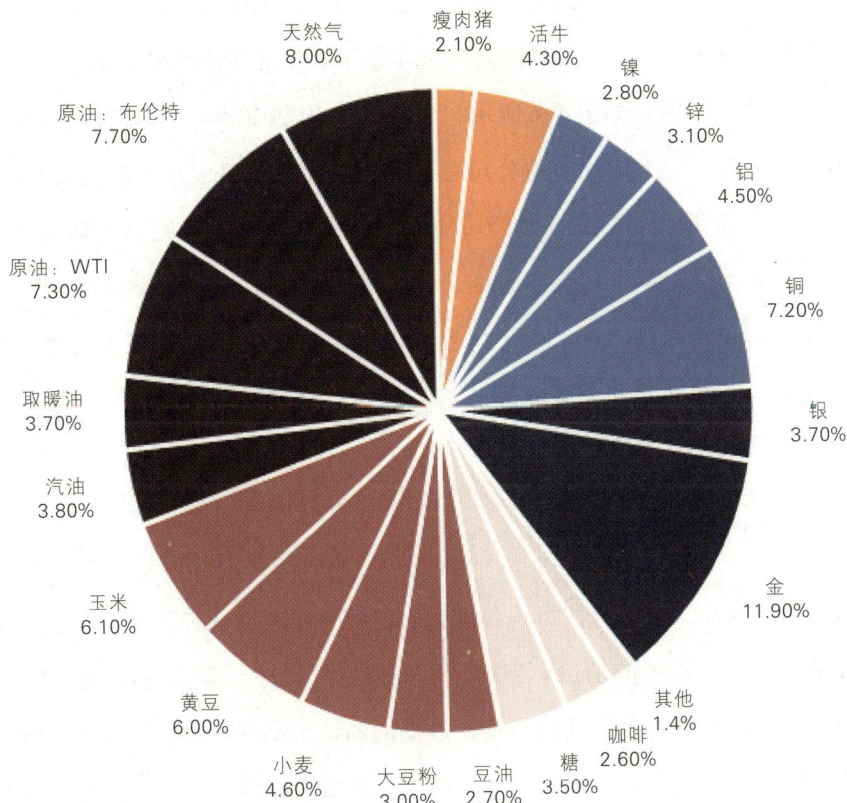

图 4-5　能源在商品投资中的比重

---

① BELLUSCI M Oil price war erases $196 billion from energy stocks in a week ［EB/OL］. ［2020-03-13］. Bloomberg.com.

目前,以美国为首的西方国家掌握着包括国际能源署、纽约期货交易所等主要能源机构,这些机构通过发布信息或者隐藏关键信息来影响金融市场上主要的投资者,从而依据美国国家利益调控世界原油价格。此外,在"石油美元体系"中,美元对原油交易媒介有着天然的垄断权力,因此美国能够从金融方面对国际油价进行引导。美国在石油政治与石油金融两方面均有不可比拟的优势地位,能够影响世界石油价格走势。

除此之外,从跨国企业竞争来看,油价下降也反映了全球油气公司洗牌的过程,主要公司在生产成本方面竞争激烈,未来随着跨国油气公司在低油价过程中的转型和洗牌,全球油气生产格局随之转型。基于效率和技术的发达国家油气公司可能继续主导油气体系。如图4-6所示,自2012年至2014年,国际石油巨头油气生产成本波动上升,七大国际石油公司有规模上的优势,但成本控制能力有待提高;2014年是一个转折点,主要石油公司油气生产成本总体上开始呈下降趋势,2017年开始有轻微反弹。其中,英国石油公司(BP)自2014年以来崭露头角,生产成本一路降低,总体趋势向好,但下调有限,于2019年达最低值但也仅处于中游水平。相较而言,道达尔尽管波动幅度大,但油气生产成本于2019年控制在5.6美元/桶。挪威石油和埃尼次之,分别为5.8美元/桶和6.3美元/桶。

4.3.3 石油价格动荡的影响

石油作为商品,价格直接影响各国在石油贸易中获得的经济利益,也间接影响各国在全球能源结构中的地位。当前新冠疫情席卷全球,各国对石油的需求下降,导致油价频创新低。对于产油国而言,过低的油价带来的影响十分复杂,特别是美国、俄罗斯和沙特等国际产油大国,都将受到重要的影响,并由此产生一系列连锁和外溢反应。虽然超低油价不具有长期可持续的基础,但由此引发的政治博弈和价格拉锯战状态还将持续,直至油价触碰沙、俄两国的"财政红线"。国际能源署执行主任法提赫·比罗尔(Fatih Birol)警告说:"在石油市场上玩俄罗斯轮盘赌很可能会产生严重后果。"

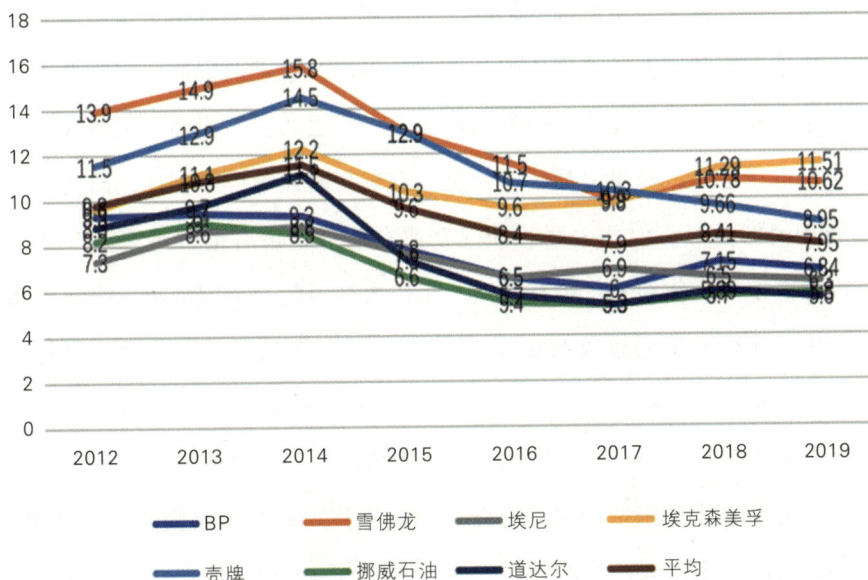

图 4-6 国际石油公司油气生产成本（单位：美元/桶）

从历史上看，美国从油价下跌中获得了巨大的利益，但这一次则变得利弊兼有：低油价短期内对美国经济伤害极大，会引发上千家石油企业走向破产，进而引发危机。得益于页岩破裂法带来的页岩油气产量快速攀升，2019 年美国成为全球最大的石油生产国。由于页岩油气生产商的杠杆率很高，油价持续下跌可能会迫使一些公司放弃对整个行业的投资计划，从而拖累就业和经济增长。相较于传统石油开采，页岩油气开采对于油价更加敏感，随着近期油价波动，美国页岩油气产量可能会受到巨大影响。超低油价使许多石油公司背负了太多债务，无法在这个历史性的低迷时期生存下来。除勘探和生产公司外，为钻井工人提供工具和人力的服务行业也将备受打击。因此，每桶 40 美元的价格可能导致页岩油气开采从 2021 年开始下降，至 2025 年年底，其开采量可能减少 110 万桶。长期来看，作为美国能源相关领域重新整合的关键，低油价也进一步夯实了美国制造业基础，促进其自动化产业的发展，从而提高劳动生产率，降低生产成本。综上，低油价或将推动美国实现实体经济转型，促进社会经济发展。同时，油价将扩大美国与其他资源型国家的竞争力差距。由于对能源产业的高度依赖，低油价将使沙、俄两国面临较为严重的财政压力，甚至因经济增长动能不足引发国内动荡。与之相比，原油和天然气出口在美国经济中的占比不高，美页岩油气产业也具有较高的风险应对韧性，即便美国出现大量企业倒闭的情况，但相关页岩油气企业在油价企稳后也将迅速复产并增产扩能，其产业效率的全球领先优势有望进一步扩大。因此，美国动用地缘政治和石油美元工具影响国际政治的迹象明显，"能源正在从债务角色转换成为美国的资产角色，帮助确保美国的国家实力和世界领导力"，也正因如此，美国前总统特朗普一方面下令美国能源官员购买"大量"石油，以填补美国的紧急储备，另一方面则加大外交斡旋力度并主动采取中央地方合作财政支持、政企协调沟通、补贴墨西哥、支持中小页岩油气企业减产等措施，推动石油生产国回归并落实"OPEC+"维也纳联盟达成的减产协议，维护石油美元地位。

目前，低油价带来的国内经济不稳与货币贬值，以及对外议价能力下降等因素都在严重影响俄罗斯国家实力。首先，原油出口收入减少导致俄罗斯的财政压力增大。据国际能源署统计，俄罗斯石油出口收入每减少20美元，其GDP就会减少1.75%，如果价格持续走低，俄罗斯每年将损失1 300亿至1 400亿美元，约占经济总量的7%，俄罗斯石油公司的债务将高达76亿美元。而俄联邦预算是在油价预期的基础上制定的，如2014年国际市场上的油价下跌将使俄罗斯经济每年损失近1 000亿美元。按目前的油价计算，俄罗斯2020年的预算赤字估计占GDP的0.9%，石油和天然气收入将减少约2万亿卢布（约合276亿美元）。但是鉴于俄罗斯拥有5 600亿美元的外汇储备，俄罗斯政治经济抗风险能力依然很强。其次，经济动荡加剧。在全球货币对美元汇率波动幅度的排行中，俄罗斯卢布排名第二，根据3个月的期权计算，预计卢布波动率将达到24.9%。此外，莫斯科交易所指数下跌5%，俄罗斯主要股指俄罗斯交易系统（RTS）暴跌14%。因此俄罗斯愿意与其"OPEC+"合作伙伴展开合作以支持世界石油市场，因为"OPEC+"机制"已经确立为确保全球能源市场长期稳定的有效工具。"

沙特也深受低油价打击。首先，沙特的财政和国内政治稳定受到影响。沙特的国家收入受到低油价影响，财政压力日益增加。虽然沙特的石油生产成本为8.99美元/桶，但为了确保政府开支，沙特的石油保本价格是97美元/桶，而石油输出国组织成员国的平均石油保本价格则为93.3美元/桶。与新型冠状病毒一样，石油危机可能会破坏沙特刚刚开始复苏的经济，并导致更高的预算赤字，从而促使沙特当局削减开支。长期以来，高福利体系一直是沙特社会和政治稳定的保障。而在原油价格下跌之前，政府预计2014年的赤字将达到GDP的6.8%。根据阿布扎比商业银行（Abu Dhabi Commercial Bank）的估算，如果布伦特原油价格保持在35美元，而不调整政府支出，沙特将在2020年出现近15%的经济产出赤字，而其净外汇储备可能在5年左右用完，除非沙特使用其他资金来源。其次，对沙特产生政治影响。油价暴跌影响沙特国内政治稳定，破坏了旨在为穆罕默德王储的"2030年愿景"筹集资金的计划，该计划旨在实现沙特经济现代化，减少对石油的依赖，并为外国投资开辟道路。

低油价会导致沙特等国降低其国内福利开支，虽然沙特拥有价值7 500亿美元的外汇储备，但长期的低油价仍然会引发国内民众不满情绪与社会动荡，因此这将进一步激化中东社会的矛盾与冲突。沙特等国从其产油国身份出发，希望保持甚至重新获得石油生产、定价的主导权，通过保持低油价迫使其他非常规石油生产国减产和投资，以增加欧佩克国家在石油生产中的主导权，但这一目标尚未实现。[①]最后，低油价将影响到沙特在中东和产油国中的政治地位。当前的石油危机是2016年沙特、俄罗斯和其他20多个国家成立"OPEC+"联盟以来的最大危机，也是欧佩克面临的最糟糕的情况，其后果是将导致一些依赖石油的国家出现经济混乱，并引发一波石油生产商破产潮。

---

① NEWMA P. OPEC v oil prices: how the world's biggest oil cartel lost its power [C]. The Conversation, 2014.

4.4 贸易保护主义下的中美能源博弈

4.4.1 美国能源贸易政策转变

伴随着"页岩气革命"的勃兴与油气出口禁令的解除，美国油气的生产与出口规模大幅增长，中美能源合作由此快速起步，能源关系迅速升温。近年来，美国逐步形成并完善了多样化的能源结构，能源的利用效率大幅度上升。煤炭在美国的使用率快速下降，新能源的开发和利用、环保技术的运用，成为美国能源政策的主要驱动力。

美国的能源政策自特朗普就任总统后发生了巨大改变。美国现行能源政策减少了对清洁能源和可再生能源的投资，大力推动化石能源的开采和相关产业的发展，消极对待国际能源治理与合作。特朗普政府意在推动美国确立全球能源主导地位，成为"主要生产国、消费国和创新国的中心"。与奥巴马时代相比，特朗普政府对清洁能源和可再生能源的投入明显减少，取消了大量可再生能源的重点支持项目，只关注清洁煤技术。环保局、能源部、内政部等相关机构的支出大幅减少，用于可再生能源技术研发和相关节能与可再生能源管理的资金也十分短缺。美国最新的能源政策更重视传统化石能源产业的发展。特朗普废除了大量的法规和政策，如石油和天然气的勘探和开采，保护动物、植物和生态环境，控制空气污染和温室气体排放，防治水污染等。特朗普签署了独立的能源行政命令，暂停执行奥巴马时期的"气候行动计划"和"清洁电力计划"，取消对油气公司甲烷排放和水力压裂的管制，加快了能源基础设施建设，重启在奥巴马执政后期被搁置的"拱心石（Keystone）XL"输油管道项目和达科他管道项目的基建工程并批准了横跨美国和墨西哥边境的新伯斯多个石油管道项目建设，使美国页岩油气主产区二叠纪盆地到墨西哥湾出口终端的油气运输能力瓶颈有望突破。特朗普还签署了扩大海上石油勘探的行政命令，启动了美国优先的海上能源战略，并减少了对油气租赁的环境限制。特朗普政府缺乏参与国际能源治理与合作的热情，更注重依托本土优势发展能源，促进经济增长。

特朗普执政时期，美国在应对气候变化和参与国际气候合作机制方面变得非常消极。特朗普一直对全球变暖持坚定的怀疑态度，并认为这是发展中国家的恶作剧，而奥巴马政府的气候政策严重阻碍了美国经济的发展。特朗普推翻了奥巴马政府的气候政策，以"美国优先能源计划"取代了"气候行动计划"，并废除了"清洁能源计划"，进而实施"能源独立行政命令"。特朗普政府打破了奥巴马的气候政策对促进化石能源产业发展的限制。2017 年 6 月 1 日，美国宣布退出《巴黎协定》，拒绝履行对发展中国家的财政援助和技术支持的承诺，并停止向绿色气候基金和全球气候变化倡议提供资金，取消了 125 亿美元的气候变化研究基金，并终止兑现国家自主贡献的承诺。2019 年 6 月，美国联邦环境保护署发布了新法规《负担得起的清洁能源》，该计划允许各州通过提高煤炭和电力公司的生产效率来实现自己的减排计划，但温室气体排放增加比却有所下降（见表 4-4）。

表 4-4　　　　　　　　　　　　　美国气候能源政策

时间	名称	意义	目标	措施
2005	国家能源政策法	美国近 40 年来包含内容最广泛的能源法	提高能源的利用效率并确保节能，发展替代能源和可再生能源，降低对国外能源的依存度	开发新能源，通过税收优惠、补贴等财税政策促进节能
2007	美国气候安全法	美国第一部在议会委员会层次获得同意的温室气体总量控制和排放交易法案	2005 年的排放量作为 2012 年的总量的控制目标并逐年减少，在 2020 年降低到 1990 年的排放水平（比 2005 年减少 15%），进一步在 2050 年比 1990 年排放水平减少 65%（比 2005 年减少 70%）	总量控制和排放交易体系
2009	美国复苏和再投资法案	突出了新能源和可再生能源投资	发展清洁能源，带动产业升级	发展新一代生物燃料和燃料基础设施，促进可外充电式电油混合动力车的商业化等
2010	国家能源法案	能源供应的自给化，实现高度的"自给自足"	保证美国未来能源供应，为美国清洁能源生产、大量降低污染排放、创造就业以及其他方面的发展提供激励	以美国国内社会经济发展为主，聚焦于解决安全、经济和竞争力等问题

续表

时间	名称	意义	目标	措施
2013	气候行动计划	美国政府在气候变化和低碳发展领域所发布的最高级别行动计划	美国气候变化应对政策正在从过去的相对被动全面走向积极主动	从气候变化的干预（碳减排）到气候变化的适应（碳影响），再到气候变化的应对（碳领导力），行动计划为美国设定了一个全方位的立体气候政策
2014年提出，2015年修订	清洁电力计划	2030年之前美国减排的主要路径	每个州都需要在2030年达到由联邦环保署制定的电力减排指标	限制电力产业的二氧化碳排放

4.4.2　经贸摩擦对中美能源关系的扰动效应

中美经贸关系的"蜜月期"在2017年年中戛然而止，当年7月在华盛顿举行的首轮中美全面经济对话无果而终，8月特朗普政府开启针对中国的"301调查"，11月美国仍然拒绝承认中国的市场经济地位。2018年4月以来，中美经贸摩擦持续升级，双方不仅先后三轮互征总价值3 600亿美元的关税，美国还全面加强对中国企业赴美投资的限制与审查；限制中国部分高科技企业的产品在美销售；严格管制14个前沿领域的技术对华转让等。[①]显然，中美经贸摩擦早已超越了贸易不平衡的范畴，扩展到了投资、技术转让等多个领域。在中美两国互征关税、经贸摩擦全面升级的背景下，两国能源关系受到明显波及，能源贸易规模明显下降、初步达成的投资项目暂缓推进、核电技术转让全面受限。

1.中国降低美国能源进口规模

针对美国政府的"关税攻势"，中国政府谨慎地将美国能源列入关税清单予以反击。2018年4月3日，美国贸易代表办公室公布了第一份涉及中国商品500亿美元的拟议关税清单；第二天，中国国务院关税税则委员会公布了一份拟议关税清单，其

---

① 李巍. 中国经济外交蓝皮书（2019）：纷争年代的大国经济博弈［M］. 北京：中国社会科学出版社，2019：591-600.

中不包括来自美国的各类能源产品。6 月 15 日，美国贸易代表办公室发布了修订后的关税清单，分别于 7 月 16 日和 8 月 23 日分两轮生效；次日，中国国务院关税税则委员会发布了修订后的反关税清单，其中第二轮关税清单中，一项将于 8 月 23 日生效的协议明确包括 65 种美国能源产品，包括原油、石油产品、天然气、煤炭和化工产品。7 月 10 日，美国贸易代表办公室公布了涉及 2 000 亿美元的第三轮中国商品关税清单；8 月 3 日，中国国务院关税税则委员会作出回应，对价值 600 亿美元的美国商品征收 4 项关税，其中液化天然气（LNG）被列入清单。8 月 8 日，美国贸易代表办公室再次调整了第二轮关税清单；第二天，中国国务院关税税则委员会也对第二轮关税清单进行了调整，将美国能源产品的税种从 65 种减至 64 种。唯一的变化是将占中美能源贸易最大份额的原油排除在名单之外。9 月 18 日，中国国务院关税税则委员会发布通知，将第三轮关税表拟征收的关税由 4 项简化为 2 项，其中液化天然气列入 10% 的附加关税清单。2019 年 5 月 13 日，由于特朗普再次威胁要对中国输美商品加征关税，因此中国宣布反制措施将对液化天然气征收 25% 的关税。总体来看，中国从美国进口的三大化石能源中，原油未征税，液化天然气税率为 10%（后调整为 25%），煤炭税率为 25%。事实上，面对美国政府汹涌澎湃的关税攻势，中国政府对能源领域征收报复性关税的反应是审慎和克制的，关税对中美能源贸易的影响相对有限。

虽然中国政府并未对美国能源产品大规模加征关税，但中国主要能源企业纷纷削减甚至停止采购美国能源产品。在中美两国互征关税仅停留在发布公告和征求意见阶段时，中国主要能源企业已经开始削减美国能源的进口规模。2018 年 1 至 4 月中国企业接收了 14 船美国天然气，而 5 到 7 月仅接收了 2 船。8 月上旬，中石油、中石化和中海油几乎同时暂停进口美国原油与天然气，并且一直未能与美国能源企业签署新的采购协议。数据显示，中国企业在 2018 年一共只进口了 27 船美国天然气，其中下半年只进口了 12 船；同期一共只进口了 27 船美国原油，其中下半年只进口了 9 船。显然，中国主要能源企业主动削减和暂停美国能源进口而非中国政府对美国能源征收额外关税，是美国能源进口规模大幅降低的主要原因。

受中美经贸摩擦全面升级的影响，两国能源贸易规模大幅下挫。2018年8月，美国对华能源出口出现明显拐点：8月美国对华原油及成品油出口规模降低至403.5万桶，环比骤降76.1%；8月美国对华天然气出口规模降至1.0亿立方米，环比下降66.3%，9月份的出口规模则彻底"归零"；第三季度美国对华煤炭出口规模降至39.4万吨，环比下降57.4%。数据还显示，2018年美国对华原油及成品油出口约1.36亿桶，同比下降16.2%；2018年美国对华天然气出口约26.5亿立方米，同比下降9.4%，特别是2018下半年美国对华天然气出口额比2017年下半年骤降63.2%；2018年前三季度美国对华煤炭出口224.3万吨，同比下降11.6%。显而易见，中美经贸摩擦在7月份全面升级后，两国能源贸易迅速受到明显波及，三大化石能源贸易量全面大幅减少，两国能源关系"进入寒冬"。

2.中国暂缓对美能源投资项目落地

中美经贸摩擦对两国能源关系的影响迅速超出了贸易的范畴，两国能源投资也受到了明显扰动。特朗普总统于2017年11月访华期间，中美两国企业签署了总价值2 535亿美元的商业大单，其中能源领域的5项协议总金额高达1 754亿美元。中美经贸摩擦全面升级后，5项协议的最终落地受到了不同程度的影响，详见表4-5。

表4-5　　　　　　　　特朗普总统访华期间中美企业签署的能源协议

协议名称	协议金额（亿美元）	中国企业	美国企业/美国政府	经贸摩擦升级后协议的状态
LNG（液化天然气）长约购销合作谅解备忘录	110	中石油	切尼尔能源	已签署正式协议，但因经贸摩擦暂停履行
乙烷购销协议	260	南山集团	美国乙烷公司	暂未签署正式协议
陕西未来榆林煤间接液化一期后续项目投资合作协议	117	兖矿集团	空气产品公司	暂未签署正式协议
阿拉斯加液化天然气联合开发协议	430	中石化、中国银行、中投公司	阿拉斯加天然气公司	暂未签署正式协议，后续论证与谈判停滞
页岩气全产业链开发示范项目战略合作框架协议	837	国家能源投资集团	西弗吉尼亚州政府	暂未签署正式协议，后续论证与谈判停滞

资料来源：笔者自制.

中美经贸摩擦全面升级之后，中国对美国能源领域拟投资的两个旗舰项目受到波及，项目落地变得遥遥无期。对于严重依赖化石能源开发、雇用大量化石能源产业工人的西弗吉尼亚州而言，由国家能源投资集团拟在美国西弗吉尼亚州投资的页岩气全产业链开发示范项目被寄予"创造大量就业机会、振兴化石能源产业、提振疲软经济"的厚望。2018 年 6 月，中美两国政府已经公布对对方商品加征两轮关税的清单，经贸摩擦逐渐升级。原定于当月前往西弗吉尼亚州进一步洽谈项目落实的国家能源投资集团高层代表团取消了所有行程并暂停与西弗吉尼亚州政府进行下一步磋商。西弗吉尼亚州政府与产业界对项目的前景较为悲观，普遍认为"在两国大规模互征关税、经贸摩擦全面升级的背景下，要求一个中国央企来落实投资项目已经变得不合时宜"。虽然国家能源投资集团并未决定取消该项目，但在中美经贸摩擦得到妥善解决之前，该项目并不存在落地的可能性。

同样，酝酿已久的阿拉斯加液化天然气项目也陷入了论证终止、谈判停滞的困局中。2017 年 4 月，中国国家主席习近平在结束"庄园会晤"回国经停美国阿拉斯加州时会见了该州州长比尔·沃克，双方达成了加速推进阿拉斯加液化天然气项目的共识。同年 11 月，特朗普总统访华期间中石化等中国企业与阿拉斯加州政府及阿拉斯加天然气公司签署协议，该协议高达 430 亿美元的金额引发世界极大的关注。需要特别指出的是，该协议以不具约束力的"框架协议"的形式，远不足以从法律层面"锁定"中国企业的巨额投资，因而合同双方亟须尽快达成更为全面细致的正式投资协议。然而，中美经贸摩擦升级后，中石化等中国企业暂缓了正式投资协议的后续谈判进程，致使该协议未能按照预期于 2018 年末最终达成。美国天然气产业界弥漫着对该项目前景的强烈担忧，普遍认为"中美经贸摩擦的阴影笼罩着中国对美能源投资，阿拉斯加天然气开发项目被推迟的可能性非常大"。不难发现，中美经贸摩擦对两国能源投资产生了明显的负面扰动效应，致使中国企业对美能源投资的两大旗舰项目陷入了暂缓谈判、暂时停滞的困局之中。

3.美国限制对华核电技术转让与商业合作

除先后三轮互征关税外，特朗普政府还全面收紧了对华技术转让，这也标志着中美经贸摩擦的全面升级。2018年8月以来，伴随着中美两国政府开始征收前两轮关税并公布第三轮关税清单，两国经贸摩擦的烈度达到前所未有的高点。几乎与此同时，特朗普政府采取了两大措施以严格限制对华技术转让：一方面，特朗普政府持续推动并于8月签署了美国《外国投资风险评估现代化法案》，该法案授权美国外资投资委员会审查可能有助于对华转让美国关键技术的中国企业对美投资，由此彻底阻断了中国企业通过并购美国高新技术企业来获取敏感技术的可能。另一方面，美国商务部工业安全署于11月发布《审查前沿科技出口管控》，计划对14个前沿领域中的关键技术转让施加严厉的限制，一旦该出口限制计划最终实施，中国将首先受到冲击。在特朗普政府全面收紧对华技术转让的大背景下，作为极具战略意义与经济价值的核心技术，核电技术的对华转让也未能幸免，两国企业在核电技术转让与核电开发的商业合作也受到殃及。

2018年10月，美国能源部发布了一项限制令，以全面收紧与中国的核电技术转让和商业合作。应该指出的是，尽管同期签署或发表的美国《外国投资风险评估现代化法案》和前沿科学技术出口管制评论对中国企业产生了严重影响，但它们不仅针对中国企业。相比之下，美国能源部发布的《美国对中国民用核能合作框架》是为中国核电公司量身定制的，旨在严格限制美国向中国转让核电技术，其更有针对性，限制也更严格。这份限制令分为技术对华转让、零部件对华出口、原材料对华出口三部分，明确要求美国核电企业禁止向中国核电企业转让轻水小堆技术、非轻水先进反应堆技术以及任何在2018年1月1日以后开发出的新核电技术，而且禁止美国核电企业对华出口建造核电站所需要的核心部件，以此避免中国核电企业通过模仿或自主化开发而获得相应的制造技术。该限制令发布后，负责引进与消化美国核电技术的国家核电技术公司受到明显影响，而华龙一号等中国自主研发反应堆的建设也会因美国的限制而面临技术与设备瓶颈。

美国能源部的限制令全面禁止美国核电企业向中广核（中国广核集团有限公司

的简称）转让技术和出口核心部件，致使后者陷入了与中兴公司如出一辙的困局。相比于中国其他核电公司，中广核面临着最为严格的技术转让限制，其在技术转让、零部件出口、原材料出口三个领域被美国能源部全面封杀。限制令规定美国核电企业不得再向中广核提供任何技术转让、不得再向中广核出口任何零部件、不得延长原有技术转让与原材料出口许可。受此影响，中广核负责建设的陆丰核电站一期项目受到直接影响，该项目因采用美国西屋公司的 AP1000 核反应堆技术而被全面搁置，对此中广核负责人指出，在中美经贸摩擦缓和之前，该项目恐难出现转机。显然，在中美经贸摩擦全面升级、美国全面收紧对华技术转让的背景下，中美企业在核电技术转让上的商业合作也无法幸免。

4. 美国将中国移出"发展中经济体名单"

美国贸易代表办公室（USTR）修订美国反补贴法下的"发展中经济体名单"，对反补贴法中的最不发达经济体和发展中经济体标准进行重新认定，该公告自 2020 年 2 月 10 日起生效。根据更新后的名单，中国、印度、巴西、南非等在内的 25 个经济体没有被列入"发展中经济体名单"，通过此种方式，美国意图降低中国贸易反补贴调查门槛，此举将导致消极的示范效应和溢出效应。

中国坚持自身发展中国家地位的举动面临更大挑战，其在一些国际组织和协定中本应享有的权益或将受损。此外，美国此举还可能影响中国履行国际环境公约的进程，挑战共同但有区别的责任原则，增加中国申请全球环境基金和多边基金的难度。这也将对 2020 年 10 月在中国召开的《生物多样性公约》第 15 次缔约方大会造成明显压力。

近年来美国政府开始质疑 WTO "发展中经济体"的标准，特别是前美国总统特朗普多次公开批评部分国家，在与美国的贸易中利用发展中国家的优惠待遇，占尽了美国的便宜，他还威胁要取消此项待遇。2018 年 4 月 7 日，特朗普在推特上表示，"WTO 对我们太不公平了，他们竟然把中国当发展中国家"。2019 年 8 月 14 日《印度斯坦时报》报道，特朗普称"印度和中国不再是发展中国家，而是在世贸组织内利用发展中国家标签"。

美国政府于2019年1月16日向WTO总理事会提交文件：《一个无差别的WTO：自我认定的发展地位威胁体制相关性》，认为发展中国家成员的自我指定（self-declared development status）失之偏颇，以此否认中国等国家的发展中国家身份，并试图取消诸多发展中国家拥有的特殊与差别待遇。美国试图通过中国经济发展水平的数据来表明中国不应被视为发展中国家。

2019年2月15日，美国在向WTO总理事会提交的文件《总理事会决定草案：加强WTO谈判功能的程序》中主张下列国家不得作为WTO框架下的"发展中国家"：（1）OECD成员国和启动申请进入OECD程序的国家；（2）G20国家；（3）被世界银行定为"高收入"的国家；（4）占世界贸易份额0.5%或以上的国家。"美国标准"主张符合上述任一条件的成员方，将不能继续在WTO中被认定为"发展中国家"。2019年7月26日，美国白宫发布《改革世界贸易组织发展中国家地位备忘录》，声明对近2/3的世贸组织成员被认定为发展中国家以取得特殊待遇并承担较少国际社会责任表示不满，美国政府认为对于发展中国家的宽泛定义损害了WTO发达经济体和真正需要特殊及差别待遇的经济体。

随着改革开放的扩大与深化，中国社会、经济快速发展，中国的综合国家实力不断提升。加入WTO以来，中国对外贸易发展迅速，中国企业"走出去"的规模逐步扩大。中国于2010年成为世界第二大经济体，2013年成为世界第一大货物贸易国。中国的发展和不断增加的对外援助及投资，使中国的发展中国家地位受到一些国家的质疑。据预测，中国有望在2023年至2030年进入高收入国家行列。此次美国的修改将使中国提前进入"发达国家"行列，这将加大中国经济外部竞争环境的压力，增加中国的国际责任。

5.以WTO等贸易规则进行能源新干预

当前，WTO正处于新一轮谈判，美国修改"发展中经济体名单"将可能会改变WTO的一些规则，对世界贸易格局产生深远的影响。2018年中美贸易争端以来，全球贸易格局已出现很多新的变化。发达国家之间逐渐达成贸易协定（如《欧日经济伙伴关系协定》于2019年2月生效；日美贸易协定于2020年1月1日生效；2020

年1月美国贸易代表、欧盟贸易委员会和日本经济产业大臣进行三方会谈），试图重塑国际贸易规则，这将在未来WTO的谈判中，对发展中国家和欠发达国家/地区，特别是中国构成新的挑战。

首先，我国贸易所受到的直接影响不大，但中国的发展中国家地位将受到挑战。1998年，USTR（美国贸易代表署）发布该名单时，中国还不是WTO成员，并且反补贴法也不适用于被认定为非市场经济国家的中国；在中国加入WTO后，美国反补贴法于2007年适用于中国。近十多年来，美国对我国发起的反补贴和反倾销调查在其总量中是最多的，中国几乎没有享受过发展中国家的特殊和差别待遇。因此，我国此次受USTR修订名单影响不大。

但在中美签署新一轮贸易协定后，美国再次在反补贴调查方面否认中国为发展中国家，标志着美国与中国的贸易，将不再适用"特殊和差别待遇"，而是按照发达国家标准进行，相关贸易关税和执行标准将有所提高，这将不利于我国贸易出口。例如，对于我国钢铁工业来说，美国对我国倾销调查的标准恐将更高，后期中国钢材产品受美国反倾销调查的数量及认定的倾销幅度可能会更高，制约我国对美钢材及其相关工业成品的出口。更为重要的是，预示着美国在其他方面也将继续采取不承认中国为发展中国家的立场，进一步挑战我国在包括环境保护、低息贷款等在内的国际条例中拥有的发展中国家地位的既有优势。

其次，美国单边贸易保护主义将产生不良的示范效应和外溢效应，恐将借助环境保护营造新的贸易壁垒。USTR修订名单，预示美国贸易保护主义与单边主义行动的阴影将继续笼罩全球。美国此举还将产生更多不良的示范效应，为保全自身利益，其他国家恐将不得不筑高关税防线，对全球经济造成更大的破坏，扰乱国际经济秩序。例如，USTR依据国内反补贴法，将所有欧盟成员国视为发达国家，其中，保加利亚和罗马尼亚将无法继续享受发展中国家的待遇，尽管根据世界银行的最新数据，其人均国民总收入均低于12 375美元，此举或将对欧盟内部稳定带来一定影响。此外，USTR不顾联合国2030年可持续发展目标，并未考虑将婴儿死亡率、成人文盲率和预期寿命等社会发展指标作为定义发展中国家的指标。随着美国单边贸易保护主义的日趋严重，不排除美国在贸易政策中使用环境政策手段，营造环境保护主义壁垒的可能性，通过将现行的环境保护贸易政策打造成为对欠发达国家的"绿色壁垒"，后续更多地使用以保护生态环境、自然资源和人类健康为由而限制进口产品的贸易政策，将对全球生物多样性保护、濒危野生动植物种国际贸易、气候变化等方面造成深刻影响。

4.4.3　拜登政府新的能源气候战略

美国拜登政府气候新政强调美国在全球气候议题中的重要地位，通过建设现代化、可持续的基础设施，实现公平、清洁的能源未来等方式使美国经济在2050年前实现净零排放；中期目标是在2035年之前实现电力部门的无碳污染和净零排放。拜登政府的"绿色新政"理念重视通过绿色经济来实现碳减排、经济发展、消除贫困等目标。在其任职参议员和副总统期间，曾推进了《奥巴马–拜登新能源计划》《生物经济蓝图》等重要文件的出台。2021年1月，拜登上任后就立刻签署行政指令以重新加入《巴黎协定》，表明了其对特朗普时期的气候能源政策进行"拨乱反正"、全面修改的态度。目前，拜登政府已经签署了《关于应对国内外气候危机的行政命令》《保护公众健康和环境并恢复科学应对气候危机》《重建和加强移民安置计划及气候变化对移民影响规划》等多个与气候相关的行政命令。结合拜登竞选时提出的关于清洁能源革命和环境正义的计划和美国能源部（DOE）发布的国际清洁能源倡议，可以看出气候变化与清洁能源议题已经成为美国国家安全和外交政策的首要议题，呈现出不同于奥巴马时期的独有政策特点。拜登政府将气候议题安全化（气候危机）上升到国家安全的核心优先事项，并与能源议题挂钩，而这一点正是美国能源政策发生的最大变化。这种对气候议题与清洁能源议题的协同性和联动性的关注，可以查询拜登的官方竞选网站，相关内容作为首要议题被统一置于"气候与能源"框架下。核心文件包括《清洁能源革命和环境正义计划》、《确保环境正义和公平经济机会计划》及《建设现代化的可持续的基础设施与公平清洁能源未来计划》等。这些计划明确提出了"清洁能源革命""清洁能源未来""清洁能源经济"等概念，旨在从能源消耗源头上应对气候危机，实现气候能源政策对经济活动的全覆盖。拜登执政的精神内核是带领所有美国人"重拾美国的灵魂"（Restore American Soul），重建美国所谓世界灯塔的地位（America is a beacon for the globe），恢复和巩固第二次世界大战后美国主导的所谓"自由主义秩序"。其竞选总统时提出的"更好地重建美国"（Build Back Better）计划及其执政后实施的《美国就业计划》则都体现了美国政府气候战略的核心内涵，主要包括以下几点：

一是将气候变化作为国内经济发展、外交政策规划的中心。气候议题是拜登政府对外政策的核心议程，不但是拜登政府打开国内治理新局面的重要抓手，而且肩负着重塑美国国际领导力的重要使命。拜登政府的气候政策从一开始便在国内和国际两个层面同步推进。拜登政府已签署7项与气候相关的行政令。在国内政策上，围绕气候决策机制改革、低碳产业发展、社会正义转型等问题，拜登政府设立白宫国内气候政策办公室、国家气候工作组、煤炭和发电厂社区及经济振兴问题联合工作组等机构，以"跨部门、全领域"的形式协调推进国内气候行动；运用政府采购、供应链审查、基础设施投资等方式推动国内"绿色转型"；并在转型的基础上创造就业、改善社区不平等、保障传统行业工人的尊严和福祉。在国际方面，重新审查前政府气候相关政策并重返《巴黎协定》；任命前国务卿约翰·克里为总统气候问题特使，并进入国家安全委员会，明确将气候问题界定为美国外交政策和国家安全的基本要素。克里先后出访欧盟、中国、印度、韩国等地区和国家，为美国气候领导力复苏协调国际立场；举办气候领导人峰会并宣布美国气候目标、提出美国国际气候融资计划、启动B3W（Build Back Better World的简称）计划并宣布2021年年底结束政府对海外煤电的支持。拜登表示，美国将发挥其领导作用，在广泛的国际论坛上推动增强应对气候变化的雄心并综合考虑气候问题，把气候变化问题与美国的外交政策、国家安全战略和处理贸易问题的策略进行"全方位的融合"。在"领导人气候峰会"上，拜登提出了美国温室气体排放到2030年比2005年减少50%~52%的新目标。

二是重视净零碳技术的研发及应用，确保美国在关键脱碳技术创新方面的方向型领导力和理念型领导力。拜登制订专门计划加强可再生能源（风电、光伏、水电等）的开发，到 2030 年海上风能增加一倍，到 2035 年实现电力部门的碳中和。在《美国就业计划》中，涉及新能源的直接投资约为 3 270 亿美元，包括电动汽车（1 740 亿美元）、联邦采购清洁能源（460 亿美元）及重点支持农村制造业和清洁能源（520 亿美元）、解决气候危机的相关技术突破（550 亿美元，包括碳捕集与封存、氢、先进核能、稀土元素分离、海上风电、生物燃料/生物产品、量子计算和电动汽车等）。美国通过与瑞典、英国、阿拉伯联合酋长国等各国结成合作伙伴，努力在工业、电力、农业等关键部门开展全面脱碳，加快清洁技术在美国经济中的应用，到 2035 年将美国建筑库存的碳足迹减少 50%，在 2030 年年底前部署超过 50 万个新的公共充电站，到 2035 年实现 100% 零碳电力。

三是扩大国际合作和气候融资规模。在 2021 年 4 月 22 日美国举行的全球领导人气候峰会上，拜登宣布将提升自主贡献目标，到 2030 年将美国的温室气体排放量较 2005 年减少 50%。在 3 月举办的首次四国峰会上，美日印澳共同将气候挑战确定为四方乃至印太地区的优先事项，并成立新的四国气候工作组。在 G7 峰会联合声明中，发达国家就《巴黎协定》目标协调一致，并表示在国内逐步淘汰煤炭的同时于 2021 年年底停止对海外煤炭项目的融资。为了配合其领导诉求，在 2035 年前加速实现全球无碳电力系统，美国和英国与世界各地的主要电力系统运营商、研究机构和私营机构于 2021 年 4 月共同发起建立了全球电力系统转型集团（The Global Power System Transformation Consortium，简称 G-PST）。在美国国家可再生能源实验室（NREL）的协调下，G-PST 将与电力系统运营商分享提升电网弹性安全和绿色包容的运营方案。美国还与加拿大、挪威、卡塔尔和沙特（占全球油气产量的 40%）共同宣布于 2021 年秋季成立净零生产者论坛（The Net Zero Producers Forum，简称 NPF）。美国的《气候融资计划》（Climate Finance Plan）提出，到 2024 年，与 2013—2016 财年的平均水平相比，美国每年向发展中国家提供的公共气候融资翻一番。气候融资计划旨在战略性地利用多边和双边的渠道与机构，缩减对碳密集型化石燃料能源的公共投资，使资本流动与低排放、气候韧性的发展途径相吻合，从而协助发展中国家减少和/或避免温室气体排放，形成适应气候变化影响的能力。

2021 年 1 月拜登政府新的气候能源政策为中美双方提供了合作动力，中美两国作为全球最大的能源消费国，在气候变化领域所产生的影响不言而喻，既面临着共同的危机，也存在着共同利益。《中美应对气候危机联合声明》的发表，不仅为世界在疫情之下解决气候危机释放了积极信号，而且也表达了双方合作推动全球气候治理的意愿。2021 年 4 月 15—16 日中美两国气候特使在上海举行会谈并发表《中美应对气候危机联合声明》，提出中美两国坚持携手并与其他各方一道推动《巴黎协定》的实施。未来，中美两国可能的合作领域有以下三个方面：

第一，借助领导人气候峰会，推动中美应对气候变化合作，开启中美关系新征程。中美可以共同推动《巴黎协定》实施细则落地。《中美应对气候危机联合声明》中也提出要履行《巴黎协定》提出的"国家自主贡献"承诺，提高全球气候雄心，因此中方可以推动工业和电力领域脱碳、增加部署可再生能源、绿色和气候韧性农业、节能建筑、绿色低碳交通、非二氧化碳温室气体排放合作、国际航空航海活动排放合作等相关议题的交流，争取在格拉斯哥气候峰会上，推动制定关于《巴黎协定》第六条和第十三条国家自主贡献透明度框架的具体实施细则。

第二，中美可以围绕清洁技术和产业升级的政策开展合作。拜登上台后，在《美国就业计划》中更加主张政府扶持基金资助新能源汽车企业、铺设充电基础设施和其他燃料电池、固态电池、无人驾驶、第四代核反应堆等重大前瞻性技术，推动美国企业向全球出口清洁能源技术。总体来看，在基础材料、关键零部件、系统集成等方面，我国新能源电池汽车产业与国际先进水平相比还存在一定差距，质子交换膜、高性能碳纤维、高压气阀、加氢枪、催化剂材料等若干零部件仍然依赖进口。因此，中美清洁能源科技合作与技术交流具有现实基础。以绿色产业为重心的国际新经贸结构将逐渐成为支撑世界经济的主流，未来与清洁能源技术相关的贸易争端数量也会进一步增加。在新一轮绿色低碳产业发展中，中国既要与已有的国际标准加快对接，也要积极参与有关清洁能源国际技术及标准体系的倡导、谈判和制定。哈维尔·索拉纳（Javier Solana）指出，目前竞争各国利益相互交织，彻底击败竞争对手不再是大国竞争的终极目标，国际社会可以利用多边主义来调和竞争强度。因此中美可以在 UNFCCC、CEM、MI、IRENA、G20、WTO、IMF、APEC 等国际多边合作平台加强大国标准协调，同时将双边磋商与多边谈判相结合来推进中美之间的包容性竞争。

第三，推进多利益攸关方的气候和清洁能源合作。奥巴马政府曾经推动建立的中美清洁能源研究中心、中美清洁能源伙伴关系、中美能源合作项目、中美气候智慧型城市等机制具有一定的韧性，特别是某些非国家行为体合作伙伴在特朗普执政时期依然保持同中国的合作关系。中美应该鼓励和引导私营部门和社会部门的多元行为体参与到中美双边和国际多边清洁能源合作中，实现四两拨千斤的带动作用。比如中美清洁能源合作可以在一些国际双边或者多边公私合作关系（PPP）平台上释放自身的潜能。如 2015 年由比尔·盖茨牵头，包括中美企业家在内的全球顶级科技公司、工业集团和投资集团的商界领袖共同成立了"突破能源联盟"（Break-through Energy Coaltion，简称BEC），致力于集合政府与企业的力量通过清洁能源技术创新来应对气候危机。该联盟联合科学家、企业家、环保主义者和专家，旨在为电力、交通、制造、建筑、农业等行业实现净零排放规划出清洁化实现途径，为立法者和决策者制定了全面的政策手册，加快清洁能源新技术从理念到市场的应用。又如"创新使命"（MI）机制，MI本质是清洁能源领域全球多边多轨合作机制，旨在通过国际合作搭建科研—政府—企业—资本之间的桥梁来扩大清洁能源领域科技投资和加速清洁能源创新。MI除了与国际能源署（IEA）、国际可再生能源署（IRENA）、世界银行集团等国际组织保持密切联系，还注重同突破能源联盟（BEC）、全球气候与能源市长盟约（GCoM）及世界经济论坛（WEF）中的私营部门和次国家行为体保持合作关系。中国将重点牵头高比例绿色电力系统和智能电网的国际合作，可以此为契机推进中美多轨清洁能源合作伙伴网络建设，鼓励双方的清洁能源技术主要研发机构、清洁能源设备制造领军企业、能源生产及消费主体等多元行为体共同参与并探索包容性平台中的合作创新模式。

第5章 国际粮食安全及治理发展

2007年和2008年上半年国际粮食价格的迅速上涨曾引起国际机构、决策者、分析家和世界各地新闻媒体的高度关注。2020年蝗虫灾害以及新冠疫情再一次影响了粮食贸易稳定性。随着食品价格飙升至令人眼花缭乱的高度，世界上最容易受到食品价格上涨影响的穷人受到了沉重打击。彭博社的新闻稿《多国纷纷禁止粮食出口》拉开了全球粮食市场恐慌的序幕。短短10多天内，有10多个国家宣布禁止粮食出口，全球粮食危机风险骤然上升。粮食安全历来事关国家政治、经济全局的命脉，粮食安全是经济发展、社会稳定和国家安全的基础。同时，粮食作为一种全球性公共产品和区域公共产品，其安全问题不仅仅是一个经济问题，更是一个社会问题和政治问题。

国际粮食安全是联合国重点关注的领域。除了将粮食安全作为可持续发展目标（SDG）之一外，联合国政府间气候变化专门委员会（IPCC）还在第43次全会上决定，在第六次评估周期编写一份关于气候变化、荒漠化、土地退化、可持续土地管理、粮食安全和陆地生态系统温室气体通量的特别评估报告（简称《气候变化与土地》特别报告），可见气候变化治理部门也越来越关注气候变化下的粮食安全。国际社会政治格局变迁、国际法制度、技术等复杂因素的共同作用加剧了粮食安全的多元内涵改变，在这一背景下，应该以一种综合性视角探讨当前国际粮食安全的主要结构性挑战，才能对症下药、有针对性地提高我国在粮食安全治理中的领导力。几个世纪以来，有关粮食和农业的规则一直在全球范围内运作。全球视角既是一种极好的"解药"，也具有"后遗症"，如何在全球化浪潮中加强我国粮食安全具有重要战略意义。为了使这些角色预期相互一致，中国在全球粮食安全治理中发挥了更积极的作用，它将粮食安全问题带到了正在成为全球治理决策体系核心的二十国集团的会议桌上。中国的历史地位,加上其日益增长的经济实力,有助于推动二十国集团认识到粮食安全的重要性。

5.1 国际粮食安全的研究发展

对于粮食安全基本内涵的定义,不同组织的侧重点有所不同。随着时代的发展,国家资源禀赋和发展阶段存在差异,粮食安全的内涵和外延也在日益丰富和发展。首先是经济安全内涵不断扩展。约翰·马德莱在《贸易与粮食安全》中表明贸易是引发世界粮食不安全的根本原因,认为国际贸易虽然在实现食物安全中起到一定作用,但它需要少一些支配权,并且要更好地和其他政策工具相平衡;威廉·恩道尔在《粮食危机》中从地缘政治入手,指出美国、大型国际金融公司以及食品企业通过推动粮食危机来获取丰厚利润。其次是粮食安全与生态保护研究不断契合。菲利普·麦克迈克尔在《世界粮食危机的历史审视》中从历史角度考察了粮食危机发生的原因,认为全球性粮食危机是近代以来社会的特有现象,全球粮食贸易体系、新自由主义经济政策,美国不可持续的农业政策以及少数大公司控制粮食的生产、流通及销售等因素都应该为世界粮食危机和冲突负责;拉吉·帕特尔在《粮食战争》中指出,20世纪70年代,农业生产受到资本主义化和贸易自由化的影响,许多国家面临粮食生产成本过高的困扰,农业生产具有不可持续性;对粮食安全的理解与市场治理密切相关,李孟刚等认为应充分开发粮食的国内外两种资源和两个市场,维护国家粮食安全。菲利普·麦克迈克尔认为全球粮食贸易体系、新自由主义经济政策、不可持续的农业政策等因素造成了世界粮食问题。[①]美国国家情报委员会(National Intelligence Council)报告中提到的所有措施,都试图将行业与其他部门产生的影响隔离开来,例如通过食品补贴、购买海外农田或优化能源结构;艾

---

① McMICHAEL P D.Food regimes and agrarian questions [M]. London:Fernwood Publishing,2013.

雅舒等认为，供给侧（水资源、耕地面积、科研投入）和需求侧（人口）的因素对 GFS 有不同程度的影响，实现全球粮食安全是复杂的，涉及许多生物物理、经济、社会和技术挑战之间的相互作用。米格罗·艾克文认为粮食生产的主要决定因素是全球耕地面积、土地肥力和水，在气候变化、农业集约化和化学产品等因素的影响下，土地生产环境面临巨大的可持续发展问题，应该以跨学科方法进行粮食安全保障研究。此外，何塞·C.埃斯科瓦尔等认为，生物燃料使用的增加是不可避免的，国际合作必须建立在有关土地使用、生物燃料生产、环境保护等多重价值选择的基础上。[①]一般来说，现代粮食安全包括数量安全、质量安全、经济安全和生态安全等方面。其中，粮食安全最基本的要求是数量安全，即粮食产量充足，可供不断增加的人口食用，数量安全事关居民的粮食安全（买得起、用得起）和国家的粮食安全（总供给、总分配）。质量安全要求粮食营养与安全品质的高标准，涉及粮食的品质和结构。粮食生产者从生产过程中受益，其自身获得良好经济保障则是经济安全的目标。生态安全是指粮食本身和在粮食生产过程中不对自然环境产生负面影响。

除了界定粮食安全内涵和范围之外，对如何解决全球粮食安全问题的认识也存在差异。一是"传统派"。其认为传统粮食生产的增长主要依靠三个因素，即扩大耕地面积、提高土地利用率和提高单位面积产量。未来粮食增产主要是通过加强科研和技术普及，在不破坏生态环境的前提下，依托现有耕地提高单位面积产量。二是"乐观派"。世界银行国际经济部高级经济师 D.O.米切尔和 M.D.英科认为，20世纪90年代世界粮食供应比20世纪60年代要好，100年内实际粮食价格总体上呈下降趋势。虽然发展中国家的粮食进口增加了，但发达国家的生产能力完全可以满足发展中国家对粮食进口的需求，所以全球粮食供应足以应对需求的增长。三是"悲观派"。世界观察研究所所长莱斯特·布朗认为，由于资源退化，世界粮食生产的增速已从过去的每年3.0%下降到1.0%。许多国家施肥回报率在下降，土地面积因

---

① ESCOBAR J C, LORA E S. Biofuels: environment, technology and food security [J]. Renewable and Sustainable Energy Reviews, 2009 (13): 1275-1287.

工业化而减少，人口增长和环境恶化造成的社会分化破坏了政府生产粮食的努力，粮食供需形势将更加紧张。气候变化主要通过降雨量、温度和二氧化碳浓度的变化直接影响水稻生产，同时也通过土地盐渍化对沿海地区的土地资源增加间接性的压力。气候变化和其加剧的厄尔尼诺事件、台风、干旱和洪水等自然灾害进一步加剧粮食生产危机。大米是世界上最重要的主食来源，其生产也易受气候变化影响。虽然主要产自亚洲（91%），但大米在各大洲都有消费，其全球重要性和消费量都在增加。一方面，生产地区的扩大范围有限，加上日益增加的资源限制（主要是土地和水的缺乏以及相互竞争的需求），使其难以实现必要的生产增长。另一方面，气候变化导致亚洲国家农业总体产量停滞、自然灾害不断、森林被砍伐和土地退化以及农村贫困问题。气候变化的影响在目前资源退化、难以获得技术和生产投资的发展中国家将是最大的。[①]

中国的粮食安全研究始于 20 世纪 80 年代，最初主要是论述国外粮食安全的理论和政策，如 20 世纪 80 年代初中国农业科学院粮食与经济作物研究组开展的"中国粮食和经济作物发展综合研究"和 1996 年国务院正式公布的《中国的粮食问题》白皮书。目前的具体研究主要有几个方面：一是粮食生产与供给的研究。吕新亚认为，应以国内生产为基础，提高全国粮食自给率，确保粮食安全。二是关于粮食需求与消费的研究。黄季焜等指出，城市化的推进和社会经济结构的变化引起的人们饮食偏好的变化，决定了粮食需求结构的变化。三是关于国内外粮食市场和贸易的研究。柯炳生提出，粮食购销受行政区划限制，粮食流通过程中环节琐碎，管理集中，导致效率低下。四是粮食安全的基准与评价方法研究。林毅夫以我国"三年自然灾害"为例，指出农民与人民公社的关系由反复博弈转变为单一博弈，严重影响

① PORTER J R, XIE L, CHALLINOR A J, et al. Food security and food production systems [M] //Cilmate change 2014: impacts, adaptation, and vulnerability. Part A: global and sectoral aspects", contribution of working group Ⅱ to the fifth assessment report of the intergovernmental panel on climate change. Cambridge, United Kingdom and New York, NY, USA: Cambridge University Press, 2014: 485-533.

了粮食生产。可见，我国粮食安全研究的内涵也在不断丰富，主要集中在供给、贸易等运输环节的研究上。综上，诸多研究者针对粮食安全问题进行了大范围、多视角研究，获得了较为明显的成果。然而，该问题还有很大的研究空间：

首先，目前研究的分析角度与内容缺乏多元化特征，忽视了系统性这一粮食安全问题的重要特征，这就导致片段性的研究结果，难以解释粮食安全的完整图景。当前除了从粮食本身生产安全、供应安全、气候变化等传统视角进行研究外，面对日益复杂的全球市场化机制带来的粮食安全金融化趋势，研究相对不足。另外，在最近几年，国家保守主义冒头、单边措施盛行、贸易规则的有效性降低严重影响了当前各类资源的贸易安全。特别是对于发展中国家而言，如何以规则谋取国际正当利益在当前尤为重要。

其次，突发性粮食安全公共危机问题领域的研究匮乏。新冠疫情虽然没有直接对粮食安全产生较大影响，却通过贸易等间接因素影响了粮食供应链，从而影响粮食储备安全和价格安全，但是当前的全球粮食治理体系并未就突发公共事件进行提前预防。参照类似的石油安全保障措施，欧佩克以及国际能源署都通过限产保价、紧急情况下的配额分配等方式缓解了紧急粮食危机。暂且不论合法与否，这些措施至少为部分国家提供了粮食安全保障机制的参考。

最后，从国际关系理论的视角来研究全球粮食问题，忽视了国际关系理论对危机问题的阐释性作用。粮食安全不仅是自然科学领域的重要问题，也是政治博弈的结果，当前以国家关系下的治理论进行粮食安全研究依然相对缺乏，对于粮食安全历史发展进行阶段性梳理、主要特征阐述，从而发现治理体系问题所在，才能够有针对性地从治理层面对症下药，为多利益攸关方参与、多层级共同治理提供理论保障。

5.2 当前粮食安全多元挑战

气候变化对粮食安全的影响毋庸置疑，但是粮食安全的综合性、战略性研究较为薄弱。气候变化和粮食安全问题实际上是相互影响、密切关联的两个问题，无论是应对气候变化对全球安全的挑战，还是解决粮食安全问题，都需要全盘统筹系统应对，采取综合的、全面的应对措施，而不是头痛医头、脚痛医脚。粮食安全问题产生的威胁具有高度跨国性、扩散性、嬗变性、多层面性和多向度性，粮食安全具有典型的非传统安全特征。[①]除了气候变化外，国际贸易、金融化、技术等因素都成为影响粮食安全的重要因素。气候安全作为水、能源、粮食安全的上位概念，对粮食安全自然维度的影响在第 1 章已经论述，所以下文主要就其他安全维度进行论述。

5.2.1 经济要素维度：粮食贸易规则、粮食金融工具、科技

首先，国际贸易中机遇和挑战并存。从 2030 年开始，全球粮食作物平均产量将会受到气候变化的负面影响，甚至可能发生多种农产品可及性和价格的全球性大规模变动，国际贸易对中国粮食安全产生的消极影响包括：加入 WTO 以后，中国持续受到国际贸易环境变动带来的冲击，粮食安全同样不例外。中国的粮食自给自足，出口较少，粮食出口的影响力不足。美国作为全球主要的粮食生产国和出口国，是粮价上涨最直接的受益者。在此情况下中国难以掌控大豆产品的定价权。[②]农业生产离不开政策扶持，特别对于发展中国家而言，适当的国家干预能够使得农业市场走向健康秩序轨道。作为最主要与常用的政策工具，农业补贴是政府以行政手段来干预资源向农业领域转移以促进农业发展的常见手段。富裕的工业国家目前每年花费 3 000 多亿美元，甚至更多资金用于农业补贴，以支持其农业生产和贸易。发展中国家的政府无力提供类似水平的补贴，即使能够提供，捐助者也在过去 30 年里将更加面向市场的农业方针作为援助的条件之一。这种情况导致许多人认为竞争环境极不平衡，削弱了发展中国家农业生产的积极性。几乎所有世界贸易组织成员都将"补贴"看作农业政策的核心以及支持和保

---

① 张蛟龙. 金砖国家粮食安全合作评析 [J]. 国际安全研究，2018，36（06）：107-129；155-156.
② 乔帅. 国际贸易对我国粮食安全的影响的文献综述 [J]. 时代金融，2013（2）：278.

护本国农业最直接、最灵便、最有效的手段。[①]但是从 WTO 争端案件来看，关于能源、农业补贴的案件占据较大比例，面临较多纠纷。特别是随着对环境保护、贫困地区、科研支持三种情形由不可诉补贴转向可诉补贴，这将越来越不利于发展中国家对农业的扶持政策。

多个大米、小麦出口国，如越南、柬埔寨、俄罗斯等在 2020 年新冠疫情大流行影响下陆续宣布限制粮食出口，全球多地出现民众抢购、囤粮、物资短缺的场景。2020 年 3 月 26 日，联合国粮农组织首席经济学家马克西莫·托雷罗·库伦在接受采访时曾指出，各国政府采取的贸易保护主义措施可能会引发全球粮食短缺。基于公共卫生事件的粮食供应安全、价格安全是否可以明确作为贸易规则例外条款使用？如果适用，是否依然需要遵循非歧视原则约束？此类贸易规则关系到紧急情况下整个粮食供应链的正常运转，而当前的贸易规则依然存在很多不完善之处，例如适用情形上的模糊规定、争端解决机制的不具体等，导致粮食安全贸易规则难以达到很好的治理效果。

其次，粮食安全金融、技术话语权失衡。世界人口持续递增，极端天气事件与粮食生产不确定性因素增加，导致全球粮食供需失衡。在粮食的金融化方面，随着粮食产业不断使用外汇、期货、期权等金融工具，粮食的金融化属性也越发突出。粮食的金融化，实质上主要指粮食的美元化，美元超发引起的货币贬值和油价高企，使得作为粮食出口大国的美国成为最大受益国，包含粮食在内的大宗商品价格走势脱离基本面的特征愈发明显。美元作为流通度最大的货币，对各类大宗商品的价格走势起到关键作用。对冲基金、指数基金和主权财富基金在农业大宗商品市场的涌入，被认为是短期内基本主食价格恶性通货膨胀背后的关键力量之一。2020 年 2 月开始发生的美股熔断现象，再一次证明了美元作为世界货币的连锁效应。以美元计价的农产品名义价格将上涨，对美国粮食的需求可能也会上升。由于美元渗透到了各类经济秩序中，在粮食贸易中占据价格主导权，使得主要发展中国家深受粮食贸易价格波动影响。

---

① 陈芬菲，李孟刚. 我国粮食安全的国际风险源探讨［J］. 中国流通经济，2011（2）：97-100.

以美国为代表的主要发达国家正在积极推动生物质能源等技术的开发和利用，但是由于技术的垄断，单方面采取的技术贸易壁垒措施阻碍了技术的全球性流动。现代农业的内涵不再局限于传统的粮食种植、养殖业等农业部门，而是包括了食品加工业等第二产业、粮食作物的存储（在非洲大陆，谷物的收获后损失达 15%~20%）、运输以及农业服务等第三产业内容。[①]技术对于部门的扩展与发展起到关键作用，因此掌握先进技术的国家不仅能控制粮食生产链，也能控制包括分销等下游机制的整个产业链。除了将可再生能源作为当前热点开发技术外，粮食生产层面的灌溉技术、运输过程中的冷藏技术等对于粮食的可持续利用都发挥了重要作用。国际技术贸易虽然提供了国际技术全球扩散的法律基础，但是在执行措施上依然力度不够，主要技术依然由少数发达国家持有。近几年来，环境保护与贸易结合度趋势不断增强，以技术为基础，进行贸易产品干预成为大国的主要手段，例如制定 PPM 技术标准对生产过程和方法进行技术性规定，为主要发达国家实施单边措施，以域外法权进行国际干扰提供了"合法性"外衣基础。

5.2.2 社会维度：人口结构、多利益攸关方

首先，人口被认为是全球粮食安全需求方面的主要驱动力。庞大的人口数量与粮食安全密切相关，特别是对于许多发展中国家而言，农业增长对于工业及新兴产业具有基础性作用。然而，由于它只反映了部分平衡，粮食安全的分配在国家之间和国家内部是不均匀的，不太可能在各国之间保持一致。最近全球经济和技术的发展，已大大减少了饥饿现象，因此可能会削弱饥饿人口与全球粮食安全之间的联系。然而，还有其他与人口相关的因素，如人口之间的相互作用和饮食偏好的变化，也可能会对粮食安全内涵产生深远的影响。2012 年，为加速推动不同国家、联合国机构、非政府组织、民间社会和私营部门的营养行动，世界粮食计划署

---

① 安春英．"一带一路"背景下的中非粮食安全合作：战略对接与路径选择 [J]．亚太安全与海洋研究，2017（2）：93–105；129.

（WFP）发布了《WFP营养政策》。各国粮食安全结构的不同侧重点将影响产业设置，从而对他国传统粮食产业造成冲击。粮食产量增长只代表国内粮食供应能力，并不等于实现粮食安全，粮食安全还取决于粮食生产的长期可持续发展及需求增长和结构变化。[①]面对人口数量结构国别、地域、粮食偏好的不同，只有与时俱进、更新粮食安全的认知维度，才能适应当前不断变化的粮食安全发展。在气候变化背景下，中国农业经济受到严重影响，粮食安全受到威胁，未来中国粮食供给压力会比较大，为保持2017年的人均粮食占有率和粮食自给率，2025年的粮食产出需要稳定达到6.35亿吨。

其次，多利益攸关方参与粮食安全治理可能产生不利影响。非政府组织和行业组织在新形势下全球治理中的崛起将对粮食安全稳定性产生影响，例如转基因案例表明，民间社会行动者，特别是欧洲的民间社会行动者正在崛起，成为食品治理领域的一股新的强大力量。尽管政府最初支持这项技术，但欧洲的消费者强烈反对将转基因食品进口到他们的国家。消费力的上升意味着传统的政府监管决策者必须对非专家的投入更加开放，并考虑综合声音对粮食安全的考量。在发展新农业作物、引进新粮食产物时，除了行使公共职能外，还要考量公民社会对于该公共政策的支持度，才能保障公共政策能够得到"自下而上"的有效执行。在全球粮食安全的供应或需求方面，治理状态的重要性超过了所有其他可减轻影响的因素。治理的彻底失败常常导致内乱、战争和粮食不安全的极端情况。中东地区的粮食冲突曾一度是该地区矛盾产生的重要原因，粮食治理体系只有符合社会公民的一般合理预期，才能发挥政府政策的作用。

5.3 粮食安全治理制度演变

粮食安全治理制度的演变与主要国家的崛起有关，受到国际政治秩序格局变迁

---

① 李轩. 重构中国粮食安全的认知维度、监测指标及治理体系 [J]. 国际安全研究，2015，33（3）：68-95；158.

影响，在不同的阶段呈现出不同的特点。总体而言，在相当长的一段时期内，国际粮食安全受到主要大国国家利益的绝对干扰，这些大国以国家实力的绝对压制形成粮食安全的利己特征，所以在早期，粮食安全的合理治理受到霸权主义影响。当前随着国际政治多极化的发展，粮食安全多元化的格局逐渐形成，区域性治理、组织性治理充斥粮食安全治理体系，制度复合体趋势日益明显。

第一，以英国为中心的粮食制度（1870—1914）。作为当时世界的领导大国，英国开始将其大部分粮食生产外包，鼓励包括加拿大和澳大利亚在内的殖民地将土地大规模转变为小麦和肉类产地。以英国为中心的粮食制度，其基础是国内农业部门和殖民地生产的互补，涉及全球热带作物的制成品交换。这一粮食制度源于将北美洲、澳大利亚、南美洲和亚洲的殖民国家与欧洲宗主国家连接起来的粮食贸易的巩固。

第二，以美国为中心的粮食制度（1945—1973）。在多年的经济萧条、战争以及保护主义之后，第二个粮食制度建立在第二次世界大战后成为世界强国的美国的全球统治下。与以英国为中心的粮食制度相比，以美国为中心的粮食制度使政府对粮食生产和国际贸易的干预规范化。在以美国为中心的粮食制度下，剩余粮食的流动路径发生改变，其主要是从美国转移到其冷战时期的盟友，与英国霸权干预时期相比，存在较大差别。从背景而言，英国以殖民主义扩张方式掠夺资源，以外包形式满足国内粮食需求，这是一种输入路径。而解决产能过剩、扩大粮食国际市场是美国的重要倾向，因此美国为了使自己的农业机械化优势更加明显，更多选择以输出方式形成并巩固粮食贸易市场。

第三，新自由主义影响下各种国际组织与联盟纷纷建立，国际合作开始盛行，在全球治理理论驱动下，越来越多的专门性粮食组织以及边缘化组织，都对粮食安全进行了或多或少的干预。首先是联合国粮食及农业组织框架下的粮食治理机制。在建立了粮农组织之后的几十年中，在联合国（UN）中负责解决各种复杂问题的国际机构包括世界粮食计划署（WFP）、国际农业发展基金会（IFAD）、营养常务委员会（SCN）。世界银行集团也建立了安全机构，如国际农业研究咨询小组

（CGIAR）。其他国际机构独立于联合国或布雷顿森林机构，如粮食援助委员会（FAC）。众多区域性与非正式治理范式也参与到粮食安全治理体系中来，其中包括世界粮食安全委员会（CFS）、八国集团（G8）/二十国集团（G20）等多边粮食安全论坛等。全球粮食安全治理似乎正在向更深层次的多元化方向发展，参加CFS的农民团体也表达了不同的参与声音。[①]在联合国粮食安全高级别会议、八国峰会、联合国千年发展目标高级别会议、联合国粮农组织大会特别会议、APEC峰会等重要国际会议中，粮食安全都是重要议题，各国都试图对解决粮食危机问题提出种种措施和主张，但效果不佳。原因主要有三条：一是美国作为生物燃料生产大国，没有受到任何道义上的谴责或实际约束。美国将20%的玉米用于燃料生产，提高了粮食价格。二是在履行粮食援助承诺上，缺乏实际有效的执行方案。三是欧美发达国家推行农产品高额补贴政策，通过贸易保护主义，影响世界粮食市场，操控全球农产品价格。当前，以欧美为主导的全球粮食治理体系已成为导致全球粮食安全恶化的重要原因。

然而近年来，这些发达国家试图把粮食危机的责任转嫁给中国和印度，认为中印对粮食的需求造成了世界性粮食危机。从美英等主要大国对国际粮食市场的干预，到新自由主义下各种区域与全球性组织的不断建立，充分体现了国际政治格局对于粮食安全治理的结构性影响。从三阶段的粮食安全治理体系演变来看，最突出的特征即是作为国际关系的本质——主权利益对粮食安全治理的持久影响以及当前面临的各种机构重叠困境。具体而言：

首先是以粮食援助加强主权国家利益的路径占据了重要比例。[②]第二次世界大战之后，剩余处置制度是在国内和国际政治动机的共同作用下产生的，由美国的巨

① MARGULIS M E.Global food security governance：the committee for world food security，comprehensive framework for action and the G8/G20 [M] //RAYFUSE R，WEISFELT N.The challenge of food security. Cheltenham：Edward Elgar Publishers，2012：231-254.

② CLAPP J，COHEN M J.The global food crisis：governance challenges and opportunities [M]. Waterloo：Wilfrid Laurier University Press，2009.

大势力和利益驱动。同样的条件也推动了联合国、国际金融机构和马歇尔计划的全面改革。第二次世界大战后的大部分粮食贸易的形式都是援助资金，用于帮助重建以前饱受战争蹂躏的国家，其中包括战败的美国对手。随着20世纪50年代初经济复苏计划的实施，美国的农业政策创造了国有粮食的增长库存，美国在1954年夏天颁布了一个永久性的粮食援助计划（PL480）。1954年，美国成立了联合国粮农组织盈余处理咨询小组委员会（CSSD），这是一项被动的国际政策，旨在防止公然的盈余倾销，以利于美国农民。

随着发展的时代主题不断突出、美国和欧盟农业政策的重大变化，剩余供给动机减弱，世界事务中更重要的变化促成了政权的转移。然而，在以发展为导向的体制内，粮食援助保留了一些原始动机。它继续被用于外交目的，其分配仍然受到冷战等影响，农产品出口商的利益继续影响总量和制度规则（例如大部分粮食将在哪里购买）。这些力量并没有消失，它们只是变得越来越不显著。

随着冷战的崩溃和需要粮食援助的大规模紧急情况迅速增加，特别是在非洲，围绕消除饥饿这一共同的国际目标，出现了一个稳定和持久的共识：使粮食援助的重点及其核心理由在20世纪90年代转向紧急情况和人道主义救济。无论是通过采取"正确的"发展政策，还是加强政治联盟和缓解捐助者政府库存的过剩，在"人权救济"共识下各种援助措施都似乎合理。因此，通过援助形成的粮食帮助本质上并未摆脱国家利益干扰，各种援助政策的制定与国内农业产业发展密切相关。

全球粮食和农业管理是分散和不连贯的。许多国际机构要求角色和任务重叠，而且相关机构内的权力结构也大不相同。布雷顿森林体系机构（世界银行和国际货币基金组织）在为农业和农村发展项目以及粮食进口提供资金方面发挥着重要作用。它们非常注重市场，主要的捐助国政府对董事会具有决定性的投票权。相比之下，设在罗马的联合国粮食及农业机构（粮农组织、粮食计划署、国际农业发展基金会），其理事机构中北方和南方的代表更为均衡，并在规范发展、数据收集、技术援助和紧急援助中发挥重要作用。粮农组织和联合国人权机构（高级专员办事处，人权理事会联合国食物权问题特别报告员和经济、社会、文化权利委员会）调和了粮食和农业发展的新自由主义方针，强调以权利为导向，使获取食物成为政策分析的试金石。由于各种国际组织都可以代表当前主权国家签署资源协议，当前也并不存在具体的国际组织等级划分，使得这种重叠、碎片化的现状进一步扩大。联合国虽然是执行力、声誉较高的最重要国际组织，但是管理事项过多，重点依然以军事、国防等传统安全领域为主，在粮食安全等非传统安全领域的执行力不足。所以，面对碎片化的普遍趋势，国际粮食安全治理体系也不例外地受到这一困境的干扰。

实践篇：
能源-粮食-水三位一体安全的区域
治理和可持续发展

导言

世界正处于大发展大变革大调整时期，和平与发展仍是时代主题，2030年可持续发展事业任重道远，能源-粮食-水的三位一体安全机制建设面临一系列新的机遇。本篇就能源、粮食、水在南亚、东南亚、中亚以及非洲四大区域的区域治理和可持续发展进行研究，包括了能源、粮食、水三者的互动关系，三位一体安全建设，各区域能源-粮食-水安全纽带与可持续发展目标的对接，以及落实可持续发展目标的机遇和挑战及其实施路径。

在南亚，气候变化加剧了长期以来困扰该区域发展的生态环境、水、粮食和能源问题。南亚区域以煤炭为主的能源结构影响了南亚的气候和环境状况，南亚三个主要国家印度、巴基斯坦和孟加拉国，在水、能源和粮食方面问题突出，需要强调区域能源合作纽带建设的重要性，加强三位一体安全建设与可持续发展目标对接。实现南亚地区能源、粮食与水的协同发展，则需要转变认知理念，中印两国都要改变以煤为主的能源结构，发展绿色能源，由竞争状态向发展状态转变，实现与联合国可持续发展目标的对接，以河流流域合作为抓手，以专业与技术领域合作为重点，借鉴澜湄合作机制，推进南亚区域可持续发展和环境治理。

在东南亚，特别是湄公河区域，水、能源、粮食之间形成了一种相互影响、相互制约，极具敏感性和脆弱性的安全纽带。东南亚的能源−粮食−水三位一体安全内涵外延较大。东南亚地区气候变化导致湄公河三角洲海平面上升、极端天气导致粮食作物季节性变动大，湄公河地区水资源恶化和水电发展矛盾加剧，而通过生物能源作为补充存在很多弊端，因此湄公河的安全纽带极为脆弱，对其可持续发展形成了严重阻碍，还极易引发地区和国际政治、经济、社会冲突。一方面，环境部门之间存在安全矛盾，主要表现在存在安全威胁的传递机制。另一方面，安全纽带关系中也存在着治理机遇。湄公河流域的水电、渔业和农业发展需要协同治理，因此在湄公河区域环境安全纽带重要性日益突出。中国是湄公河区域可持续发展治理的重要参与者，因此在安全纽带的背景下中国应增强自身的参与和治理能力，推动湄公河更好地实现环境安全与繁荣。目前区域国家正在将水、能源、粮食契合到可持续发展目标建设中，实现区域能源−粮食−水的三位一体安全的同步发展。

中亚作为全球气候变化脆弱地区，也是生态系统恶化最严重的地区之一，其环境安全易陷入"闭环"状态，即具有纽带传导性、议题联系性和威胁双源性的特点，因此其环境安全问题更为敏感复杂。气候变化对于中亚环境安全是一种系统性影响，而水、粮食和能源是三个重要的连带因素，仅关注其中一项会产生非预期后果。其中水资源的分配不仅阻碍中亚一体化进程，还隐含极大安全风险。作为中亚地区最稀缺的资源，水资源极易在本区引发"生态多米诺骨牌效应"。中亚水资源和粮食生产之间存在着复杂的相互影响和制约的关系，水资源减少会对粮食生产造成影响。另外粮食部门还面临能源部门的水竞争，而从水与能源的关系上来看，上游国家发电用水与下游国家农业灌溉用水之间存在着结构性矛盾。中亚作为新的地缘政治地区，在巩固中国边境安全方面发挥着重要作用。在中亚地区，需要坚持政治合作引领，夯实生态环境合作基础，通过环境纽带理念塑造、环境技术改造、治理机制创建三个层面来发挥中国的引领作用，以能源、农业和水利等基础设施投资协调中亚基本矛盾，"一带一路"丝路基金和亚洲基础设施投资银行可以提供资金保障。解决中亚国家水资源冲突需要加强一体化管理协调，为提升中亚国家整体可持续发展能力提供国际支持和帮助。

非洲作为"一带一路"倡议不可或缺的组成部分，同时也作为最不发达地区，其能源-粮食-水纽带安全对于中非深化合作领域与发展趋势具有重要意义。非洲素有"热带大陆"之称，气候变化导致本区耕地退化、水力发电在一些地区逐渐减弱，非洲各国还对有限的跨境水资源进行竞争。本区域石油出口与消费比例严重失衡，生物质能源是撒哈拉沙漠以南非洲国家电力的主要来源，导致饮食的能源来源大大减少。能源-粮食-水安全纽带在本区域极易因传导效应引发其他领域的问题。非洲的水、能源、粮食的相互联系和传导所产生的安全影响日益严重，主要表现在气候变化对水和粮食的影响、水和粮食间的相互影响，以及能源和水、能源和粮食间的相互影响。维护非洲在内发展中国家的利益是中国建设全球生态安全和应对气候变化政策的必然逻辑。从能源-粮食-水的三位一体安全纽带来看，中国作为发展中国家的转型发展经验是中非合作的重要发展经验基础，中非合作的主要路径是绿色发展，加强气候变化谈判，合作应对挑战。中国的走出去战略是中非合作应对安全纽带的物质基础，南南技术合作是中非合作应对安全纽带的重要支撑。安全纽带视角下中非加强合作应对水-粮食-能源安全纽带，不仅是技术问题，同时也是一个国际政治经济问题，基于中国特殊的政治经济和生态文明建设经验，共同应对能源-粮食-水的三位一体安全挑战，是中国深化与非洲友好关系、拓宽中非关系社会基础、寻求新的合作增长点的契机，也为全球应对气候变化和建设可持续发展伙伴关系提供了基础。

第6章 南亚的能源-粮食-水三位一体安全

南亚生态环境、水安全和能源等问题长期以来困扰区域发展，南亚水流域地区长期交织着经济落后、能源匮乏、自然灾害频发和水资源主权争议等问题，而气候变化危机加剧了资源、环境和社会经济问题的相互冲突，影响该地区可持续发展。环境资源竞争与政治实力捆绑的安全观使得问题更为复杂。南亚能源-粮食-水三位一体安全极为复杂，并且与联合国2020年可持续发展目标的诸多方面息息相关。如何秉承联合国可持续发展目标的精神，从气候、水、能源相联系的纽带视角推进区域可持续发展合作，是摆在联合国和相关国家面前的重要环境议程。

6.1 南亚能源-粮食-水三位一体的互动关系

在全球气候变暖背景下，南亚区域发展长期受生态环境、水安全和能源等问题制约，南亚地区有7.8亿人缺乏安全饮用水，大约13亿人缺乏电力。南亚经济社会发展进程在整体环境限制下进展缓慢，地区合作长期被限制在较低水平。作为世界人口数量第二的大国，印度2011年人口超过12亿。近10年来，印度能源系统的规模和结构发展迅速。虽然过去20年中，印度的能源消费与收入呈正相关，但印度遵循的是一种高经济增长模式，因此在过去10年中，印度能源与收入之间出现了边际脱钩。化石燃料一直是印度能源结构的主要来源，煤炭仍占主要份额。交通、工业和城市住房部门对石油和天然气的需求增长迅速，但印度缺乏充足的能源和资源，进口石油占全国石油消费的3/4，占能源消费总量的近1/3，这些进口增加了能源安全的风险。此外，化石燃料在能源结构中的比重居高不下，导致当地污染物和二氧化碳排放量增加。传统生物燃料在能源消费总量中的比重稳步下降到15%以下。由于农村和郊区依赖生物燃料作为家庭能源，生物燃料在印度的能源体系中发挥着重要作用。家庭使用生物燃料是室内空气质量差的主要原因，也导致妇女和儿童出现健康问题甚至死亡。由于基础设施和收入不足，将近3亿人（即印度农村人口的1/3）无法用电。

南亚地区水争议集中在雅鲁藏布江，涉及中国西藏地区、印度和孟加拉国。印度在南亚水地缘上大致居于中心，其他国家位于边缘，南亚各国涉水领域互信不足，政策冲突，矛盾突出。气候变化危机加剧了资源、环境和社会经济问题的相互冲突，影响了该地区可持续发展。[1]伊尔汉·奥兹图克进一步研究探讨了金砖国家（巴西、俄罗斯、印度、中国和南非）与粮食-能源-水长期可持续性相关的生态指标。他认为可持续性问题源于环境库兹涅茨曲线（EKC）假设和生物多样性，需要适当的资源分配以在金砖国家之间确保粮食安全。

南亚安全纽带也和联合国2020年可持续发展目标的诸多方面息息相关。"一带一路"沿线国家绿色发展能力结构性短板突出且差异性显著，同时呈现出明显的"俱乐部"空间格局。[2]其中南亚区域的水、能源和粮食问题突出。南亚首先在能源自给率上面临着问题。南亚三国能源自给率均非常低，其中印度能源结构依靠煤炭，因此也是世界上最主要的温室气体排放国家之一。除煤炭和民用核电以外，水电对印度来讲也十分重要。流经南亚的河流很多都是发源于青藏高原，如雅鲁藏布江流入印度以后，再流入孟加拉国入海。化石燃料一直是印度能源的主要来源，煤炭所占份额仍然占主要地位。增长最快的是交通、工业和城市住宅领域对石油和天

① BROMWICH B.Nexus meets crisis：a review of conflict，natural resources and the humanitarian response in Darfur with reference to the water-energy-food nexus.

② 李师源．"一带一路"沿线国家绿色发展能力研究［J］.福建师范大学学报，2019（2）：24-33.

然气的需求。国际可持续发展研究表明，气候变化背景下南亚国家可持续发展水平相对落后、能源处于短缺状态，导致气候变化叠加灾害更加严峻（SDSN，2019）。联合国可持续发展行动网络报告指出，南亚能源自给率长期不足（SDSN，2019），同时水资源的合作开发争议频繁，另外对于传统化石燃料具有高度依赖等因素都限制了南亚国家发展，并导致气候变化叠加灾害更加严峻。对于东南亚地区，环境安全纽带风险已日益突显。南亚脆弱的生态、尚不完善的经济结构以及人口特征都决定了该地区在水–能源–粮食之间的纽带互动过程中具有极强的安全敏感性和脆弱性。

南亚地缘政治中的水、能源和粮食问题突出。印度、巴基斯坦和孟加拉国是南亚地区三个主要的国家，东亚三个主要国家是中国、日本和韩国。东亚地区生产总值大约是南亚地区生产总值的5倍。南亚与东亚现代化和工业化发展水平上的明显差距，同样反映在资源利用效率与方式上。世界发展历程证明，工业化发展越落后，现代化程度越低，对自然环境破坏就越大，对资源消耗就越高。自认识到气候变化是全球问题以来，印度就参与了全球合作，应对气候变化。印度在全球科学论坛（例如IPCC）和谈判论坛（例如UNFCCC，京都议定书）中积极开展工作。印度的缓解和适应方法是使全球气候变化政策和行动与国家发展计划、政策和行动保持一致。印度设有专门的可再生能源部（MNRE），并且长期以来一直推广可再生能源。印度实施可再生能源政策的两个动机为：（1）通过清洁和分散的能源供应来增加农村地区的能源获取；（2）在印度发展具有竞争力的现代可再生能源产业，以提高印度的可再生能源份额，从而提高能源安全并降低环境风险。印度凭借可再生能源和能源效率技术已从全球碳市场中受益，同时通过清洁发展机制（CDM）获得了碳市场的利益。

6.2 南亚国家可持续发展概况

2015年9月，所有南亚国家在联合国可持续发展峰会上支持通过了《变革我们的世界：2030年可持续发展议程》及17项可持续发展目标，为未来15年可持续发展指明了方向。新议程涉及可持续发展的社会、经济和环境三个方面。落实2030年可持续发展议程是国家、区域和全球的重要议题。2030年可持续发展议程和目标有诸多新特点：强调更加共同和普遍性的发展，将发展中国家放在更加重要的位置上；更加重视可持续发展，努力改变传统经济增长模式；更具综合性，强调经济、环境和社会和谐发展，也强调市民参与共商共建；更加重视法律、治理和伙伴关系，强调其对未来的极端重要性。自2015年以来，联合国可持续发展行动网络每年发布《可持续发展目标指数和指示板》，对各个国家落实可持续发展目标的水平进行评估。[①]该报告制定了一套用于评估国家实现可持续发展目标的标准，为17项可持续发展目标的每项目标建立一套具体指标，构建了"可持续发展目标指数"，并根据各国、联合国、世界银行集团等机构发布的数据对各国的2030年可持续发展议程指数进行了测算与排名。虽然这套指标体系存在一定的局限性，但仍是全球较为认可的了解各国实现可持续发展目标现状的依据，并为各国家、地区之间进行横向比较提供了可能性。联合国可持续发展行动网络（Sustainable Development Solutions Network，SDSN）的所有工作都致力于支持全球落实2030年可持续发展议程，包括关于气候变化的《巴黎协定》。

南亚共7个国家，尼泊尔、不丹为内陆国，印度、巴基斯坦、孟加拉国为临海国，斯里兰卡、马尔代夫为岛国。表6-1为南亚国家（不含马尔代夫）落实2030年可持续发展目标的得分和全球排名。

---

① 2016年7月，联合国可持续发展行动网络发布了全球报告《可持续发展目标指数和指示板》，这份报告由包括联合国官员、学术界人士、非营利机构代表在内的150多名专家共同研究撰写，旨在帮助各国了解全球范围内可持续发展目标的落实进度和本国在可持续发展目标落实进程中需要优先解决的问题，督促各国在本国范围内尽快出台并执行与可持续发展目标相符的政策。

表 6-1 南亚国家落实 2030 年可持续发展目标排名

年份 国家	2016	2017	2018	2016	2017	2018
	得分			全球排名		
尼泊尔	51.5	61.6	62.8	103	105	102
不丹	58.2	65.5	65.4	82	83	83
印度	48.4	58.1	58.1	110	116	116
巴基斯坦	45.7	55.6	54.9	115	122	126
孟加拉国	44.4	56.2	59.3	118	120	111
斯里兰卡	54.8	65.9	64.6	97	80	89

图 6-1 为中国和南亚国家 SDG 指标排名变化情况，图 6-2 为 2016—2018 年中国与东南亚、南亚国家 SDG 指标分值比较。

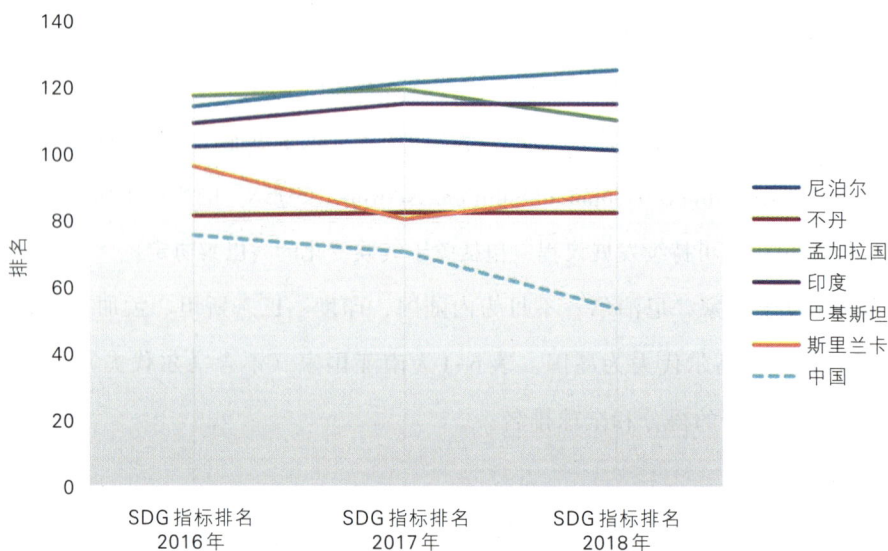

图 6-1 中国和南亚国家 SDG 指标排名变化情况

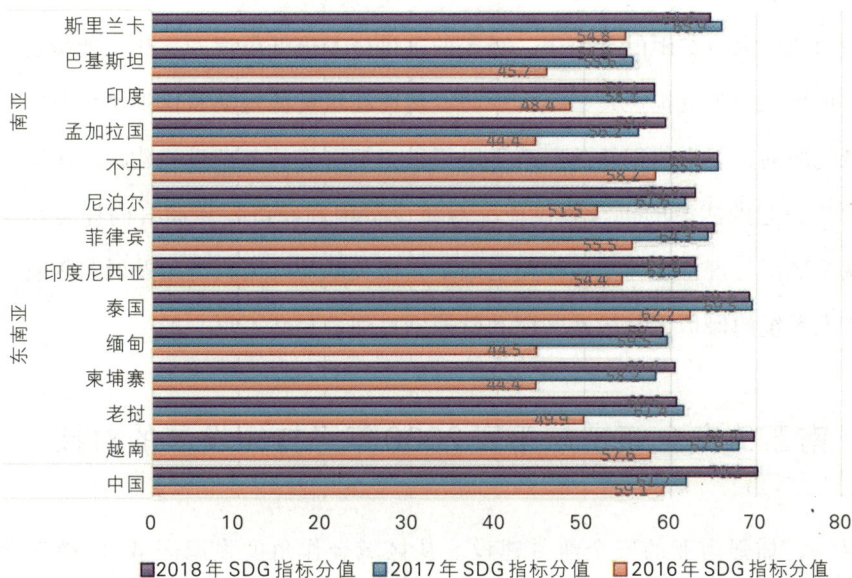

图6-2　中国与东南亚、南亚国家SDG指标分值比较（2016—2018年）

6.3　南亚能源-粮食-水三位一体的安全建设

　　能源、粮食和水不是孤立的安全问题，而是紧密联系在一起的，三者相互影响并形成三位一体的互动关系。传统上对能源、粮食和水安全的研究常常呈现局部、静态和单向度的特点，难以从根本上解释复杂、动态和多元博弈的三位一体互动问题。因此要从技术、政治、经济、外交等多学科整合入手，完善能源、粮食和水安全三位一体的治理机制。水、能源和土地具有维持生命的功能，并且是满足人类基本需求和发展的关键资源。然而，7.8亿人缺乏安全饮用水（世界卫生组织和联合国儿童基金会，2012），大约13亿人没有用上电（国际能源署，2013），且对于南亚绝大多数在农村地区的人而言，可耕种土地是他们生活的主要来源（世界银行，2013）。如同减贫是包容性和可持续发展的基础一样，对上述能源的获得、使用和可持续管理也是包容性、可持续发展的基础。然而，对食物、水和能源的需求到

2030年预计将增长30%~40%。

在南亚国家与贫困的斗争中，稳定的水供应及最低限度的、让人能接受的水的质量、可用性和可负担性是必不可少的。贫民在水资源短缺及由洪水引发的灾害面前是最脆弱的，因为他们缺乏财政手段用以投资可靠的基础设施建设。干净、可靠及能负担得起的能源的可持续供应，对减少贫困和经济发展而言同样是相当重要的。减少贫困与可持续的土地使用之间是紧密关联的，因为土地及对与粮食生产相关的生态系统的保护，对战胜贫困和营养不良而言是必不可少的。

6.4 南亚的安全纽带与落实2030年可持续发展的对接

第一，加强南亚的安全纽带建设。从区域合作角度强调区域水-能源合作纽带建设的重要性。其一，气候、水和能源安全挑战多元化，气候变化是催化水-能源灾害的因素，水治理则是区域合作的纽带。各国代表认为，中-印-孟跨境河流存在水资源流量管理困难、人均水资源消费不均衡、水域污染、可再生能源开发不足以及气候灾害频发等问题。气候灾害会影响喜马拉雅地区整个生态系统，引发更严重的水文风险，破坏水质，还特别影响水利和水电站的开发建设。其二，需充分考虑南亚气候变化灾害加剧的背景，认识到水和能源管理的协同效应，优先合作发展可再生能源。随着气候变化的每况愈下、人口和经济生产率的增长，各方认识到建立生态文明是跨境水流域可持续发展的解决路径，合作发展可再生能源是各方的利益交汇点。中印两国目前都是可再生能源开发大国，孟加拉国则是南亚面临气候变化风险最高的国家，灾害的发展正聚焦能源问题，需要通过可持续能源来满足增长的能源需求。面对人均电力不足的态势，水电作为一种潜在能源，可应对以煤炭为核心的能源结构带来的发展和环境问题，但这种可持续能源尚未被较好地利用。

第二，以南亚安全枢纽促进2030年可持续发展议程落实。气候-水-能源纽带视角可以把区域的水与政治问题转换为共同发展的生态文明建设系统工程，重点从专业和技术领域合作入手，从技术层面化解误判误解，增进中国、印度和孟加拉国等国间的相互信任。中印双边水–能源议题的背后存在领土问题争议，因此在水–能源相关治理开发方面应尽可能纳入政府、企业、当地民众和科学家等多利益攸关方，通过广泛对话交流，促进共识达成和互信，通过发展合作来推进区域水–能源基础设施建设。特别是在面对水、能源、气候变化等一系列相互传导的资源环境挑战时，只有率先推动区域、专家、国家间达成共识，才能促进相对应的有弹性的政治行动。目前中国、印度、孟加拉国、不丹等雅鲁藏布江流域国家需要优先实现以下领域的知识和技术共享：洪水和其沉积物管理、水电的有效开发利用、跨境流域的内陆航道共同开发、普及可再生能源技术、气候变化减灾和适应能力等。此外，还应发挥世界银行、新开发银行、亚洲开发银行在水–能源知识分享中的第三方协调作用。

第三，坚持可持续发展导向，应积极避免跨境水问题的安全化和政治化。印度和孟加拉国学者一味强调跨境水–能源合作的挑战和争议：其一，水管理–能源发展相互掣肘，表现为孟加拉国水电发展受到来自上游水量和水质的限制，存在跨界流域水坝建设与跨境河流主权管理的矛盾等；其二，水–能源相关基础设施建设投资巨大，单一国家特别是孟加拉国、不丹等亟需上游国家和国际投资主体的资金支持；其三，气候灾害导致的极端降雨事件对水库库容、水坝弹性和水电设施均有影响；其四，南亚当地居民对于水利和水电建设存在消极情绪和疑虑，水–能源开发未能充分满足当地利益。我方可将气候变化、水危机、粮食问题以及水电能源的开发建设纳入统一的框架下，推进气候–能源–水纽带视角下区域合作机制的建立和深化，避免水议题讨论被泛安全化和政治化。为此，中国应尽快主动跟踪雅鲁藏布江下游国家的政策动向。印度已经拉拢孟加拉国等下游国家进行机制建设，在跨境水流域的建章立制方面取得先机，我方应尽早采取主动，与雅鲁藏布江下游国家开展交流对话，了解这些国家的未来政策走向、政治局势的变化以及学术界的认知等情况，为我国跨境水流域治理机制建设的方向、具体目标以及实施提供支持，以期通过治理机制的构建实现综合的外交目标。印度和下游国家突出跨境水博弈，企图激化现有上下游国家的水矛盾。我方应从气候–能源–粮食–水综合建设角度出发，发挥中国在发展议题上的优势，把跨境水问题转变为跨境气候–能源–粮食–水的生态文明建设问题，避免此区域的水议题讨论泛安全化和政治化。

第四，加强借鉴澜湄合作机制。应建设以"澜湄机制"（LMC）为蓝本的南亚区域水–能源合作机制。目前南亚有以印度为核心的南亚区域合作联盟（SSARC）和孟不印尼合作（BBIN）等组织，其问题在于：一是中国作为最大的利益攸关方并没有充分参与区域合作机制的建设和发展，在南亚多数国家存在以印度为中心的双边条约或协议，但缺乏多边综合条约或协议；多边区域合作机制缺乏执行力，被国际领土争端所产生的效力牵制。二是中国、印度、孟加拉国、不丹等雅鲁藏布江流域国家需要共同保护环境，推进相关水流域的可持续发展，保护雅鲁藏布江的水质，中国需要发挥优势，以水–能源生态文明系统工程建设的方式来推动区域机制建设，具体从澜沧江–湄公河治理的"澜湄机制（LMC）""3+5+X合作框架"中借鉴可行性方案，为南亚地区和国家的水资源整体规划提供商业、技术、科学和政治的组合机制。三是中国和印度应该在区域内发挥主导作用，双边构建互信，以全球性视角而非纯技术层面思考气候–水–能源纽带发展和治理机制，让技术要素为政治、经济支柱提供坚实的基础，将水治理纳入政治进程，可以在孟中印缅区域合作论坛（BCIM）、"中印+"合作处理水污染问题等既有对话机制上保持长期合作，讨论双方分歧和共识点，继而展开更多对话窗口。

在全球减缓气候变化的共同努力下，中印两国丰富的煤炭资源的利用都将受到影响。为了保障粮食安全和能源安全，如何在水电建设领域上开展合作，在不影响河流生态健康的前提下达到发展效益的最大化，需要更为深入和广泛地探讨。为了满足上述合作的需要，在区域社会经济发展不均衡的现状下，如何寻求创新型的合作机制、平衡上下游的发展诉求，是中印孟三国合作将面临的一个基础性挑战。如何结合各国的发展现状和前景，充分考虑水资源的经济、社会、文化、宗教和生态等需求，有效地利用生态支付和补偿等创新型的合作机制，是决定三国间能否顺利展开实质性的区域合作的一个决定性因素。最后，全球和区域气候变化带来的灾害防治和其他适应性工作的挑战难度不断加大。在全球和区域气候变化的作用下，洪涝、干旱和高温等极端气候事件发生的概率和强度都可能相应加剧。上下游各国在减灾防灾工作中如何落实应急预警和汛期水文数据共享等机制显得尤为重要。如何通过区域合作开展区域气候变化适应性研究、构建区域气候变化适应性框架、夯实区域气候变化适应性能力是三国所面临的共同挑战。

第7章 东南亚的能源–粮食– 水三位一体安全

在全球变暖的背景下，环境安全使各国成为一个拥有共同未来的共同体，相互影响、相互依赖。世界上许多地区在水、能源、粮食之间形成了一种极为敏感和脆弱的安全联系，这种安全特征在东南亚特别是湄公河地区尤为突出。与传统的环境安全只强调环境资源与国际冲突之间的因果关系不同，安全纽带的研究重点是水、能源、粮食等安全问题之间的多重因果关系，其中水资源安全起着核心作用。而气候变化导致湄公河区域水资源面临着很大的安全隐患，加上近些年来的水电项目建设，加强了水、能源，以及以大米、鱼类为主的粮食之间的传导性，使得相互安全影响加深。安全纽带视角为湄公河区域的安全治理提出了一个更为全方位的治理框架，不仅强调安全议题间的连带性，而且注重政治、经济与社会手段的结合。中国是湄公河区域安全治理的重要参与者和利益攸关方，可以凭借所具有的资金、发展优势，以中南半岛经济走廊建设为支点，以澜湄合作机制为主要平台，全面深化湄公河区域安全纽带治理。

环境安全纽带的重要性在气候变化背景下的湄公河区域日益突显。针对湄公河区域的既有研究多基于单一的环境部门，忽视了各环境资源要素间的联动关系，特别是具有西方背景的非政府组织普遍关注湄公河的水资源问题，对于湄公河水域的水坝建设多有质疑，片面强调了水坝建设的负面作用。单一部门的视角会先验地假定所研究的部门领域具有优先地位，赋予其特殊性，相比之下，纽带关系的视角突出了要素部门间的互动关系，各环境部门处于对等地位。本书即是在环境安全纽带理论的背景下分析湄公河区域内能源–粮食–水之间的安全纽带关系，一方面总结环境部门之间的安全矛盾，归纳了部门之间安全威胁的传递机制；另一方面，本书认为在能源-粮食-水安全纽带关系中同时存在着治理机遇，安全纽带并非一个闭环，环境安全纽带存在着转化为环境发展纽带的可能性，在争取经济发展的前提下，存在着很大的治理空间。

7.1 东南亚湄公河地区的能源-粮食-水三位一体安全挑战

气候变化背景下的东南亚区域，环境安全纽带的重要性已日益突显。季玲（2016）认为，东南亚是世界上气候变化风险最高的地区之一。东南亚地区极易暴发各种气候灾害，如地震、台风、火山爆发、洪水、干旱、高温和海啸等（杨涛，2016）。

湄公河独特的生态、经济和人口结构，决定了该区域在能源-粮食-水的互动过程中具有较强的安全敏感性和脆弱性。湄公河全长 4 350 千米，是世界第六大河流，也是亚洲最重要的跨国河流系统。它拥有丰富的水生资源和生物物种，这使湄公河地区形成了独特的以水为基础的经济形态，也决定了该地区的经济发展与湄公河的治理密切相关。近年来，湄公河国家的经济发展呈现出巨大的活力，年均增长率为 5% ~ 8%，但其经济增长以自然资本的大量消耗为代价。湄公河地区仍然是一个非常落后的地区，发展不平衡，缅甸、老挝和柬埔寨仍然是不发达的国家。湄公河国家面临着城市化、产业升级、减贫等多重发展任务，因此还将面临气候变化与节能减排、经济发展与环境资源治理的双重制约。湄公河地区也是最容易受到气候变化影响的地区。湄公河国家面临着不同程度的粮食安全和水资源安全问题，湄公河国家之间日益密切的关系决定了安全的传导作用不断加强。此外，湄公河流域居住着 100 多个民族，是世界上文化差异最大的地区之一。民族之间的文化差异并不是冲突的直接根源，但气候难民造成的资源不平等和对生存空间的争夺将强化群体认同，增加群体动员的可能性，进而导致政治动荡。总之，湄公河区域内的安全纽带不容忽视，以水、能源和粮食的相互关联和传导所产生的潜在安全影响，主要体现在以下三方面：

7.1.1 气候变化对于水、粮食安全的影响

对于气候变化与安全之间的具体联系，目前学术界仍有争论，但大量研究显示全球气候变暖对于安全确实存在某种程度的威胁。[①]2015年12月，德国观察（German Watch）发布了《全球气候风险指数2016》（Global Climate Risk Index 2016），指出在1995—2014的20年间，受气候影响最大的10个国家中包括了湄公河流域的缅甸、越南和泰国，全球气候变化的影响已经不可逆转，其将持续存在并不断恶化。根据湄公河委员会（MRC）预测的结果，至2030年湄公河地区的平均温度将上升0.8℃，与此同时，年降水量将增加200毫米。

气温的上升将主要产生三方面的影响：首先，湄公河三角洲地带海平面上升。近些年来，湄公河三角洲沿岸海平面有不断上升趋势，有研究表明至2050年将至少上涨0.3米，而到2100年，涨幅或将达2米，如果届时应对不当，湄公河三角洲的大部分区域将被海水淹没。越南是受海平面上升影响最大的国家，如果上述情况发生，将对越南造成多达超过GDP15%的损失，同时超过2 000万人口将被迫转移，粮食产量将减少25%左右。伴随海平面上升，海水入侵和海岸线侵蚀的现象也将加重，三角洲的淡水水质将恶化、耕地盐碱化将加剧。其次，极端天气将频繁发生。近些年来，湄公河区域已经出现了频繁的干旱和洪涝现象，干旱季节淡水存储量的减少将严重影响柬埔寨、泰国东北部、老挝和越南的中部高地的粮食产量，对这些国家粮食安全造成重大威胁。从某种意义上讲，洪水有一定的积极作用，如有益于捕鱼和农地增肥。据计算，洪水造成的下湄公河流域年损失在6千万~8千万美元，而收益则高达80亿~100亿美元，因此，平衡洪水带来的收益与损失更为关键。

---

① 本研究仅列举气候变化与安全冲突之间存在的潜在因果机制，并非证明这些潜在因素导致冲突的必然性。关于气候变化的具体程度以及直接和间接影响，需要更进一步的量化和案例分析。气候因素往往要与其他社会因素互动共同构成冲突的原因，而且不应忽视湄公河流域国家自身应对气候变化技术、经济发展和治理能力的提高对于危机的防御和抵消作用。

气候变化造成的风暴潮的数量和破坏也在增加。最后，气温的升高和降水的变化会对一些农作物和生物物种产生破坏性的影响，同时也会导致一些病虫害的增加。气候灾害之间往往存在着相关性，旱季海水入侵会比较严重，而雨季海平面的持续上升会阻碍洪水直接排入大海，进而加剧了主要河流水位的上升，延长了洪水发生的时间，扩大影响范围。①

7.1.2 水资源和能源安全的相互转化和影响

湄公河地区的经济和社会发展将增加对电力资源的需求。当前，特别是在湄公河下游，电力供需之间存在巨大的赤字。另外，节能减排、减少对能源进口的依赖以及对当地化石能源开发缺乏投资动力限制了传统能源的消耗。鉴于湄公河水电开发的巨大潜力和较高的水电清洁度与目前仅开放的约10%的水电潜力②，水电开发已成为该地区的主要目标规划。据预测，到2030年湄公河干流12座计划中的水电站全部建成时，电力产能将超过14 697兆瓦，但这也只能够满足下游国家总电力需求的6%~8%。③

从能源和水的相互影响角度来看，湄公河水资源恶化和水电发展矛盾加剧。首先，地表水资源的减少与水量季节性波动加剧将对水电运行造成威胁。④湄公河区域经济的快速发展得益于区域内水质的相对稳定性。但随着人类活动和气候变化的加剧，区域内水质呈恶化趋势，一方面表现在水污染现象严重，区域内工业化转型、加速的城镇化进程及集约农业化加速了工业废水和生活污水的排放，但治污水

---

① 贠公文 . 海平面上升对湄公河三角洲的影响 [J] . 水利水电快报，2011 (5)：35.

② WWF (World Wild Fund) . Mekong river in the economy [EB/OL] . [2016-05-31] . http：// greatermekong.panda.org/our_solutions/mekongintheeconomy/.

③ 郭延军 . 权力流散与利益分享：湄公河水电开发新趋势与中国的应对 [J] . 世界经济与政治，2014 (10)：128.

④ 湄公河流域修筑的水电项目多为径流式水电站，对于环境的危害小于储水式大坝，其主要运行特点是此种水电站按照河道多年平均流量及所可能获得的水头进行装机容量选择。全年不能满负荷运行，一般仅达到180天左右的正常运行；枯水期发电量急剧下降，有时甚至发不出电。受河道天然流量的制约，丰水期又有大量的弃水。

平却相对落后，金边、万象与越南的芹苴等城市的地表水污染尤为严重。另一方面，更为关键的是，区域内的地下和地表水资源正日渐减少，并且地表水量的季节性波动加大，区域部分国家的水安全状况已不容乐观（见表7-1）。湄公河盆地的结构和功能与河流的季节性流动密切相关，其典型特征是湿季流量远大于旱季流量。[①]气候变化导致的旱季时间延长、水量减少，将加大季节间的流量落差，再加上全年性的降雨模式变化，以及长远来看的湄公河上游雪山冰层的减少，都将对水电运行的稳定性造成威胁。

表7-1 湄公河次区域国家的水安全指数

国家	水安全指数	国家	水安全指数
柬埔寨	2	缅甸	3
中国	2	泰国	1
老挝	3	越南	2

注：水安全指数为1-5，分数越低表明安全状况越差。

资料来源：陈松涛．大湄公河次区域自然资本的利用现状与前景分析［M］//刘稚．大湄公河次区域合作发展报告（2016）．北京：社会科学文献出版社，2016：88.

其次，在大湄公河流域建造的水坝项目在一定程度上加剧了该地区的水安全危机。湄公河大坝建设对河流水量的影响包括两个层次。第一级是对水量的影响，一方面是水的流失，另一方面是流量的波动，主要是指下游水量的变化。第二级是对于社会经济活动的影响，例如对于下游农业产业结构的调整，以及居民活动的改变等。水坝的修建会带来防洪、提高航运、发电、灌溉、旅游等多方面的社会经济效益。修筑水坝必将一定程度地影响河流的自然水文条件，但对不同沿岸国家的影响又不尽相同，鉴于不同国家对于修建水坝的利益和成本间有不同的认知和计算，国

① PECH S.Water Sector Analysis［M］//SMAJGL A，WARD J.The Water-Food-Energy Nexus in the Mekong Region, .New York：Springer，2013：24.

家之间对于水坝建设具有很大的矛盾与分歧。这表明如果水坝修建和治理不当或是利益分配不均的话，既可能成为国内政治动乱的诱因，又可以是引发国家间冲突的隐患。柬埔寨是受大坝影响最大的国家，其国土的大部分是湄公河及其支流形成的冲积平原，境内的洞里萨湖大约60%的供水源自湄公河，湖泊水位受湄公河干流水位控制。洞里萨湖不仅是柬埔寨而且是东南亚重要的淡水鱼生产地，对于湄公河流域水量具有天然的调节作用。因此，柬埔寨对于水电站建设，如老挝的栋沙宏水电项目，持十分谨慎的态度。老挝得益于优势的水利环境和较大的减贫压力，力图建设成为"中南半岛蓄电池"。泰国则是老挝水电的最重要进口方，同样对水电建设持积极意见。因位于湄公河三角洲地区，越南承受着上游水量造成下游生态变化的最大压力，所以对于水电同样持保守态度。越南沿海地区常年受到海水的影响，淡水供应困难且成本高，尤其是农业生产所需要的淡水更是如此，上游水坝的建设则威胁到了越南湄公河三角洲地区淡水供应的稳定性。

7.1.3　能源生产和粮食安全的相互转化和影响

粮食安全是湄公河委员会（MRC）最为紧要的关切，委员会76%官方文件提及了粮食安全这一概念。粮食及农业组织（FAO）将粮食安全定义为确保任何人都可以随时购买和负担足够的生存和健康所需的食物。定义体现了粮食安全要具备数量上的充足性、供应上的稳定性和获取上的平等性三个维度。

湄公河能源的生产过程，特别是水力发电和生物能源生产，在一定程度上通过自然水文条件的变化和土地竞争，威胁到了粮食的总体生产，主要是稻米和渔业产品。它造成了粮食价格的波动，使贫困农民的生活条件恶化，从而加剧了粮食安全的隐患。尽管在过去30年中，湄公河国家的全球饥饿指数有了显著改善，但联合国亚太经社会仍将柬埔寨、老挝、缅甸、泰国和越南定义为粮食安全问题的热点地区（见表7-2）。这表明，湄公河区域整体的粮食供应和饮食结构得以改观，但是粮食产量的稳定性、粮食价格与其他大宗商品之间的相互影响，以及环境变化对于粮食生产的影响等威胁粮食安全的因素仍未得以消除。诚然，大米产量是大宗商品市场的价格波动、土地利用的改变等市场因素，每单位稻田产出的改进、稻苗耐旱、耐虫性等技术因素，以及自然环境因素综合作用的结果。水资源对于粮食产量的影响只是必要条件，而非充分条件，也就是说大米的减产并非一定由水利环境改变所引起，但是缺水、水质恶化一定会导致大米减产。而环境因素与其他因素间具有传导和连带效应，因此，在气候等自然因素没有改变的情况下，能源生产，特别是湄公河流域的水坝建设对于水利环境的影响成为改变区域内粮食生产环境的首要原因。

表7-2　　　　　　　　　　湄公河国家全球饥饿指数（1990—2017）

	柬埔寨	老挝	缅甸	泰国	越南
2017	22.2	27.5	22.6	10.6	16.0
2008	27.1	33.4	30.1	12.0	21.6
2000	43.6	48.1	43.6	18.1	28.6
1992	45.8	52.3	55.6	25.8	40.2

注：饥饿指数评级：低级≤9.9；中级10.0~19.9；严重20.0~34.9；警告35.0~49.9；极度警告≥50。

首先，湄公河流域水电项目造成了鱼类种类和总体数量的减少。湄公河流域是世界上生态资源和生物种类最为丰富的地区之一，仅就鱼类物种的多样性而言，其丰富程度仅次于亚马孙河，位居世界第二。[①]全球淡水鱼总产量的18%由湄公河盆地提供，该盆地所产的鱼是下湄公河流域附近6 500万居民的蛋白质主要来源，同时渔业也是区域的支柱性产业。河流生态系统将受到流域内水资源开发的影响，湄公河流域内70%的鱼类是洄游鱼。内水资源开发将直接影响湄公河鱼类的自然生命周期，进而造成鱼类种群数量下降、物种多样性损失以及单位捕获量降低。此外，下游盆地和沿海水域中沉积物和营养物质的减少，改变了水体的生产力类型，同样造成渔

---

① Mekong River Commission, "The Mekong Basin, Natural Resources," 2010, 转引自郭延军，任娜. 湄公河下游水资源开放与环境保护-各国政策取向与流域治理 [J]. 世界经济与政治，2013（7）：137.

业减产。水产养殖可以作为野生渔业的补充，但是人工养殖无法确保湄公河原有的
生物多样性，若水系统处理不完善，养殖的鱼类更易受疾病的影响。

其次，湄公河流域水电项目造成了下游地区大米产量的减少。湄公河区域的大
米产量约占全球的 1/4，所属越南的湄公河三角洲则是区域内的主要产区。三角洲
的形成与土地的肥性主要取决于上游河流中的沉积物质，而水电项目将直接造成沉
积物的减少，据预测，在没有得到有效治理的情况下，湄公河内的沉积物将在
2020 年减少 67%，至 2040 年将减少 97%。湄公河委员会对主流大坝进行战略环境
评估时指出，为发电提供动能，将减少河流内部的能量流动，从而减少了河流生态
系统的水文生态和地理形态形成所需要的动力。也就意味着，河流动力的减少，一
方面会影响到下游的生态环境和物种多样性，另一方面河流内的沉积物将部分滞留
在上游区域，例如大量的淤泥和沉积物会滞留在柬埔寨流往越南的巴萨河（Bas-
sac）内，反而加剧了洪涝的可能性。更为重要的是，沉积物的减少将导致下游三
角洲地区的泥沙和土壤肥力得不到充足的补给，再加上海岸侵蚀和海水入侵，农业
用地数量减少、质量下降的现象将更为严重。在单位大米产量提高不明显的情况
下，农业用地的减少将是粮食产量下降最为直接的原因。表 7-3 为截至 2030 年湄
公河干流和支流修建水电项目影响的保守估计。

表 7-3　　　截至 2030 年湄公河干流和支流修建水电项目影响的保守估计

湄公河水坝分布	总沉积物、柬埔寨和湄公河三角洲营养物质流失比	渔业捕获减少量（吨/年）	鱼类洄游减少比	渔业年损失	沿岸农业年损失
上游干流和下游支流	50%	0.21~0.56	37.3%		
下游盆地干流	75%	0.55~0.88	81%	4.76 亿美元	5 000 万美元

资料来源：FULLBROOK D.Food security in the wider mekong region ［M］// SMAJGL A，WARD J.
The water-food-energy nexus in the mekong region.New York：Springer，2013：73.

为了确保粮食安全这一前提，湄公河区域能否通过发展生物能源作为补充呢？在湄公河区域发展生物能源的弊端在于既有农业用地的减少，目前就已经有10%的农地转为了生物能源的原料生产用地。更多的资源被用于生物能源原料种植，还会造成粮食价格的波动。此外，研究显示，能实现粮食产品净销售的农场主或农民将会在生物能源开发中获益，而无法实现粮食净销售的贫困农民则会在生物能源原料种植过程中进一步受损。这也间接表明了粮食安全中的不平等性，传统作业的贫穷农民不仅在粮食威胁面前表现出更大的脆弱性，而且在发展机遇面前也表现出了不对等性。

7.2 湄公河能源–粮食–水三位一体安全与中国的参与

在气候变化大背景下，安全不仅是一种国家之间的相互关系，也是环境安全不同议题之间的相互传导和转化以及由此带来的安全纽带问题。湄公河的安全纽带极为脆弱，对其可持续发展形成了严重阻碍，而且这种脆弱的安全纽带极易引发地区和国际冲突。安全纽带不仅是单纯的环境保护问题，同时也是国际关系背景下的政治–经济–社会问题，从这个角度出发，现有的孤立的安全和经济政策给环境和社会带来了诸多负面影响，也无法有效应对安全纽带的挑战，因此重新设计安全纽带治理框架，对于解决水、粮食和能源的安全纽带至关重要。为此，要从战略上认识到三个议题间安全共生共存的特性。[①]鉴于纽带安全已逐渐成为一种趋势，在此背景下，我国应该未雨绸缪、积极应对，争取倡议权和话语权需要加强水–粮食–能源纽带安全问题的系统研究，全面掌握相关理论和方法。迄今为止，在全球范围内，并没有对水、能源以及粮食的稀缺性或安全性做一个量化的估算。不过，为深入了解湄公河流域在水–粮食–能源纽带安全问题上的异同点，中国宜调整过分重视能源安全和粮食安全等领域的孤立和分散研究、相对忽略能源–粮食–水安全综

---

① 于宏源. 浅析非洲的安全纽带威胁与中非合作［J］. 西亚非洲，2013（6）：123.

合研究，利用纽带安全新议题，变挑战为机遇，推动长远战略目标的实现：一是着眼于长远国际竞争力的提升，加大低碳经济的投入，争取成为低成本绿色经济的重要创新国；二是将生态安全与环境保护纳入国家安全与长期发展战略中，着眼于促进人与自然和谐发展方面的切实努力，推动国内经济与环境的和谐发展及国际和谐环境的建设。目前湄公河地区的发展似乎存在着一种悖论，即如果以发展为前提，势必将引发一系列的环境安全问题；如果以保护环境资源为前提，那么该地区将永远处于落后和贫困的状态。那么新的治理理念无疑应该是一种全面性的规划框架，应正确认知上游水利建设正反两方面的影响，协调发展与环境资源保护之间的平衡，协调经济、社会与政治之间的平衡。

　　大湄公河流域对中国具有重要的战略意义：中南半岛是印度洋与太平洋、亚欧板块与太平洋板块的重要陆海交接地带，是中国的交通要道，而且还是中国的重要周边地区，关系到中国西南地区的稳定，特别是湄公河区域内的毒品走私、贩卖人口等非传统安全问题对于中国西南边界的安全有重大影响。澜沧江-湄公河流域是西部大开发的一个重要突破口，中国位于上游地区，虽然具有一定的地理资源优势，但中国对于澜沧江的开发极易引发下游国家的不安和国际信任危机。国际社会往往忽略了中国与澜湄地区国家间河流命运共同体的关系，仅认为中国对于澜沧江的开发将导致零和的结果，而忽视其对于下游国家的积极影响。中国不仅是湄公河流域的重要利益攸关方，还是利益贡献者，中国在澜湄流域上游建坝的蓄丰补枯作用已经得到了湄公河委员会的认可，特别是2016年中国大坝给下游国家的紧急补水效果显著。中国更应该成为澜湄流域治理的重要参与者，从历史的角度看，中国正从积极但有限的合作，转为全面的参与。①在安全纽带的背景下，中国应从如下三方面增强自身的参与和治理能力，推动湄公河区域更好地实现环境安全与繁荣，努力将澜湄区域的环境安全纽带转化为环境发展纽带。

---

　　① 郭延军. 中国参与澜沧江-湄公河水资源治理：政策评估与未来走势 [J]. 中国周边外交学刊，2015（1）：153-168.

7.2.1　在对接发展倡议的同时注重环境议题的重要性

　　湄公河地区安全关系的脆弱不应成为限制该地区发展的原因，通过有效的发展模式和治理工具可以确保发展与环境安全之间的平衡。湄公河地区面临着消除贫困、经济结构调整和向绿色经济过渡的艰巨任务。大湄公河次区域的许多国家正处于从农业国家向工业国家过渡的阶段。目前，这些国家参与国际分工的唯一优势是其丰富的自然资源和一定程度的劳动力资源。这些国家必须通过将资源转化为资产来发展经济。[①]湄公河区域经济发展具有极高的互联互通性，下游国家的贸易对外依赖性较大，特别是对于中国的贸易依赖。首先通过区域内发展项目对接，一方面可以改善不平衡的贸易结构，另一方面可以在整合区域发展规划的同时，从宏观上兼顾整个区域的安全纽带问题。中国是湄公河下游国家最为重要的贸易伙伴，在开展经济合作的同时兼顾安全纽带问题符合各方的长远利益。当前，中国正在积极推进生态文明建设，积极贯彻"丝绸之路经济带"和"21世纪海上丝绸之路"的战略构想，并愿意通过湄公河委员会等机制加强战略对接和总体规划。在应对气候变化、确保能源和粮食安全、防灾减灾、环境保护、水电开发和能力建设等领域加强友好合作。中国将促进湄公河流域的强劲、包容和可持续发展。

　　在对接可持续发展计划的过程中，绿色发展应被视为应对安全纽带挑战的概念基础。湄公河国家正处于工业化和城市化进程中，面临着经济发展、节能减排的双重挑战。它们都试图在经济发展与环境保护之间取得平衡，实现绿色发展并加强自身的安全纽带。中国在工业化进程中较早提出生态文明建设的理念，可以为该地区发展较晚的发展中国家提供经验。为了进一步提高人们对环境安全关系的认识，中国可以尽快在该地区发布"一带一路"环境与社会发展宣言，建立环境与社会思想

---

① 沈铭辉. 大湄公河次区域经济合作：复杂的合作机制与中国的角色 [J]. 亚太经济，2012（3）：15.

管理体系，同时深化与"一带一路"沿线国家之间的社会环境建设合作，并与国际组织、跨国企业和地方非政府组织一起参与，以提高应急预防水平、推动应急管理系统建设。

其次，中国-中南半岛经济走廊的建设应成为重要的合作支点。2015年3月，中国提出"共同建设中国-中南半岛及其他国际经济合作走廊"。作为"一带一路"倡议的重要方向，大湄公河次区域已经成为中国推广外围外交新理念、"建设共同未来的中国-东盟共同体"的"实验场"。[①]在中南半岛经济走廊的框架内，在现有渠道建设和贸易便利化的基础上，中国应进一步加大对能源基础设施和农业基础设施建设的投资，深化农业贸易、科技与服务合作，鼓励采取可持续的绿色经济发展模式，加强对环境和资源的管理。

7.2.2 在完善现有机制的基础上协调好各方利益

湄公河地区的合作机制繁多，包括大湄公河次区域经济合作（GMS）、湄公河委员会（MRC）、东盟-湄公河流域开发合作（AMB-DC）、澜沧江-湄公河合作机制（LMC）等。不同机制的初衷不同、对成员国权利义务的规范不同、涉及的议题不同且有重叠，因此，湄公河区域各机制之间不可避免地存在着竞争与争鸣的问题。为了最大限度地发挥各种机制的比较优势，应坚持开放包容的精神，努力实现次区域合作机制的优势互补、协调发展，共同推进区域一体化进程。大湄公河次区域经济合作和东盟-湄公河流域开发合作都是区域内重要的经济合作机制。湄公河委员会的合作侧重于水资源的开发利用，具有较强的专业技术性。澜沧江-湄公河合作机制突出跨境安全治理，合作内容涵盖政治安全、经济与可持续发展、社会人文三个重点领域。

由此看来，机制间存在着凭借各自的比较优势实现分工的可行性，能够实现协调各机制的治理重点，从而形成一个全方位的治理框架。特别是在原有机制下安全

---

① 刘稚. 大湄公河次区域合作发展报告2014 [M]. 北京：社会科学文献出版社，2014：22.

治理不充分的情况下，中国倡议创立的澜湄合作机制是对现有机制的有利补充，将政治、经济、人文三方面合理结合，从根源上解决问题。

然而，总的来讲，各机制内都存在成员间"合力"不足的问题。这主要是因为成员国间发展目标、治理能力差异影响了成员间、机制间的协作效果。在不同机制中，各国所扮演的角色、所发挥的影响与主导能力有所差异，各机制建立的背景、初衷、成员构成亦有所不同。因此，在自身资源和能力有限的情况下，不同国家往往仅对自己所建立或者最有利于自身发展的机制最大限度地投入。[1]同时，机制间还存在着竞争倾向。目前湄公河区域内国家在它们之间，或与域外美、日、韩、印等国已相继建立了大量的合作机制，机制林立难免出现竞争趋势，尤其是某些域外国家创立机制的初衷即是谋求区域内合作的主导权。湄公河下游六国并非该区域内大多合作机制的"第一推动力"，其主要活动是配合与跟进区域内相关合作项目，因此域外国家在提出大量合作倡议的基础上，同时提供合作资金，并最终主导了地区可持续发展合作进程。这便产生了区域内合作机制低制度化和主导权难以集中的双重效应。对中国而言，要充分利用"一带一路"、亚投行、丝路基金等新框架、新平台的资源和渠道，突出我国的资金优势、市场优势和治理优势，以便为区域内机制合作提供动力、凝聚领导力。

区域内过多机制的涌现，极易产生"机制拥堵"的现象，而出现这种挑战既有多边制度的普遍竞争多边主义现象的一个根本性原因在于，既有机制无法满足机制参与方之间的权力结构变化，无法合理、公平地进行利益分配。[2]保持机制创立的开放性本身具有一定的积极意义，但过多的机制创建无疑会内耗更多的资源、增加交易成本。更好的解决方案应是健全既有机制、确保机制间的协作。首先，应该明确湄公河区域治理的各参与方是一个共同利益网络，是一个澜湄命运共同体。参与

---

① 卢光盛，张励. 澜沧江-湄公河合作机制与跨境安全治理 [J]. 南洋问题研究，2016（3）：17.

② MORSE J C, KEOHANE R O. Contested multilateralism [J]. The Review of International Organizations，2014，9（4）：385-412.

主体既包括澜湄六国，也包括域外国家、国际组织、非政府组织等，是一个多层次、多元化的治理结构。其次，要尊重各方利益的差异性，即承认参与国家间的发展水平存在差异，而收益要与自身的投入和治理能力具有一致性。最后，要确保区域内国家对于治理的主导权，即区域国家主导自身的优先发展目标，主导域内的优先治理目标。

7.2.3　在避免环境问题过度安全化的前提下维护好自身利益

环境安全作为一项非传统安全议题，其安全化过程具有特殊性。一方面，环境资源恶化确实对人类社会的生存与发展造成了威胁，使人们意识到环境资源问题可以作为独立的安全问题而存在。另一方面，针对不同的行为体，或是同一行为体在不同的发展阶段，环境安全的重要性是相对的，环境安全是一个安全化的社会建构的结果，而安全话语的架构过程势必是以部分群体的利益为主，而以牺牲其他部分群体的利益为代价。[①]目前湄公河环境显然已经成为了安全议题，处于"高政治"领域，远非简单的环境议题。首先应该承认环境议题上升为安全问题的积极意义，大湄公河国家之间多少存在着历史矛盾和领土纠纷，[②]再加上同为发展中国家的大湄公河各国在相互需求中存在着较强的对外依赖性和对内竞争性，因此，对于资源的竞争很容易成为冲突的诱因。要避免环境议题的过度安全化，否则会使各国在相关问题上的合作更加举步维艰。发展中国家间的合作很难做到利益共享，优势突出的国家将得到更多实惠，处于劣势的国家得利较少。将环境问题安全化因其操作成本较低，便很容易成为区域内国家间谋求利益的工具，具有一定劣势的国家通过环境安全化来确保自身的获益。老挝在修建沙耶武里水电站过程中与柬埔寨和越南间的博弈就是体现。

---

① GERLAK A，MUKHTAROV F. Many faces of security：discursive framing in cross-border natural resource governance in the mekong river commission［J］. Globalizations，2016，13（6）：8.

② 王士录. 大湄公河次区域经济合作的国际关系学意义解读［J］. 当代亚太，2006（12）：6.

7.3 澜湄区域的可持续发展目标合作

2015年9月，联合国可持续发展峰会正式通过了《变革我们的世界：2030年可持续发展议程》，为未来15年全球可持续发展合作指明了方向，落实2030年可持续发展目标（SDG）是全球和区域治理的重要议题。区域可持续发展合作是全球可持续发展的基础。2012年，泰国提出澜沧江—湄公河次区域可持续发展倡议，在中国和澜湄国家共同努力下，以可持续发展为基石的澜沧江-湄公河合作（Lancang-Mekong Cooperation，LMC）机制从无到有并逐渐发展完善。[①]全球可持续发展目标对澜湄区域也是一个向可持续的社会、经济、环境转型的重要机遇。联合国2030年可持续发展目标在2015年提出以来，澜湄区域在全球发展、安全和环境治理等各个方面的表现非常突出，在2018年12月澜沧江-湄公河合作第四次外长会议上，澜湄国家一致认为要以打造澜湄流域经济发展带为重点，推动澜湄合作向更高质量提升。

以澜湄流域为代表的发展中国家和地区在实现可持续发展目标方面取得了一定的进展，但离2030年可持续发展目标议程提出的要求还有很大差距。对联合国可持续发展行动网络发布的2016—2018年《可持续发展目标指数和指示板报告》的研究，特别是专业、全面、系统的评估和排名，可以为澜湄流域落实2030年可持续发展目标提供帮助和指导。澜湄合作机制是由中国发起和倡导的新型周边次区域合作发展机制，澜湄合作不断完善，特别是在"一带一路"倡议成为中国提出的重要全球发展平台的新背景下，推动建设新型国际关系，构建人类命运共同体是新时代中国特色大国外交的总目标。中国已成为全球发展事业的重要贡献者这一现实，

---

① 2014年11月第17次中国-东盟领导人会议上，李克强总理提出建立澜沧江—湄公河对话合作机制，受到湄公河五国热烈响应。2016年3月23日，澜湄合作首次领导人会议在海南三亚成功举行，发表了《澜沧江—湄公河合作首次领导人会议三亚宣言——打造面向和平与繁荣的澜湄国家命运共同体》，宣告正式启动，澜湄合作机制是我国发起和倡导的新型周边区域合作机制。2018年澜沧江—湄公河合作第二次领导人会议，通过《澜沧江—湄公河合作五年行动计划（2018—2022）》，标志着澜湄合作及其机制持续向前推进，成为建设面向和平与繁荣的澜湄国家命运共同体，树立以合作共赢为特征的新型国际关系典范。

将为澜湄流域协调、实质性落实 2030 年可持续发展目标带来重要机遇。

水、能源、粮食对于澜湄区域发展具有重要的经济、政治、社会意义，同时也是该地区矛盾产生的重要因素，将水、能源、粮食契合到 SDG 建设中，在落实与加强澜湄区域 SDG 发展的同时，水、能源、粮食也能够得到同步发展，因此本节主要从澜湄区域 SDG 整体发展的视角进行窥探。

7.3.1 澜湄区域落实 2030 年可持续发展目标进展

澜沧江–湄公河国家概念的产生主要取决于澜沧江—湄公河的地理位置界定。[1]2016 年，区域内六国总人口为 16.15 亿人，占亚洲总人口的 38%；土地总面积为 1 150 万平方千米，占亚洲总面积的 25.8%；六国国内生产总值之和为 11.9 万亿美元，占亚洲生产总值的 44.98%。[2]在澜湄合作六方共同努力下，2016 年以来的澜湄合作取得显著进展，澜湄区域已成为亚洲乃至全球最具活力、最有发展潜力和最互利共赢的区域之一。根据澜湄国家经济社会发展数据，澜湄区域普遍为发展中国家，城市化水平低，人均国内生产总值低，贫困人口多，和西方发达国家存在较大的距离，但也展示出澜湄区域的极大发展空间。[3]由于澜湄区域环境相对脆弱，人口稠密，淡水资源压力很大，存在着相当激烈的资源竞争，水资源安全和环境问题成为澜湄区域问题研究的重点之一。不少学者认为澜湄区域需要一个全流域性的宏观规划，否则流域内生态相关的各种产业将面临严重挑战；另外，也有一些研究者正致力于研究澜湄地区的新型治理模式，希望借此降低人类活动对该区域生态造成的损害。

---

① 澜沧江–湄公河发源于西藏高原，流经中国南部、缅甸、泰国、柬埔寨、老挝和越南，形成了上述许多国家之间的边界。相应地，澜沧江—湄公河合作成员国包括中国、柬埔寨、老挝、缅甸、泰国和越南六国。

② "澜湄国家经济社会发展简况"，澜沧江—湄公河合作网站，2017 年 11 月 27 日，http://www.lmcchina.org/zjlm/lmsjp/t1514313.htm（上网时间：2018 年 12 月 1 日）。

③ 关于澜湄国家的人口总量、国内生产总值、经济年增长率、城镇化水平、陆地面积、进出口总额等数据情况，参见"澜湄国家经济社会发展简况"，澜沧江—湄公河合作网站，2017 年 11 月 27 日，http://www.lmcchina.org/zjlm/lmsjp/t1514313.htm（上网时间：2018 年 11 月 15 日）。

在2030年可持续发展目标正式确立和发布的背景下，联合国可持续发展行动网络致力于整合全球技术与政策领域的经验，协助在国家、区域和全球层面落实可持续发展目标。2016—2018年，联合国可持续发展行动网络发布的《可持续发展目标指数和指示板报告》，专业、全面、系统地评估了全球157个国家的可持续发展目标执行情况，对这些国家的可持续发展目标指数进行全球排名，并进行了区域比较。[①]

在SDG指标上，澜湄区域主要发展国家的表现，从2016至2019年这4年来看，得分较高的是泰国、中国和越南。在2019年中国SDG得分赶超泰国。排名较低的是老挝、缅甸和柬埔寨（见表7-4和图7-1）。在排名上，主要分为两个区域，并且差距较大，但各自的波动性也很强。中国、泰国和越南排名靠前，且排名逐年上升。尤其是中国，这4年以来，几乎直线发展。而泰国较为稳定。到2019年，中国赶上泰国，排到第39名，而泰国是第40名。相比之下，老挝、柬埔寨和缅甸排名非常靠后，与前三者差距较大，但总体稳定，均没有大的波动，排名保持在第110名上下，并且三国愈加接近（见表7-5和图7-2）。总体来看，澜湄区域主要发展国家在SDG分数上均呈现增长趋势。

表7-4　　　　　　　　　　　澜湄区域主要发展国家SDG指标

国家	2016年	2017年	2018年	2019年
中国	59.1	67.1	70.1	73.2
越南	57.6	67.9	69.7	71.1
老挝	49.9	61.4	60.6	62.0
柬埔寨	44.4	58.2	60.4	61.8
缅甸	44.5	59.5	59.0	62.2
泰国	62.2	69.5	69.2	73.0

[①]　2016年7月，联合国可持续发展行动网络发布《可持续发展目标指数和指示板报告》，这份报告由包括联合国官员、学术界人士、非营利机构代表在内的150多名专家共同研究撰写，旨在帮助各国了解全球范围内可持续发展目标的落实进度和本国在可持续发展目标落实进程中需要优先解决的问题，督促各国在本国范围内尽快出台并执行与可持续发展目标相符的政策。具体数据参见"SDG Index and Dash boards Report"，http://sdgindex.org.

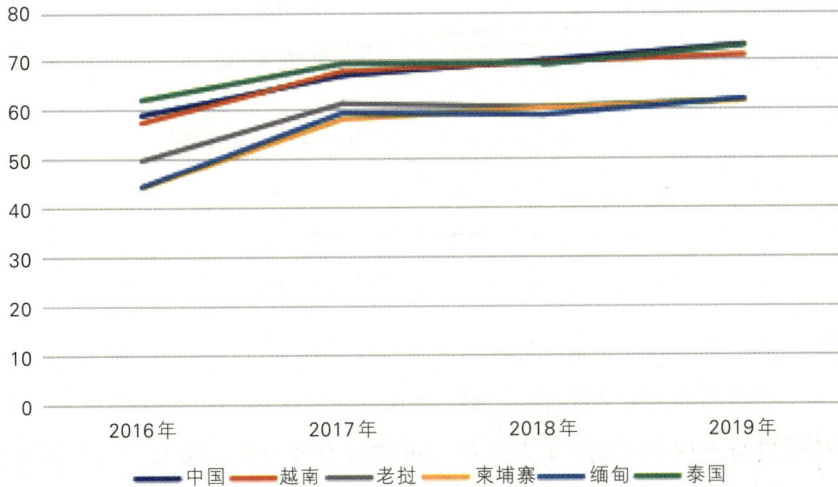

图 7-1　澜湄区域主要发展国家 SDG 指标

表 7-5　　　　　　　　　　　澜湄区域主要发展国家 SDG 指标排名

国家	2016 年	2017 年	2018 年	2019 年
中国	76	71	54	39
越南	88	68	57	54
老挝	107	107	108	111
柬埔寨	119	114	109	112
缅甸	117	110	113	110
泰国	61	55	59	40

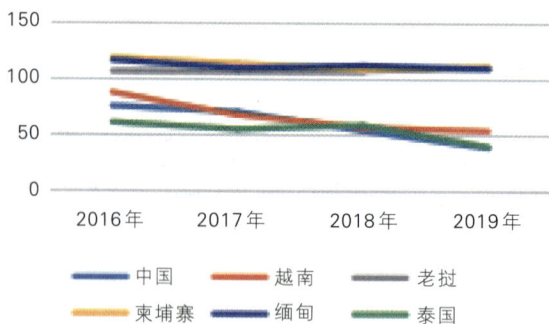

图 7-2 澜湄区域主要发展国家 SDG 指标排名

经济、环境和社会是 2030 年可持续发展目标涉及的三个重要维度。根据联合国可持续发展行动网络连续 3 年发布的《可持续发展目标指数和指示板报告》，澜湄国家评分整体较低，澜湄各国在实现 2030 年可持续发展目标上都面临重大挑战。2016 年，澜湄国家中的中国、老挝、缅甸、泰国、柬埔寨以及越南的整体排名偏低，主要分布于 76 至 119 名之间（共 149 个国家），平均得分仅有 52.95。澜湄国家的整体可持续发展水平较低，距 2030 年可持续发展目标的实现仍有较大距离。此外，在澜湄国家中，泰国（62.2）、中国（59.1）与越南（57.6）的得分较高，而老挝（49.9）、缅甸（44.5）及柬埔寨（44.4）得分较低，由此可见湄公河区域国家内部同样存在可持续发展水平的差异。根据 2017 年《可持续发展目标指数和指示板报告》，全球共 157 个国家参与排名，泰国以 69.5 分排名第 55 位，中国以 67.1 分排名第 71 位，越南以 67.9 分排名第 68 位，老挝以 61.4 分排名第 107 位，缅甸以 59.5 分排名第 110 位，柬埔寨以 58.2 分排名第 114 位。根据 2018 年《可持续发展目标指数和指示板报告》，全球共 156 个国家参与排名，中国以 70.1 分排名第 54 位，越南以 69.7 分排名第 57 位，泰国以 69.2 分排名第 59 位，老挝和柬埔寨分别以 60.6 分和 60.4 分排名第 108 位和第 109 位，缅甸以 59.0 分排名第 113 位。根据 2019 年《可持续发展目标指数和指示板报告》，中国以 73.2 分排名第 39 位，越南以 71.1 分排名第 54 位，泰国以 73.0 分排名第 40 位，老挝和柬埔寨分别以 62.0 分和 61.8 分排名第 111

位和第 112 位，缅甸以 62.2 分排名第 110 位。澜湄区域要携手将 2030 年可持续发展目标承诺转化为实际行动、推进澜湄区域落实 2030 年可持续发展目标。同时，通过落实 2030 年可持续发展目标来应对各种区域性和全球性挑战，完善区域经济、环境和社会治理，成为澜湄区域不可错失的战略机遇。

根据 2016—2019 年《可持续发展目标指数和指示板报告》，澜湄国家排名整体性、持续性上升，2019 年中国在澜湄国家中排名第 1 位，澜湄国家正在实现从大规模的现代化进程向更高质量的 2030 年可持续发展目标的重大转变，对实现 2030 年可持续发展目标的贡献越来越大。澜湄合作已经成为次区域最具活力、最具发展潜力的新机制之一。澜湄合作自 2016 年启动以来，共同打造了"领导人引领、全方位覆盖、各部门参与"的澜湄格局，创造了"天天有进展、月月有成果、年年上台阶"的澜湄速度，培育了"平等相待、真诚互助、亲如一家"的澜湄文化。系统地考察澜湄区域在 2030 年可持续发展目标的落实进程中所遇到的挑战和机遇对于进一步理解该区域内经济社会发展现状、区域合作机制的有效性以及提升在未来发展中目标的实现水平具有重要意义。

7.3.2 澜湄区域落实 2030 年可持续发展目标的挑战及机遇

在世界层面上，世界经济复苏疲软、世界性问题加剧、南北发展不平衡加剧、国际发展合作动力不足的外部环境正是澜湄区域落实 2030 年可持续发展目标面临的客观困境；同时，《2030 年可持续发展议程》的通过成为全球发展进程中的里程碑事件，2030 年可持续发展目标成为人类的共同愿景。在国际关系领域，国家间关系更加复杂深刻，地缘政治因素日益凸显，非传统安全挑战不断涌现。同时，强调推动国际发展合作，优化发展伙伴关系，坚持协商、共建、共享的全球治理原则，构建全球发展伙伴关系的人类未来共同体理念已成为国际潮流。

1.澜湄区域落实可持续发展目标面临的现实挑战

第一，以基础设施建设和更新为代表的可持续发展基础脆弱。基础设施是一种公共物品，有助于推动区域互联互通、经济增长和社会发展，为全球经济发展提供新动力。亚洲开发银行2017年发布的《满足亚洲基础设施建设需求》报告，重点关注地区能源、交通、电信、水利等基础设施建设，亚洲发展中国家若希望继续保持现有增长势头、持续推进消除贫困和应对气候事业等，则从2016年到2030年，其基础设施建设共需投资26万亿美元，即每年1.7万亿美元。2030年可持续发展目标内诸多经济、社会和环境目标的实现也需要大规模的基础设施投资。以发展促进全球经济治理，以发展造福人民，以发展解决全球经济问题。发展是解决一切问题的基础和关键，发展是当今世界面临的共同难题和广泛共识，发展是"一带一路"倡议的本质要求。在世界银行2017年统计的经济体GDP比重数据中，数个经济大国占据主导地位，大多数发展中的中小国家经济总量占比非常小。全球经济虽然高速增长，但地区发展鸿沟加剧。国际层面上，国与国的发展差距显著拉大；国内层面上，不同群体、不同地方的发展差距加大。发展不平衡不充分是世界各国面临的共同问题，更是澜湄区域面临的重点挑战之一。

第二，可持续发展的理念赤字。澜湄国家已由高速增长阶段转向高质量发展阶段，正处在转变发展方式、转换增长动力的攻关期，将可持续发展理念融入其发展战略是关键。《关于环境与发展的里约热内卢宣言》《21世纪议程》等一系列重要文件明确把发展与环境紧密联系在一起，使可持续发展理念不断兴起，但是由于发展中国家普遍处于工业化和城市化进程，可持续发展理念未被充分尊重。此外，由于环境问题具有多学科和跨部门性质，可持续发展理念的专业知识未被充分应用。推进可持续发展是解决各类全球性问题的根本之策，在世界经济复苏乏力、困难风险增加的今天，加快推进议程，具有重要的现实和长远意义。从现实来看，澜湄各国是环境灾难的受害者，也是环境问题的制造者和输出国。2018年3月，联合国教科文组织会同其他有关国际机构在第八届世界水论坛上发布2018年《联合国世界水发展报告》，报告表明全球水资源需求一直以大约1%的年均速度增长，预计低收入和中低收入国家水污染的风险最大，主要原因是人口和经济增长速度加快的同时污水管理不到位。非洲和亚洲的几乎所有河流的水污染状况都在恶化，水质恶化在未来几十年内将进一步加剧。水需求量的日益增长将成为缺水国家无法承受的负担，这将对环境和可持续发展构成严重威胁，迫切要求澜湄区域大力提升发展质量和水平。

第三，澜湄区域的治理赤字。全球治理在 20 世纪末就呈现出深刻变革的态势，21 世纪全球治理的因素更加复杂。澜湄地区发展中国家普遍面临资金不足、管理机制不完善、治理经验不足等问题，普遍面临工业化、城镇化、信息化和全球化同步发展的挑战和治理困境。澜湄区域发展不平衡问题突出，各个国家之间、各个国家内部都存在发展不均衡的严峻挑战。缩小成员间的发展差距，以及澜湄区域同西方发达国家之间的发展差距成为各国面临的共同课题。2030 年可持续发展目标做出了历史性的承诺：首要目标是在世界范围内消除贫困。澜湄区域是贫困人口较多的区域，贫困问题也是 2030 年可持续发展目标的重要障碍，发展不充分问题也是澜湄区域治理赤字的来源。2017 年《可持续发展目标指数和指示板报告》的一个重要结论就是贫困国家要实现 2030 年可持续发展目标需要得到国际帮助。

第四，气候灾难和环境问题严重，对可持续发展目标造成破坏性影响。联合国政府间气候变化专门委员会（IPCC）于 2018 年 10 月发布的《全球升温 1.5℃特别报告》指出，全球升温 1.5℃最快有可能在 2030 年达到，当升温超过 1.5℃到达 2℃时将带来更具破坏性的后果，严重威胁人类的生存和发展，也将给世界经济带来更大损害。气候变化将影响澜湄区域的发展和稳定，具体表现为贫困人口减少、财产损失和经济发展能力减弱等一系列严重后果。[1]气候安全与经济、资源、能源等问题紧密相连、相互影响，气候变化日益引发了一系列问题，并催生了一系列外溢性安全问题，如资源匮乏及其斗争、环境安全冲突等。进入 21 世纪，东南亚地区环境的恶化使该地区的环境治理问题愈发受到全球关注。东南亚是气候灾难、自然灾难和环境问题多发地带，面临严峻的治理难题。澜湄国家需要思考如何应对环境灾难的科学方法，推动澜湄区域在气候和环境灾难严重时将损失降到最低。

---

① 王志芳. 中国建设"一带一路"面临的气候安全风险 [J]. 国际政治研究, 2015 (4): 56-72.

2.澜湄区域落实2030年可持续发展目标面临的重要机遇

第一，澜湄合作机制深入发展，澜湄国家命运共同体持续深化。2016—2018年，澜湄国家开展了20余个大型基础设施和工业化项目，为流域经济社会发展做出重要贡献，形成全方位合作、协调发展的新格局。2018年澜湄国家达成的《澜沧江-湄公河合作五年行动计划（2018—2022）》，旨在建设面向和平与繁荣的澜湄国家命运共同体，对接"一带一路"倡议等合作机制，致力于将澜湄合作打造成为新型次区域合作机制，促进落实2030年可持续发展目标。聚焦可持续发展议题，推进澜湄区域落实2030年可持续发展目标持续取得积极进展。澜湄国家外交部门均成立了澜湄合作国家秘书处或协调机构，一系列优先项目工作组均已建立和运作。

第二，以澜湄合作为代表的区域在共建"一带一路"进程中取得显著成就。广大发展中国家加快工业化和城镇化的步伐，现代化事业方兴未艾。共建"一带一路"不断走深走实，2018年又有60多个国家和国际组织与中国签署"一带一路"合作文件，使签署文件总数达到近170个，一大批标志性项目稳步推进。截至2018年10月，中国央企已在"一带一路"沿线承担了3 116个项目。已开工和计划开工的基础设施项目中，在基础设施建设、能源资源开发、国际产能合作等领域，央企承担了澜湄区域一大批重大项目和工程，具有示范性和带动性：中国至老挝、泰国铁路为区域互联互通奠定坚实基础；中国承建的中缅原油管道、中缅天然气管道等项目，有效解决了油气资源输出难的问题；中国在越南最大投资项目永新燃煤电厂动工等，为澜湄区域发展进程带来新理念、方案和机遇。澜湄各方通过积极参与和推动共建"一带一路"，扎实提升区域互联互通、区域合作和治理，为澜湄区域创造了更多福祉，推动澜湄区域落实2030年可持续目标尽早实现。

第三，中国是澜湄区域合作、可持续发展和治理的重要参与者、贡献者和引领者。中方在《中国落实2030年可持续发展目标国别方案》中强调积极参与国际和区域层面的后续评估工作，支持联合国可持续发展高级别政治论坛发挥核心作用，配合其定期开展全球落实进程评估工作，借助这一平台与各国加强经验交流，听取意见和建议。加强对澜湄区域落实2030年可持续发展目标的研究有利于中国了解澜湄国家的现实需求，进而深化中国同澜湄国家的国际合作。中国是全球发展的重要贡献者，率先执行2030年可持续发展目标，也将周边外交和发展中国家放在更加重要的位置。作为世界上最大的发展中国家，中国坚持发展为第一要务。2016年中方发布《落实2030年可持续发展议程中方立场文件》，成为指导中国开展落实2030年可持续发展目标的行动指南，并为其他国家尤其是发展中国家推进落实工作提供借鉴。2018年第21次中国-东盟领导人会议通过的《中国-东盟战略伙伴关系2030年愿景》战略合作文件指出，欢迎中国在适当领域为东盟国家提供援助，以实现2030年可持续发展目标，包括依据各自可持续发展目标消除各种形式的贫困。减少贫困工作是人类社会面临的最紧迫挑战之一，中国致力于消除贫困和推进2030年可持续发展目标，不仅作为全球最大的发展中国家在攻克贫困上取得重要成就，而且对其他发展中国家应对自身的贫困难题有重要参考价值和借鉴意义，中国为世界减贫提供了中国智慧和中国方案。[1]中国坚持与澜湄区域国家展开环境保护合作，建立澜沧江-湄公河环境合作中心；加强区域水资源管理，建立澜湄流域水资源合作中心；推进澜湄区域基础设施建设，使共建"一带一路"在澜湄区域取得重要进展等。

7.3.3 澜湄区域落实2030年可持续发展目标的实施路径

1. 澜湄区域落实2030年可持续发展目标和共建"一带一路"的协同推进

澜湄国家和中国关系密切，中国已经是柬埔寨、缅甸、泰国和越南的第一大贸易伙伴，是柬埔寨、老挝和缅甸的第一大投资国。澜湄合作机制的成立和发展标志着中国在周边次区域层面从国际机制的参与者走向倡导者和引领者。澜湄合作机制和"一带一路"倡议是中国外交的创新，凸显了中国愿意在次区域、区域和全球各

---

① IPRCC. The way forward—stories of poverty reduction in China［M］. Beijing: Foreign Languages Press，2018.

个层面提供公共产品，也引领了中国特色大国外交的新阶段，并将从多方面推动2030年可持续发展目标的实质进展。

第一，以发展为途径的手段协同。2030年可持续发展目标旨在从2015年到2030年以发展方式解决经济、环境和社会三个维度的发展问题。落实2030年可持续发展目标需在各领域加强对可持续基础设施的投资（2030年可持续发展目标第6、7、9、11项）。这些投资有助于实现全球经济增长，消除贫困，应对气候变化挑战及其影响（2030年可持续发展目标第1、3、8、13项）。

"一带一路"倡议坚持以对接发展为重要途径。从2013年到2018年，"一带一路"倡议在国家、地区层面成功进行了发展战略合作和对接，包括中老经济走廊、中缅经济走廊、越南"两廊一圈"等重大发展战略对接。中国-中南半岛国际经济合作走廊和孟中印缅国际经济合作走廊，囊括所有澜湄国家。湄公河入海区域周边的越南也是建设21世纪海上丝绸之路的关键国家。澜湄区域与中国-中南半岛经济走廊交叉，以中国-中南半岛经济走廊建设为代表的"一带一路"与澜湄合作结合，有利于中国-中南半岛经济走廊建设与澜沧江-湄公河合作机制的良性互动。[①]这将促进澜湄发展与国际合作，增添共同发展新动力，缩小南北发展差距，促进发展中国家落实2030年可持续发展目标。

澜湄合作机制确定的五个优先领域——互联互通、产能、跨境经济、水资源和农业减贫合作，既是澜湄区域发展的当务之急，也是对2030年可持续发展目标在此区域的响应。根据《澜沧江-湄公河合作五年行动计划（2018—2022）》，强调推进澜湄国家全面互联互通，探索建立澜湄合作走廊，推动铁路、公路、水运、港口、电网、信息网络等基础设施建设与升级，共建"一带一路"，推动亚洲基础设施投资银行（AIIB）等国际金融机构积极参与，支持区域基础设施发展，提升澜湄区域发展能力建设。此外，坚持高质量发展的基本发展思路将发挥引领作用。联合

---

① 卢光盛. 澜沧江-湄公河合作机制与中国-中南半岛经济走廊建设 [J]. 东南亚纵横，2016（6）：31-35.

国 2030 年可持续发展目标主要以质量型目标为主，可持续发展不仅重视经济增长的数量，更追求经济发展的质量。共建"一带一路"重视高质量发展，2018 年习近平总书记出席推进"一带一路"建设工作五周年座谈会时强调，推动共建"一带一路"向高质量发展转变，这是未来推进共建"一带一路"工作的基本要求。①

2017 年，中国同湄公河五国贸易额超过 2 200 亿美元，同比增长 16%；中国累计对五国投资超过 420 亿美元，2017 年投资额比上年增长 20% 以上；累计签署承包工程合同总额超过 1 400 亿美元。②中国与澜湄国家经济互补、文化相通、命运与共，秉持着"亲、诚、惠、容"新时期周边外交理念，澜湄国家已经形成全方位合作、协调发展的新格局，为构建澜湄国家人类命运共同体奠定了良好基础。

第二，战略合作（发展）伙伴的关系协同。中国经过 40 多年的改革开放，已经基本稳居世界第二大经济体地位，国际影响力也大幅提升，在各项国际事务中扮演着越来越重要的角色，日益走近世界舞台中央，将为国际社会做出更大贡献。中国和全球相互联系和影响的程度已经达到了前所未有的水平，自 20 世纪 90 年代中国在对外关系中首次使用"伙伴关系"一词至今，中国已经与全球多国建立起全方位、多层次和宽领域的伙伴关系，为中国创造了良好的国际形象和发展环境，为国际合作与发展事业创造了条件。在澜湄国家中，泰国是中国近邻，其余四国都与中国接壤，中国与澜湄各国都是全面战略合作伙伴关系，中国与澜湄建立起面向和平与繁荣的澜湄国家命运共同体。

共建"一带一路"成为中国深化全球伙伴关系新机遇。2018 年 9 月夏季达沃斯论坛上，国家信息中心发布的《"一带一路"大数据报告（2018）》显示，2016—2018 年"一带一路"国别合作度总体得分排名前十名国家，包括越南、泰国、马来西亚、新加坡、印度尼西亚、柬埔寨 6 个东南亚国家，展现了东南亚与"一带一

① 习近平.坚持对话协商共建共享合作共赢交流互鉴推动共建"一带一路"走深走实造福人民［N］.人民日报，2018-08-28（1）.
② 王毅.建设澜湄国家命运共同体，开创区域合作美好未来［N］.人民日报，2018-03-23（6）.

路"倡议的紧密联系。2018年9月21日，商务部发布的《中国"一带一路"贸易投资发展研究报告》梳理了"一带一路"经贸合作情况。中国在东南亚地区直接投资存量为818.6亿美元，占中国在"一带一路"相关国家和地区投资存量总额的56.0%，这些都凸显澜湄国家在共建"一带一路"进程中的重要地位和重要成就。共建"一带一路"坚持政策沟通、设施联通、贸易畅通、资金融通、民心相通，致力于打造和平之路、繁荣之路、开放之路、创新之路和文明之路，有利于深化中国与相关国家、区域伙伴关系的建设，为共建"一带一路"提供更加有利的国际环境。

澜湄合作致力于促进澜湄国家的睦邻友好和互利合作，成为全球最具活力、发展潜力和互利共赢的关系之一。澜湄合作存在三个引领性伙伴关系：一是中国与澜湄各国的全面战略合作伙伴关系；二是澜湄合作旨在建设面向和平与繁荣的澜湄国家命运共同体，树立以合作共赢为特征的新型国际关系典范；三是以澜湄区域为代表的共建"一带一路"全球发展伙伴关系。这三个关键性合作伙伴关系协同推进澜湄区域合作与发展，助推澜湄区域实现2030年可持续发展目标。《2030年可持续发展议程》明确强调，包容性伙伴关系对2030年可持续发展目标的实现不可或缺，不断深化澜湄区域发展伙伴关系将从多方面促进可持续发展目标实现。

第三，生态治理的环境协同。"一带一路"倡议高度重视生态环境保护，积极推进绿色丝绸之路建设，生态环境保护已经成为"一带一路"的重要内容。例如，2015年习近平主席在"一带一路"国际合作高峰论坛讲话时宣布建立"一带一路"绿色发展国际联盟，并推进"一带一路"生态环境数据平台的建设，积极建设"一带一路"环境治理合作网络和绿色发展平台，以提升沿线各国实现2030年可持续发展目标的能力。在应对气候安全问题上，中方坚定履行《巴黎协定》，积极参与全球气候谈判，切实维护发展中国家利益，共建"一带一路"将为澜湄区域环境治理带来新理念和新方案。

澜湄区域环境治理和"一带一路"的环境保护协同推进，加强环境治理技术合作、人才和信息交流，促进绿色和可持续发展，特别是持续推进澜沧江–湄公河环境合作中心、中国—柬埔寨环境合作中心、中国—东盟环境保护合作中心的建设，加强与相关次区域机制沟通协调。区域生态环境问题是澜湄区域国家和人民面临的共同挑战，生态环境问题已经成为澜湄合作的重要课题，也是 2030 年可持续发展目标的重要维度，构建美丽澜湄和绿色"一带一路"的协同将深度改善澜湄区域生态环境，同时也为美丽世界做出澜湄贡献。

2. 深化中国与澜湄区域落实 2030 年可持续发展目标的互动与协作

首先，持续提升和深化中国对澜湄区域可持续发展的参与、贡献和引领。中国落实 2030 年可持续发展议程经验主要集中在三方面：一是注重组织协调，二是注重规划引导，三是突出重点和优先领域。中国经验和方案将为澜湄各国落实可持续发展议程提供有益借鉴，将为澜湄合作注入新动力。在共建"一带一路"国际合作中，秉持"亲、诚、惠、容"的周边外交理念，与周边国家优先合作和发展战略对接，共享发展成果。澜湄合作是近年来我国主导设计的周边次区域合作机制，中国欢迎澜湄国家搭乘中国发展"快车"和"便车"，实现更高层次的中国与澜湄国家的互联互通，增进中国与澜湄国家的利益、责任和命运共同体建设，为推动建设新型国际关系、构建人类命运共同体树立典范，为澜湄区域落实 2030 年可持续发展目标做出持续贡献。

第 8 章　中亚的能源-粮食-水三位一体安全

　　水、能源与粮食作为人类生存与发展最为根本的要素，在气候变化的背景下，三者之间形成了一种相互影响与制约的环境安全纽带关系，并且这种纽带关系具有脆弱性和敏感性，水资源安全在环境安全纽带中扮演了中心角色。气候变化会导致中亚水资源进一步稀缺，加剧分配矛盾，从而进一步加剧粮食和能源的安全隐患。在气候变化大背景下，环境安全让不同国家成为一个相互影响与依存的命运共同体。全球多个地区在水、能源和粮食之间形成了一种彼此影响、制约并极具敏感性和脆弱性的安全纽带，而这一安全特征在中亚尤为突出。同时，中亚地区的环境非传统安全问题具有纽带传导性、议题联系性和威胁双源性的特点。咸海地区的干旱将触发一种"生态-多米诺效应"（eco-domino effect），它最终制造了一个"从斯堪的纳维亚半岛到黑海的社会生态退化的统一前沿"。作为雷内·道斯（Rene Dose）和安德烈·格瑞茨（Andre Gerrits）确定的三种与环境关联的地区冲突类型之一，中亚地区国家间冲突的主要原因是水源和土地的配置[①]，并且中亚地区以双源性非传统安全威胁为主，即同时源于国内和国外，特别是源于与边疆接壤的跨境地区，并具有以下特征：威胁产生主体与诱发因素具有内外联动的"双重性"、威胁扩散与影响具有内外共通的"双向性"、威胁应对与治理的"复合性"、易与军事武力相交织而与传统安全相转化。因此，在环境安全纽带的视角下探讨中亚地区的环境安全问题具有相当的必要性。

---

① 布赞 B，维夫 O，怀尔德 I D. 新安全论［M］. 朱宁，译. 杭州：浙江人民出版社，2003：124.

8.1 中亚地区的能源-粮食-水三位一体安全纽带

中亚地区目前是全球生态系统恶化最为严重的地区之一，气候变化加剧了这一地区生态系统的脆弱性。中亚地区蕴藏着丰富的油气资源，石油和天然气储量约占全球的 12%。但是中亚地区油气资源分布不平衡，能源多集中在哈萨克斯坦、土库曼斯坦和乌兹别克斯坦三国，其中哈萨克斯坦石油储量和产量最为丰富，土库曼斯坦拥有最丰富的天然气资源，而吉尔吉斯斯坦和塔吉克斯坦则是地区内的资源稀缺国。水资源是中亚最为稀缺的资源，水资源的稀缺与分布不均使中亚各国关系处于一种经常性的低度紧张状态。在中亚广袤的区域内，仅有两条主要河流——阿姆河和锡尔河，地区内 1/4 以上的土地是荒漠。农牧业是中亚的支柱性产业，但中亚的农业生产现代化水平较低，农业以灌溉农业为主，水资源的浪费、污染现象十分严重。苏联时期的农业扩大政策虽然提升了农作物产量，但却导致了严重的水危机，阿姆河和锡尔河的过度引流、引灌，最终导致咸海的大面积萎缩和严重的土地盐碱化、荒漠化。中亚的人口增长及城镇化的发展进一步加剧了中亚的生态危机，"到 20 世纪 70 年代时，各共和国城市人口与苏联时期一样首次超过了农村（牧区）人口。这种巨大的变化对中亚地区的生态环境影响是非常严重的，甚至是灾难性的。"[①]在苏联时期，水利灌溉和能源分配系统由联盟中央有关部门统一管理，中亚五国独立后，原有的资源分配问题开始国际化，矛盾冲突开始显现。各国奉行独立的资源政策，相互间缺乏沟通与协调，即便地区内存在多元治理行为主体，并且形成了一定的协调机制，但中亚的环境资源治理仍处于制度弱化的状态，治理主体间的协调、治理机制间的对接，特别是议题间的兼顾问题尚待解决，迫切地需要采取一种兼顾环境安全纽带的治理手段。

---

① 许涛. 中亚地区非传统安全潜在风险的多元化趋势［J］. 国际安全研究，2016（5）: 88.

8.1.1 气候变化对能源-粮食-水三位一体安全纽带的影响

大量研究表明气候变化已构成了潜在的安全威胁，气候变化并非冲突的直接诱因，但往往是冲突的催化剂。气候变化会造成降雨不均、冰川融化、极端天气、虫害加重等直接影响，从而导致水资源的减少、粮食减产，在技术改进和治理水平滞后于气候影响的情况下，这些维持生计资源的减少要么会引发受影响群体对于稀缺资源的争夺，要么迫使受影响人群迁移，从而增加环境难民的人数。[①]这表明社会和政治结构在气候危机前将变得脆弱，气候变化会引发水、粮食和能源间的连带反应，危机将从自然资源环境领域传递至社会、政治、经济领域。尽管强劲的经济增长可能会减轻一些风险，但这只会使该地区更加依赖进口，进而依赖其他国家。此外，基于化石燃料的增长是不可持续的，因为这些资源将不可避免地被耗尽。如果没有一个可行的替代方案，首先造成的是经济危机，随后是政治危机。中亚深处内陆，气候形态多样，从干旱的沙漠到高降水的山脉，地区内国家间和国家内部气候差异明显。中亚是受气候变化影响最为严重的地区，联合国气候变化框架公约（UNFCCC）秘书处2008年发布的报告称，气候变化在中亚地区导致的变暖程度将超过全球平均水平。[②]根据预测，到2050年该地区的气温将平均增加2℃，到2085年，气温将上升2~5.7℃。[③]再加上中亚地区自然生态的脆弱性、不当的环境资源管理方式，以及对于经济增长的诉求和政治不稳定性几个因素间的相互制约，中亚环境安全极易陷入一种"闭环"状态。

气候变化将会对中亚地区的水、粮食和能源产生一系列纽带影响。气候变化会导致中亚水资源进一步稀缺，加剧分配矛盾。而水资源的减少会影响地区内的

---

① GLEDITSCH N P. Climate change and conflict [M] // HARTARDS, LIEBERT W. Competition and conflicts on resource use, Switzerland: Springer International Publishing, 2015.

② 曹嘉涵. 中亚气候变化风险及环境安全影响 [J]. 绿叶，2015(7)，37.

③ USAID. Climate Risk Profile: Central Asia [EB/OL]. [2015-06-21]. https://www.climatelinks.org/resources/climate-risk-profile-central-asia.

粮食和经济作物产量，粮食减产会引发粮食价格上涨，加剧地区内贫困人口的生计负担。为获得更多的粮食资源，中亚国家不仅会加大对水资源的开发，还将加深对于粮食贸易的依赖。气候变化还会加剧水资源的季节性变化，冬季降雪减少、夏季干旱频发，存在激化上下游国家间发电、灌溉的结构性矛盾的风险。并且气候变化还会降低和损坏发电、运输等能源基础设施的性能，从而减少能源产能。部门间对于资源的竞争将进一步加剧，农业部门和能源部门将对水资源展开激烈竞争，而地下水资源开采和种植业的水泵灌溉又需要大量的电力供应。总之，气候变化对于中亚地区环境安全是一种系统性的影响，系统中的水、粮食和能源是最为重要的三个连带因素，仅关注其中的一项往往会产生非预计后果。同样，环境纽带对于安全的影响也是系统性的，包含了经济、社会和政治多个维度（如图8-1所示）。

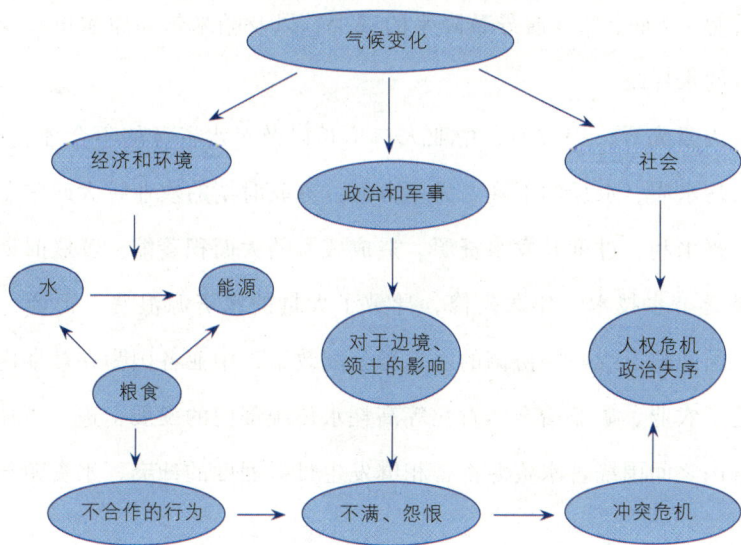

图 8-1　环境安全纽带逻辑图

资料来源：作者自制。

8.1.2 水资源与粮食安全的相互转化和影响

水是中亚国家的生命线，水资源的稀缺严重制约了中亚国家的经济发展，水资源分配矛盾不仅阻碍了中亚一体化的进程，还隐含了极大的安全风险。

中亚地区地域广阔，人口傍河而生，集中分布在阿姆河、锡尔河及其支流的上游和中游的绿洲地带，以及下游灌溉区域和三角洲地带，而人口的聚集区域多被沙漠所包围。中亚大部分地区气候干旱，降雨量少（小于350毫米/年），湿度极低（夏季为22%~40%），蒸发量高（最大1 700吨/年），太阳辐射丰富。[①]中亚地区的水资源争议是影响地区内国际关系的重要因素，水资源争议既有其自然因素，又是人为原因导致的结果。从自然因素来看，中亚地区水资源分布严重失衡，塔吉克斯坦水资源储量最为丰富，吉尔吉斯斯坦次之，哈萨克斯坦水资源较少，而土库曼斯坦和乌兹别克斯坦则是贫水国家，塔、吉两国合计储水量约占地区内水量的91%，具有绝对优势。[②]而全球变暖导致降水的减少，以及帕米尔高原冰川减少，都加剧了中亚地区的水稀缺。

从人为因素来看，一方面，中亚人口增长以及对水资源的不合理利用、浪费、污染造成人均水质、水量的下降。另一方面，苏联时期的农业扩大政策急于提高粮食产量，大兴水利，过度开发水资源，造成咸海的大面积萎缩。苏联时期建立的水利系统，缺乏节水技术、年久失修，导致了大量的水资源浪费。再者，苏联解体后，中亚各国间缺乏统一、协调的水资源分配政策，中亚各国为在短期内走出经济低谷，加速了农业、矿业冶金、石化等高耗水传统部门的发展，进一步加剧了水资源争议，各国之间围绕着水资源都曾相继发生过低烈度的冲突，水资源与其他领域

---

① DUKHOVNY V A, STULINA G. Water and food security in central Asia [M] // CHANDRA A, MADRAMOOTOO C A, DUKHOVNY V A. Water and food security in central Asia. Dordrecht: Springer, 2008: 1.

② 杨恕，王婷婷. 中亚水资源争议及其对国家关系的影响 [J]. 兰州大学学报（社会科学版），2010（9）: 52.

相交织的问题已成为影响中亚地区稳定的最主要因素。

水资源的减少首先对粮食生产造成影响，水资源的稀缺严重限制了中亚灌溉农业的发展，进一步恶化了中亚地区的粮食安全隐患。

中亚地区拥有丰富的土地资源和旱作农业资源，在干旱地区，大量作物需要灌溉才能种植。土库曼斯坦和乌兹别克斯坦的全部、哈萨克斯坦的南部及北部的一部分和吉尔吉斯斯坦、塔吉克斯坦的一部分地区的农业都必须依靠引水灌溉。从近代中亚农业发展历史来看，为确保粮食生产，中亚地区的粮食生产扩大化进程严重破坏了中亚地区的水文系统，造成几乎不可逆的影响，目前各国面临严峻的农业用水压力（见表 8-1）。落后的水利基础设施、低效的水资源利用率和粗放的粮食生产方式共同限制了中亚地区的粮食产量提升，加剧了各国不同程度的粮食安全隐患。尽管哈萨克斯坦是粮食生产和出口大国，但也是咸海水系恶化的最大受害国。乌兹别克斯坦粮食基本自给，但其境内的阿姆河、锡尔河三角洲地带出现了严重的沙漠化现象，并且乌兹别克斯坦的灌溉用水受到上游国家的制约，与上游国家的发电用水存在着难以调和的结构性矛盾。吉尔吉斯斯坦每年需进口大量谷物，塔吉克斯坦粮食供应严重不足，被联合国列为粮食救援国家。2008 年的极端干旱天气对于塔吉克斯坦的粮食安全造成了严重打击，其 34% 的农村人口没有粮食保障，其中 54 万人严重缺乏粮食，城市人口中的 33% 缺乏粮食，约 20 万人严重缺粮。

表 8-1　　　　　　　　　　　中亚国家农业用水压力水平预测

国家	2020	2030	2040
吉尔吉斯斯坦	4.91	4.92	4.93
哈萨克斯坦	4.79	4.77	4.79
土库曼斯坦	4.13	4.38	4.76
乌兹别克斯坦	3.97	4.26	4.30
塔吉克斯坦	3.30	3.36	3.42

注：压力等级：低级：0~1分；低-中级：1~2分；中-高级：2~3分；高级：3~4；超高级：4~5分。

资料来源：节选自FAO：The State of Food Security and Nutrition in Europe and Central Asia, p.44.

此外，粮食部门还要面临能源部门的用水竞争。一方面，灌溉农业，尤其是水泵灌溉需要大量的电力作为保障。例如，塔吉克斯坦44%的农业生产依赖于水泵灌溉，水泵需要稳定的电力供应，农业的总体用电量约占全国全部用电量的21%，是第三大耗电部门，而塔吉克斯坦90%以上的用电依赖于水电。[①]另一方面，能源开采和冶炼同样是中亚的支柱产业和重要收入来源，而能源开采、冶炼过程需要大量的水源作为保障，部门间的用水竞争难以调节。从扩大粮食生产对于水资源的影响来看，中亚地区面临进一步的水资源稀缺威胁。近年来，随着能源价格的下跌，中亚传统能源国家开始实施经济多元化战略，把发展农业和粮食生产作为减少贫困、吸引就业的重要手段，农业在各国的地位不断提高。例如，哈萨克斯坦制定了"光明之路"新经济政策、《哈萨克斯坦—2050》战略、《2013—2020年农产品加工业综合体发展战略规划》，将发展粮食产业作为7个主要任务之一；塔吉克斯坦则制定了能源、交通和粮食三大战略。总之，中亚的水资源与粮食生产间存在着相互影响、制约的复杂纽带关系。

8.1.3 水资源与能源安全的相互转化和影响

从整个地区层面来看，中亚地区能源资源丰富。哈萨克斯坦有丰富的石油资源，在土库曼斯坦和乌兹别克斯坦交界处蕴藏大量的天然气资源，这两国是天然气的净出口国。吉尔吉斯斯坦和塔吉克斯坦主要依赖水力发电，并且还有大量的水能尚未开发。然而，中亚地区仍存在着水与能源安全纽带隐患，主要体现为上游国家发电用水与下游国家农业灌溉用水之间存在的难以调和的结构性矛盾。

在苏联时期，水利灌溉系统由联邦中央政府统一管理，中亚国家独立后，中亚水问题开始国际化。各国奉行独立的水政策，政策间往往难以协调，矛盾易于激

---

① SHENHAV R, DOMULLODZHANOV D.The water-energy-food nexus in Tajikistan: The role of water user associations in improving energy and food security [J]. Central Asian Journal of Water Research, 2017, 3 (2): 54.

化。苏联时期，中亚地区奉行水资源换能源政策，以平衡上下游地区在不同季节的水和能源需求。位于上游的吉尔吉斯斯坦于 20 世纪 70 年代在锡尔河的主要支流纳伦河地区建立了蓄水库，在旱季和雨季间调节下游乌兹别克斯坦和哈萨克斯坦南部地区的灌溉农业用水。外加纳伦河上其他四个规模较小的水库，其水电装机容量为 2 870 兆瓦。根据苏联政府 1984 年出台的 413 号决议，上游地区要在夏季（4 月—9 月）释放 75% 的水量，冬季（10 月—次年 3 月）释放不超过 25% 的水量。[①]鉴于吉尔吉斯斯坦是能源稀缺国，乌兹别克斯坦和哈萨克斯坦会在冬季向其供应化石燃料确保其供暖和电力需求。中亚各国独立后，过去的水资源换能源政策转变为水资源和能源的国际贸易，化石燃料价格迅速上涨至全球价格水平，而且常常要求以硬通货付款。上游国家迅速从昂贵的化石燃料供暖转向了电热供暖，从而增加了冬季水电需求。因此，吉尔吉斯斯坦开始增加冬季排水量，以满足其冬季电力需求，并减少夏季排放，以便为下一个冬季储存水。而在冬季，河道和运河无法处理过多的水量，只能将其转移到一系列洼地中，形成了艾达库尔人工湖，既浪费了水源，又对环境造成了不良影响。

为解决上下游国家在不同季节间水与能源之间的矛盾，各国签订了一系列合作协议，然而相关协议并未得到很好的落实和执行，中亚地区的环境能源治理始终处于低一体化和制度化状态。这主要是因为，各国间仍存在地缘政治经济利益的制衡，相互间缺乏信任。经济利益方面，对于能源丰富的下游国家来说，向地区外国家出售天然气和电力要比向其贫穷的上游邻国供应天然气和电力更有利可图。乌兹别克斯坦在 2009 年开始向阿富汗出售电力，并完全撤出了中亚的供应系统。为了赚取更多的能源外汇，乌兹别克斯坦甚至牺牲国内的能源需求，冬季部分城镇的小学生甚至要自行采集柴火到学校里取暖。

---

① World Bank. Water energy nexus in central Asia-improving regional cooperation in the Syr Darya Basin［EB/OL］.［2004-05-03］. http://siteresources.worldbank.org/INTUZBEKISTAN/Resources/Water_Energy_Nexus_final.pdf.

政治利益方面，各国间仍缺乏互信，并通过水和能源作为战略手段相互制衡，甚至遏制彼此的发展。塔吉克斯坦的罗贡水电站，从规划到投入建造几经波折，电站投入使用后不仅能使塔吉克斯坦实现能源独立，而且在夏季发电高峰时，还能实现电力出口。此外，罗贡水电站还可以增加瓦赫什河下游各水电站的8%的电力，并有可观的灌溉供水效益。除去塔吉克斯坦自身融资问题阻碍工程进展外，罗贡水电站一直遭到乌兹别克斯坦的反对，乌兹别克斯坦曾采用"能源战""铁路战""关税战"，甚至武装冲突等多种手段阻止工程建设。因为罗贡坝在蓄水期将造成下游阿姆河水量的减少，影响乌兹别克斯坦的灌溉，且乌兹别克斯坦不愿意承担可能发生的地震引起溃坝的风险，还有一部分原因是乌兹别克斯坦不想就此使塔吉克斯坦摆脱对其的能源依赖，甚至是实现与其能源出口竞争。总体来看，水资源与能源间的纽带矛盾，不仅会在各资源要素间相互传导，而且易于从环境安全的低政治领域诱发，扩大至军事安全、政治安全等高政治领域。因此，寻求有效的治理路径、打破纽带间的"闭环"极为重要。

8.2　中亚可持续发展进程

8.2.1　中亚国家的可持续发展进程

为了研究中亚国家可持续发展进程情况，我们参考2015年联合国可持续发展峰会《变革我们的世界：2030可持续发展议程》，即《2030可持续发展议程》和可持续发展行动网络年度报告。[①]根据后一个报告我们可以得出全球范围内中亚国家就联合国2030年可持续发展目标的落实进展，该报告在国家层面上制定了一套可

---

① 2016年7月，联合国可持续发展行动网络发布了全球报告《可持续发展目标指数和指示板（SDG Index and Dashboards）》，这份报告由包括联合国官员、学术界人士、非营利机构代表在内的150多名专家共同研究撰写，旨在帮助各国了解全球范围内可持续发展目标的落实进度和本国在可持续发展目标落实进程中需要优先解决的问题，督促各国在本国范围内尽快出台并执行与可持续发展目标相符的政策。

持续发展目标落实进展的衡量标准。由于自然禀赋的限制、较低的水资源利用率、跨界水体争端与水体污染，在 2019 年全球报告（SDG Index and Dashboards Report 2019）中，中亚国家在可持续发展目标 6（清洁饮水和卫生设施）上普遍被标注为"橙色"（Significant challenges remain）或"红色"（Major challenges remain）。就具体国家而言：

哈萨克斯坦。在 2019 年全球可持续发展报告（Sustainable Development Report 2019）的指标部分，哈萨克斯坦得分 68.7 分，低于东欧和中亚国家的平均分 70.4 分，排名进一步下滑到全球第 77 位。在指示板部分，哈萨克斯坦仅在可持续发展目标（SDG1）（消除贫穷）获得了总体"绿色"，即每个单项均为"绿色"的成绩。其余 SDG2（消除饥饿）、SDG3（良好健康与福祉）、SDG9（产业、创新和基础设施）、SDG13（气候行动）和 SDG16（和平、正义与强大机构）被标注为红色。哈萨克斯坦在大部分指标，特别是 SDG1（消除贫穷）、SDG7（经济适用的清洁能源）和 SDG8（体面工作和经济增长）有明显进步，但在 SDG17（促进目标实现的伙伴关系）的指标评分上有所下降。从其总体排名持续下降的趋势看，哈萨克斯坦的 SDG 进展仍有较大提升空间。

吉尔吉斯斯坦。在 2019 年全球可持续发展报告的指标部分，吉尔吉斯斯坦得分 71.6 分，高于东欧和中亚国家的平均分 70.4 分，排名全球第 48 位。在指示板部分，吉尔吉斯斯坦未在任一目标上获得总体"绿色"，即每个单项均为"绿色"的成绩，这是因为引入了新的次级指标。而 SDG3（良好健康与福祉）、SDG9（产业、创新和基础设施）、SDG13（气候行动）和 SDG16（和平、正义与强大机构）被标注为红色。吉尔吉斯斯坦在大部分指标上均有进步，特别是 SDG1（消除贫穷）、SDG7（经济适用的清洁能源）和 SDG8（体面工作和经济增长）、SDG13（气候行动）。尽管吉尔吉斯斯坦在地区排名较高，但其 SDG 进展仍有较大提升空间。

塔吉克斯坦。在 2019 年全球可持续发展报告的指标部分，塔吉克斯坦得分 69.2 分，低于东欧和中亚国家的平均分 70.4 分，排名全球第 71 位。在指示板部分，塔吉克斯坦仅在 SDG12（负责任消费和生产）上获得总体"绿色"，即每个单项均为"绿色"的成绩。而SDG2（消除饥饿）、SDG3（良好健康与福祉）、SDG5（性别平等）、SDG6（清洁饮水和卫生设施）、SDG8（体面工作和经济增长）、SDG9（产业、创新和基础设施）和SDG16（和平、正义与强大机构）被标注为红色。相比2018年，塔吉克斯坦在大部分指标上均有进步，特别是SDG1（消除贫穷）、SDG4（优质教育）、SDG7（经济适用的清洁能源）和SDG13（气候行动）。但塔吉克斯坦的总体排名仍维持不变，说明其SDG进展仍有较大提升空间。

乌兹别克斯坦。在2019年全球可持续发展报告的指标部分，乌兹别克斯坦得分71.1分，高于东欧和中亚国家的平均分70.4分，排名全球第52位。在指示板部分，乌兹别克斯坦没有目标获得总体"绿色"，即每个单项均为"绿色"的成绩。而SDG6（清洁饮水和卫生设施）、SDG9（产业、创新和基础设施）和SDG16（和平、正义与强大机构）被标注为红色。相比2018年，乌兹别克斯坦在大部分指标上均有进步，特别是SDG1（消除贫穷）、SDG4（优质教育）、SDG7（经济适用的清洁能源）和SDG13（气候行动）。但乌兹别克斯坦的总体排名仍维持不变，说明其SDG进程较为平缓，其SDG仍有较大进展空间，距离实现各SDG目标仍有一定差距。

土库曼斯坦。在2019年全球可持续发展报告的指标部分，土库曼斯坦得分64.3分，低于东欧和中亚国家的平均分70.4分，排名全球第101位。在指示板部分，土库曼斯坦仅在SDG1（消除贫穷）获得总体"绿色"，即每个单项均为"绿色"的成绩。而SDG3（良好健康与福祉）、SDG6（清洁饮水和卫生设施）、SDG8（体面工作和经济增长）、SDG9（产业、创新和基础设施）、SDG13（气候行动）和SDG16（和平、正义与强大机构）被标注为红色。相比2018年，土库曼斯坦在SDG1（消除贫穷）、SDG6（清洁饮水和卫生设施）、SDG8（体面工作和经济增长）三个目标上有明显进步。但土库曼斯坦总体评分和排名在中亚地区最低，且与其他国家有明显差距，其SDG仍有较大进展空间。

8.2.2　中亚可持续发展建设国际合作的特点与效果

无论在关注领域、合作重点，还是在互动模式方面，相关各类机制和平台都更加多元化。例如，在联合国框架下各组织的合作中，生物多样性保护、气候变化、荒漠化治理、环境管理能力与体系建设主要领域，合作模式以多边为主，重视相关合作与现有联合国框架内的各类公约、行动计划、机构和项目相结合。在其他多边合作平台中，由欧盟和联合国开发计划署推动建立的中亚区域环境中心扮演着重要角色。其中，哈萨克斯坦作为该中心的总部所在地，主要关注推动与开展环保对话、进行环保技术培训和推广、提升环保的公众参与等方面。但从国际合作的角度看，仍存在部分问题，其中包括：第一，国家财政支持力度欠缺，并非所有的环境战略和行动计划都纳入了相关权力主体的监督机制，阻碍了相关战略和计划的独立实施；第二，国家内部的环保政策执行机构与国际组织秘书处之间的互动协调较差，例如国际组织驻哈办事处在资金和人力资源配备上的欠缺导致未能挖掘哈萨克斯坦国家环保管理潜力；第三，国际援助机构和组织缺乏足够的国家发展优先领域、战略和行动计划信息，导致出现合作战略规划和执行错位；第四，相关援助方未能实现有效协调，造成合作项目、研究、会议、出版物和政策建议之间的重复，部分合作项目具有相同或类似的合作目标，但借助不同的金融支持机制，在同一个地区内开展，造成合作资源的浪费；第五，相关实践表明，援助方更倾向于借助西方发达国家的咨询公司制定合作项目的信息调研和执行规划，但此类公司缺乏对当地实际情况、法律制度和资源分布特点的了解，导致项目成本大幅增加；第六，大部分教育性和信息分析类项目以会议、文件、报告和政策建议的形式，向决策者和包括当地居民、非政府组织推广，但这一做法未能实现预期的目标，例如促进民众对环保的积极心态或实际行为的改变效果不明显。由于没有得到真正的地方行动支持，相关基金会试图开展广泛的公众意识活动并未带来实际产出；第七，无论合作项目实施的环境和经济效益如何，缺乏国家层面的共同融资机制是项目实施的重要制约因素。这也导致相应的战略规划、行动计划等仅体现在纸面上，而未能在实践中落实，造成部分环境问题的持续恶化。

8.3 中国在中亚能源–粮食–水三位一体安全治理中的作用

全球气候变化突显了中亚地区水、粮食、能源安全间的纽带关系，纽带间的传导性，纽带因素间相互影响、制约，使得中亚环境资源安全更为敏感、脆弱，治理更为复杂、困难。

水是中亚环境安全纽带的始发点，水资源的稀缺性极易引发"生态多米诺效应"，对于能源、粮食的生产与分配更是具有直接的影响。环境安全纽带极易与政治、经济、恐怖主义、极端主义等其他领域的安全议题相纠缠，互为因果，安全议题间体现出了明显的"集聚效应"。[①]同时，中亚的环境威胁源于国内和国外两个方向，共同的边界和相融合的复杂民族结构又使得国内矛盾极易跨界国际化。中亚地区的环境安全治理处于严重的赤字状态，治理公共产品存在着供给竞争与不足的双重矛盾。地区内国家间努力创设机制、签署协定，但地区内始终难以内生出统一协调的治理方案和机制。中亚地区的各项治理议题都无法回避域外大国的参与，中亚特殊的地缘位置牵涉着多方大国的利益，大国是中亚地区公共产品的重要供应方，而大国间的博弈和自利行为却使得公共产品供给出现竞争或难以内部化的特征。

8.3.1 中国引领治理中亚能源–粮食–水三位一体安全治理的必要性

中亚是中国周边外交的重要着力点，对于中国具有重要的战略利益、安全利益和经济利益。自古以来，中亚既是中原王朝对外经济往来的商业要道，也是中原文明对外交流的重要窗口。历史和地缘特性决定了中亚本身是一个主体性不稳

---

① 苏畅. 论中亚安全威胁因素的集聚效应 [J]. 俄罗斯东欧中亚研究，2018（1）：116-135.

固、依附性较强的存在，佛教与伊斯兰教、草原帝国与农耕帝国等不同形式的文明与经济形态在此处交汇，对立与融合始终成为中亚地区不变的属性。这也决定了中亚始终是大国博弈的舞台，麦金德也曾将这一地区定义为国际政治的"枢纽"地带。

中亚地区是中国的战略延伸空间，除大国外，中亚周边地区还存在着几个地区性旗手和战略支轴国，如伊朗、沙特阿拉伯和土耳其，以及阿富汗和阿塞拜疆等。这些国家在复杂的欧亚大陆战略博弈中都有自己独特的战略考量。[①]中国在中亚地区应保有战略主动性，要极力避免大国布局，或是小国与大国联立制衡中国。从安全利益来看，西部是中国安全隐患最为严峻的地区，虽然中国与中亚邻国达成了边界协议，妥善处理了传统安全问题，但仍面临着诸如民族分裂主义、恐怖主义、宗教极端主义等非传统安全问题。尽管环境安全在安全光谱中较为边缘，但环境因素与其他安全因素间的传导、诱发机制不应被忽视，特别是中亚地区处于脆弱的环境状态中，环境安全已然突显为重要的威胁因素。并且，中国与哈萨克斯坦还存在一定的水资源争议，若处理不当，争议会进一步激化为矛盾。从经济利益来看，中亚是中国重要的能源和粮食来源地，是保障中国能源、粮食安全的重要市场。在建设"丝绸之路经济带"的背景下，中亚的地缘经济意义更加突出。中亚国家是"丝绸之路经济带"的首要出发点和主要对象，中亚地区的稳定对丝路畅通至关重要。中方强调与中亚地区的经济合作"要提倡创新、协调、绿色、开放、共享的新发展理念"。中国应在中亚开展基础设施开发、投资建设中加入更多的环境因素，通过协调发展与环境治理之间的关系，以环境治理促进发展、发展减缓冲突、发展促进和谐来突破中亚地区的安全"闭环"。

8.3.2 中国引领治理中亚能源-粮食-水三位一体安全治理的可行性

中国在中亚环境安全纽带治理中发挥一定的引领作用，具备可行性。首先，中

---

① 陆钢."一带一路"背景下中国对中亚外交的反思 [J]. 探索与争鸣，2016（1）：88.

国具备一定的经验、能力和意愿参与中亚的环境治理。中国作为发展中国家的转型发展经验是中国与中亚国家合作的重要基础，中国不断提出资源节约型和环境友好型社会、创新型国家、生态文明、绿色发展等治理理念，并不断加以实践。中国在协调水、粮食和能源关系的问题上，既有一定的教训，又积累了丰富的经验，特别是新疆西北地区的治理经验对于中亚具有很大的借鉴意义。目前，依托"一带一路"倡议创设的丝路基金和亚洲基础设施投资银行可以带来一定的资金保障。虽然字面意义上，"丝绸之路经济带"是一个经济设想，但从现实的操作来看，它又不仅仅是经济战略，更具有综合性的功能。环境资源基础设施、技术研发，以及治理经验"互通"都可以成为"丝绸之路经济带"框架内的重要内容，而且是必要内容。并且，中国与中亚各国的关系已经通过上海合作组织纳入机制化轨道，中国参与治理具备平台优势。

其次，从中国与中亚国家间的经贸相互依赖程度来看，中国与中亚国家相互依赖程度较高，但相互依赖程度并不对称，中亚国家对于中国的贸易、投资依赖程度相对更高。2017年，中国与中亚地区"一带一路"沿线国家的进出口总额是360亿美元，较2016年增长19.8%，是中国与"一带一路"沿线国家贸易增长最快的区域，占中国与"一带一路"沿线国家进出口总额的2.5%。但从中国对全球贸易情况来看，中亚五国不是我国的主要贸易伙伴，在中国全部贸易中的比重并不高。中国是中亚国家纺织品、轻工制品的重要进口市场，中国从中亚的进口则以矿物燃料为主，哈萨克斯坦对中国出口的石油，占其总产量的1/4；土库曼斯坦输送中国的天然气则占其产量的一半以上。

最后，中亚地区在非传统安全领域存在着广泛的治理机制创设和大国协调空间。不同于其他地区，中亚地区内环境治理机制的碎片化程度较高，处于制度低度发展状态。并且不同于非洲、湄公河地区的治理机制具有相对排他性的特点，中亚地区针对环境治理保持了开放的态度，不仅有美国、俄罗斯、日本、印度等大国和欧盟的参与，国际组织也很活跃。有别于传统安全领域的零和竞争，大国在中亚地区的非传统安全领域具有很大的协调空间，[①]同时大国对于中国积极参与中亚的非传统安全治理也给予了更多的认可。这些都为中国发挥引领治理作用提供了空间。

8.3.3 中国引领治理能源-粮食-水三位一体安全治理的路径

根据中亚地区环境安全纽带发展的现状与各相关方的关切程度，中国可以从环境纽带理念塑造、环境技术改造、治理机制创建三个层面来发挥引领治理作用。

首先，在理念塑造方面，中国应在中亚地区积极推广和塑造"安全纽带"话语，使安全纽带成为中亚地区主导的环境治理话语。当前情况下，西方发达国家和行为体已经开始积极介入中亚地区的环境治理，但多集中于水资源管理和水外交，在既有的发展援助计划中尚未很好地形成水、能源和粮食之间的统筹，因此，为中国在环境领域的创造性作用预留了很大的话语空间。第一，我们要加强环境安全纽带的理论建设；第二，要做好环境安全纽带治理经验的总结，特别是我国西北地区的一些成功治理经验；第三，中国应在与中亚国家对外交往活动中主动倡导环境安全纽带理念。目前已有大量的平台可供我们运用，如上合组织的环境、农业合作机制，联合国粮农组织"粮食安全特别计划"框架下的"南南合作"项目，以及中国与中亚各国建立的农业技术示范中心等。

其次，在环境技术改造方面，中国在加大技术援助的同时，还应在水、粮食、能源纽带关系的视域里做好统筹规划。能源领域是目前中国与中亚国家间合作进展较为突出的领域，中国与中亚国家油气合作呈现多元化的合作趋势，合作规模不断扩大，合作程度不断深化，已从油气资源贸易领域逐渐扩展到勘探开发、管道运输、炼油和油气销售等上中下游各个领域，形成了包括工程技术服务在内的完整业

---

① 曾向红，杨双梅．大国协调与中亚非传统安全问题［J］．俄罗斯东欧中亚研究，2017（2）：34-62.

务链，并进一步拓展到其他相关的建设领域。[①]因此，能源领域合作将迎来进一步深入和细化的进程，要着重提高能源开采、加工过程中的环境意识。在农业领域，中国有很大的合作优势，更高效的种植方式、更优质的种子和与中国的农业技术交流，可以为中亚国家创造新的合作框架。中国可以将投资、改造中亚的基础灌溉设施作为重要的考量，以改善中亚地区灌溉系统的浪费现象。还可以进一步加强农业人才的交流、培养，如更多地开展类似新疆天业（集团）有限公司承办的"农业高效节水灌溉技术国际培训班"等活动。水资源治理可作为中国引领治理的切入点，中国可以带头调解中亚国家之间的水争端。作为实现这一目标的第一步，中国需要加快缔结跨境河流水量分配的全面协议，其首要任务是与哈萨克斯坦成功协调、管理好伊犁河和额尔齐斯河。相应地，哈萨克斯坦也可以成为中国的支点国家。与其他主要跨界河流的水治理机制相比，中国与哈萨克斯坦的制度化合作水平相对较高。例如，两国于2001年签署了《跨界河流共同使用和保护协定》。2011年4月，两国在霍尔果斯河启动了中哈友谊联合引水工程。中国与哈萨克斯坦的良好协调会对其他国家产生示范效应。上合组织是中国在中亚区域合作的基本框架。在中亚环境安全纽带治理中仍应以上合组织为基础平台，并在上合框架的基础上，一方面深化环境合作、治理内涵，另一方面开展上合组织成员与地区外大国、国际组织的环境合作机制。这一过程既可以通过论坛的形式，也可以通过"上合环境+GX"的形式，因为中国引领的中亚环境安全纽带治理，要为美国、欧盟、日本，以及相关国际组织和公民社会的参与预留出协调空间。

---

① 杨宇，刘毅，金凤君. 能源地缘政治视角下中国与中亚-俄罗斯国际能源合作模式 [J]. 地理研究，2015（2）：216.

第9章　非洲的能源-粮食-水三位一体安全

在全球气候变暖的背景下，国际社会如何应对全球气候变化的问题既是发展问题，也是安全问题。在非洲地区，能源、粮食和水构成了一种安全纽带，相互影响、相互制约，而且极其敏感和脆弱。联合国环境规划署（UNEP）于2007年发布了题为《苏丹：冲突结束后的环境评估》的研究报告。该报告认为，气候变化和其他环境问题大大加剧了苏丹干旱地区的饥饿、资源短缺和移民冲突，最终导致了苏丹达尔富尔地区的资源紧张。该报告对非洲地区的能源-粮食-水三位一体安全的竞争与冲突进行了权威解释，把对能源-粮食-水的研究从技术层面上升到联合国和外交政策层面，为解决非洲的资源与环境问题提供了新的国际化思路。从安全的角度来看，通过国际合作解决非洲的生态问题不是一个简单的技术问题，而是一个国际问题。基于中国独特的政治经济优势，中非共同应对安全的挑战，是深化中非友好合作关系、拓宽中非关系社会基础，寻求新的经济合作增长点的重要机遇。能源-粮食-水三位一体安全形成了一种相互影响、相互制约的新安全观，为全球协同治理提供了支撑和政策工具。广大发展中国家不仅要致力于经济发展和现代化建设，还要面临气候变化带来的能源-粮食-水安全的挑战。在农业、能源、水利等基础设施落后的非洲，气候变化对非洲的影响很大，安全纽带的挑战和影响更大。众所周知，化石燃料燃烧是碳排放的主要来源，虽然非洲人均碳排放量很低，但非洲面临的气候变化问题和能源-粮食-水的安全联系风险更为明显。因此，在非洲地区，我们不仅要从战略上认识到这三者的安全联系和共生共存的特点，而且要超越环境，采取经济、社会、外交等系统性合作，应对安全联系的挑战。

9.1 非洲的能源-粮食-水三位一体安全威胁影响深远

由于地理位置和发展阶段等因素,非洲地区很容易受到气候变化的影响,其纽带安全问题也变得更加突出。在气候变化的背景下,非洲的不发达国家和小岛屿国家面临的安全威胁越来越多。目前,全球的不发达国家中,大多数在非洲。在非洲国家中,佛得角、科摩罗、几内亚比绍、毛里求斯、圣多美和普林西比、塞舌尔等都是小岛屿发展中国家。从安全关系的影响来看,非洲的能源、粮食和水的相互联系和传输对安全的影响越来越大,主要体现在三个方面:一是气候变化对水和粮食的影响;二是水和粮食之间的相互作用;三是能源和水以及能源和粮食的相互影响。

第一,气候变化加剧了非洲的水资源和粮食安全威胁。联合国在2006年发表的题为《非洲的弱点和改进》的报告中指出,气候变化给非洲带来的灾害将超过世界其他地区。非洲大陆的气温上升速度高于全球平均水平,因此全球变暖对非洲的影响是毁灭性的。气候变化主要对非洲的水资源和粮食安全产生了严重影响。在水资源方面,非洲素有"热带大陆"之称,约有3/4的地区处于南北回归线之间。受降雨量地区分布不均衡的影响,非洲约有3/5的地区属于干旱、半干旱地区,干旱面积居各大洲之首。预计气候变化将严重影响撒哈拉以南非洲地区的降雨量,增加干旱发生的频率,提高平均气温,威胁清洁水的获取。在西非,65%的可耕地受到荒漠化的威胁;在东非,气候变暖导致2011年非洲之角发生严重干旱,埃塞俄比亚在过去20多年里经历了5次大旱。索马里南部、肯尼亚北部和坦桑尼亚东北部也经历了大范围的干旱,2000—2001年和2006年的干旱影响了350万人,直到2050年气候变化还将继续影响撒哈拉以南非洲地区的降雨模式,使降雨量减少50%。

在粮食安全方面,联合国政府间气候变化专门委员会(IPCC)认为,气候变化会导致非洲耕地退化。估计到2080年,非洲的干旱和半干旱地区的面积将会增加 6 000 万公顷到 9 000 万公顷。食品安全问题将会成为一个严重的问题。到 2080年，将会有 8 000 万人至 2 亿人受到饥饿的威胁。非洲地区饥民总量将占世界饥民总量的 40% 至 50%，而现在这一比率仅为 25%。联合国非洲经济委员会的狄欧娜（Dione）指出："如果气温上升以目前的速度继续下去，到 2050 年，全球平均气温将上升 1.5℃。非洲将损失 22% 的玉米、18% 的花生和 8% 的红薯。非洲 75% 的地区的农作物将至少减产 20%。"由于气候变化的影响，撒哈拉以南的非洲国家约有40% 面临农牧业生产严重下降的风险。到 2050 年，该地区平均每人获取食物的卡路里将低于 500 卡，比现在下降 21%。到 2080 年撒哈拉以南的非洲国家预计人口约 7.8 亿人，但粮食产量受到气候变化的影响将下降 7.9%，预计还有 5 500 万人到 6 500 万人有遭受饥饿的风险。

第二，水资源和粮食安全威胁相互转换、互相影响。与其他地区相比，非洲面临的水资源挑战更加严重。这首先是由于非洲本身气候炎热干燥。除了先天的自然因素外，水资源的供需矛盾日益突出，大大加剧了非洲缺水的困境。非洲东部地区的淡水资源占非洲总淡水资源的 4.7%，但该地区人口占非洲人口的 19%。东非的水资源尚未得到充分和最大限度的利用，85% 的人口仍然无法获得清洁和安全的水。根据非洲水资源协会 2006 年的一份报告，非洲有 1/3 的人缺乏饮用水，近一半的非洲人因饮用不洁净水而生病。非洲 1/3 的人口生活在极易受干旱影响的地区，估计到 2020 年将有 7 500 万人至 2.5 亿人面临缺水问题。农业生产总值占撒哈拉以南的非洲国家国内生产总值的 30%，气候变化加剧了非洲的干旱和缺水问题，导致非洲可灌溉耕地持续退化，对非洲粮食安全的威胁越来越大。据世界银行统计，撒哈拉以南的非洲国家约有 86%的土地缺水，如果不能有效提高农业生产力，非洲就无法保证粮食安全。

由于缺乏基础设施投资，非洲大部分地区依靠降雨来维持农业生产。根据联合国政府间气候变化专门委员会（IPCC）的报告，[①]非洲农业严重依赖雨水灌溉，因

---

① IPCC.Climate Change 2007: Scientific Basis ［R］. Cambridge: Cambridge University Press, 2007.

此极其脆弱。撒哈拉以南的非洲约97%的土地靠雨水灌溉，这使得农业生产容易受到季节性降雨变化的影响。因此，非洲国家水资源的短缺严重影响了非洲的粮食安全。此外，随着非洲经济的稳步增长，非洲人口迅速膨胀，城市化进程加快，粮食与居民用水的竞争日益激烈，导致粮食安全与水资源安全的矛盾日益突出，这不仅直接影响到非洲人民的生活水平，也给非洲的发展和进步带来了巨大挑战。2009年，肯尼亚遭遇了严重的干旱，1 000万人受灾，同时收成不佳。尼罗河是水资源与粮食安全互动的典型案例。尼罗河是世界上最长的河流，全长1 000多英里。在到达开罗之前，该河主要流经沙漠地区，因此非常容易受到全球气温上升造成的高蒸发量的影响。上游降雨量的轻微下降都会影响流量，从而增加了埃及粮食生产和水安全的脆弱性。埃及的人口预计将从目前的8 000万人增长到2050年的1.15亿人至1.79亿人，导致对水和粮食的需求激增。水和粮食安全问题的加剧也将激化该地区的传统安全问题。如果埃塞俄比亚、苏丹、乌干达或其他上游国家利用尼罗河的水量来满足本国激增的水资源和粮食灌溉需求，将引发埃及的恐慌和潜在的地区冲突。

第三，能源和粮食以及水资源安全威胁相互影响。

非洲的能源安全态势紧张，非洲的石油出口占全球石油出口的12%，非洲的能源消费只占全球能源消费的1.1%，电力消费仅占全球电力消费的0.9%，电力供需缺口巨大，约70%的人口（接近5亿人）受电力供应不足的影响。电力短缺造成了能源-粮食、能源-水两种安全纽带的关系紧张。

从能源与粮食相互作用的角度看，撒哈拉以南的非洲国家（7.19亿人）极度缺电。由于缺电，生物材料能源是撒哈拉以南的非洲地区的主要电力来源，燃烧生物材料产生的能源是非洲许多地区饮食能源的主要供给方式，但燃烧生物材料有可能对健康产生负面影响。非洲每年有数千名5岁以下儿童死于呼吸道疾病。

从能源和水的相互影响角度来看，水资源短缺和非洲水电发展的矛盾加剧。当前非洲地区的水电消费仅占全球水电消费的3%[①]，由于气候变化引起非洲水资源减少，导致在发电方面占主要地位的水力发电在一些地区逐渐减弱。以肯尼亚为例，气候变化带来的降雨量减少近年来严重影响水电站运行，导致肯尼亚面临电力紧缺。肯尼亚电力公司已经不能保障水力发电的电力供应。由于各国竞相采用水力发电，水资源竞争开始加剧，特别是在尼罗河等区域[②]，地处上游的肯尼亚、埃塞俄比亚、乌干达、坦桑尼亚等国于2010年签署了《尼罗河流域合作框架协议》，协议中规定尼罗河流域的埃塞俄比亚、乌干达、卢旺达、坦桑尼亚和肯尼亚等国均等分享尼罗河水资源，并有权在事先不告知埃及和苏丹的情况下建设水利工程。当前在埃塞俄比亚等国家的尼罗河支流修建的水电站已经对地处尼罗河下游的埃及与苏丹的水资源安全构成极大的威胁。尼罗河流域的水和能源资源争夺预计会日趋激烈。

9.2　非洲国家可持续发展建设状况

为了研究非洲国家可持续发展进程，我们参考2015年联合国可持续发展峰会通过的《改变我们的世界：2030可持续发展议程》（Transforming our World：The 2030 Agenda for Sustainable Development），即《2030可持续发展议程》和可持续发展行动网络（Sustainable Development Solutions Network，SDSN）年度报告。在SDG指标上，非洲北部是平均表现最好的地区，非洲地区三年表现得分较高的是阿尔及利亚、摩洛哥、埃及（非洲北部）、南非、纳米比亚（非洲南部）；而非洲中部是表现最差的地区。得分最低的是安哥拉（非洲西南部）、赞比亚（非洲中南部）、尼日利亚（非洲西部）。在排名上，整个非洲层次不均、差距较大。在已然落后的地区如安哥拉、尼日利亚，其在SDG的排名逐年下降，形势愈发严峻。而得分较高的

[①]　徐菁菁. 尼罗河一条河流的人类困境［EB/OL］.［2013-03-26］. http：//news.hexun.com/ 2012-01-13/137246717.html（3）.

[②]　尼罗河是世界上流经国家最多的国际性河流之一，流域涉及多个国家，全长6 670公里，流域中有 1/3是年降水量不足25毫米的极端干旱区，有1/6是年降水量在25~200毫米的干旱区。

摩洛哥、埃及、纳米比亚，其在SDG的排名也在逐年下降。在2018年的SDG指标分值衡量中，整个非洲地区相对2016年都有所下降。在GDP增长率上，埃塞俄比亚、坦桑尼亚和卢旺达表现得比较活跃，但这还没有明显外溢到它们的可持续发展目标上。

总体而言，非洲国家在可持续生产和消费以及气候行动方面表现相对较好（可持续发展目标12和13），但在与人类福祉有关的目标方面表现不佳（可持续发展目标1、7和11），其普遍被标注为"橙色"（Significant challenges remain）或"红色"（Major challenges remain）。就具体区域而言：

非洲南部。在2019年全球可持续发展报告（SDG Index and Dash boards Report 2019）的指标部分，非洲南部地区得分61.5分。该地区面临的主要挑战是可持续发展目标3（良好的健康和福祉）、可持续发展目标9（创新与创造基础设施）、可持续发展目标16（和平正义与强大的机构）、可持续发展目标7（清洁能源）、可持续发展目标2（消除饥饿）和可持续发展目标1（消除贫困）。该地区被标注为"红色"的指标区域超过50%。在可持续发展目标12（可持续消费与生产模式）上，表现最好。作为一个地区，非洲南部地区虽然没走上可持续发展目标的道路，但其在所有目标上的表现也没有太差。其在7个可持续发展目标上进展缓慢，在其余8个可持续发展目标上停滞不前。

非洲北部。在2019年全球可持续发展报告（SDG Index and Dash boards Report 2019）的指标部分，该地区是非洲大陆表现最好的地区。其6个国家中有4个国家的SDG指标分值居整个非洲的前6位。突尼斯排名第二，其次是阿尔及利亚和摩洛哥。非洲北部地区的"红色"指标最少、"黄色"指标最多。与撒哈拉以南的非洲国家相比，这些非洲北部的国家在可持续发展目标1（消除贫困）方面表现更好，80%的国家得分位于"黄色"指标区域，20%的国家得分位于"绿色"指标区域。但在可持续发展目标10（减少不平等），该地区所有国家的得分均位于"黄色"指标区域。在这些国家，可持续发展目标5（两性平等）仍然是一个关键问题，所有国家的得分都位于"红色"指标区域。其他挑战是可持续发展目标7（清洁能源）

和可持续发展目标 2（消除饥饿），"红色"指标分别占 83% 和 50%。阿尔及利亚是表现最好的国家，得分 71.1 分，只有两个"红色"指标。总的来说，尽管在许多目标上取得的进展不足以实现可持续发展目标，但非洲北部的国家仍有很好的条件保持可持续发展目标的最高水平。

非洲中部。在 2019 年全球可持续发展报告（SDG Index and Dash boards Report 2019）的指标部分，非洲中部的国家是得分位于"红色"指标区域数量最多的国家。可持续发展目标 3（良好的健康和福祉）、可持续发展目标 16（和平、正义与强大的机构）和可持续发展目标 17（全球伙伴关系）所有国家得分都位于"红色"指标区域。同时，在可持续发展目标 1（消除贫困）、可持续发展目标 6（水和环境卫生的可持续管理）、可持续发展目标 9（创新与创造基础设施）和可持续发展目标 11（可持续城市和社区）方面仍然存在重大挑战，超过 86% 的国家得分位于"红色"指标区域。这些国家表现最好的是可持续发展目标 13（应对气候变化）和可持续发展目标 12（可持续消费与生产模式），非洲中部国家在被评估的 15 个可持续发展目标中，在 10 个指标上的表现停滞不前。对于其他目标，非洲中部国家在可持续发展目标 13 上的表现还不错，在可持续发展目标 5、8 和 15 上的表现正在适度改进。要实现可持续发展目标，这一地区的所有国家都需要进行彻底的改革。在 2019 年全球可持续发展报告（SDG Index and Dash boards Report 2019）的指标部分，刚果共和国得分 54.2 分。喀麦隆得分相对靠前，得分 56 分。

非洲西部。非洲西部经济规模最大的国家是尼日利亚。在 2019 年全球可持续发展报告（SDG Index and Dash boards Report 2019）的指标部分，尼日利亚得分靠后，只有 46.4 分。非洲西部的国家在可持续发展目标 4（优质教育）、目标 6（水和环境卫生的可持续管理）和目标 12（可持续消费与生产模式）上都面临巨大的困难，80% 的国家得分位于"红色"指标区域。其中 20% 的国家在可持续发展目标 13（应对气候变化）上的表现得分位于"绿色"指标区域，40% 的国家在可持续发展目标 12（可持续消费与生产模式）上的表现得分位于"绿色"指标区域，在其他可持续发展目标上，大多数国家的表现得分位于"黄色"指标区域。在大多数可持续发展目标上，非洲西部的国家进展都比较缓慢。然而，值得注意的是气候行动，几乎所有国家都在努力实现这一目标。在实现可持续发展目标2、8、14、15、17方面，该区域的国家正在适度改进。非洲西部国家面临的挑战是在不损害环境的情况下提高社会福利。非洲国家SDG指标分值和排名比较见表9-1。

表9-1 非洲主要发展中国家SDG指标分值比较

国家	2016年	2017年	2018年	2019年
阿尔及利亚	60.8	68.8	67.9	71.1
安哥拉	44	50.2	49.6	51.3
喀麦隆	46.3	52.8	55.8	56
卢旺达	44	55	56.1	56
摩洛哥	61.6	66.7	66.3	69.1
赞比亚	38.4	51.1	53.1	52.6
南非	53.8	61.2	60.8	61.5
肯尼亚	44	54.9	56.8	57
尼日利亚	36.1	48.6	47.5	46.4
埃塞俄比亚	43.1	53.5	53.2	53.2
刚果共和国	47.2	50.9	52.4	54.2
坦桑尼亚	43	52.1	55.1	55.8
纳米比亚	49.9	59.3	58.9	59.9

9.3 中非可持续发展合作应对能源–粮食–水三位一体安全治理

如上所述，非洲自身发展滞后，在安全纽带的影响下，更具敏感性和脆弱性，可持续发展绩效面临挑战，由于非洲自身的气候特征加之全球变暖的影响，其面临的水资源、粮食和能源短缺困境在短期内难以解除，这就导致了非洲各国加紧对有限的跨境水资源的竞争，以便保证其国家的水资源、粮食和能源安全。尼罗河流域的水资源争夺由于涉及国家较多，利益错综复杂。气候变化带来的能源–粮食–水的安全隐患在非洲比其他地区更加严重。因为贫困和缺乏投资，非洲国家减轻安全纽带影响的成本明显高于其他国家。2007年政府间气候变化专门委员会（IPCC）的一份报告指出，撒哈拉以南的非洲地区面临气候变化导致的水资源、能源和粮食危机，每年的损失高达170亿美元。

在气候变化的大背景下，安全不仅是一种国家之间的相互关系，也是各议题之间的相互联系的基础。在非洲地区，水、能源和粮食三者之间形成了一种彼此影响、彼此制约并极具敏感性和脆弱性的安全纽带。安全纽带为非洲区域的资源竞争、合作和冲突提供了新的解释，并推动能源–粮食–水的研究由技术层面转向外交政策层面，最终为解决非洲资源环境问题提供新的国际政治思路。非洲的安全纽带极为脆弱，对其可持续发展形成了严重阻碍。而且这种安全纽带极易引发地区和国际冲突。安全纽带不是单纯的环境保护问题，而是国际关系背景下的政治—经济—社会问题。从这个角度出发，现有的孤立的安全和经济政策给环境和社会带来了诸多负面的影响，也无法有效应对安全纽带的挑战，因此重新设计一个安全纽带的应对框架，对于解决能源–粮食–水的安全纽带问题至关重要。为此，我们不仅要从战略上认识到三者共生共存的特性，还应该采取系统合作的方式解决它们之间相互作用所产生的全球资源态势恶化问题。

9.3.1　中非合作的必要性和可能性

从必要性上讲，中国将把生态文明建设放在突出位置。2012年中国共产党的十八大报告明确肯定了全球生态安全，进一步丰富和完善了我国社会主义"经济、政治、社会、文化、生态"建设的总体布局，明确提出了"建设美丽中国"的奋斗目标，提出努力走向社会主义生态文明新时代，为全球生态安全做出贡献的目标。以合作应对安全纽带问题是贯彻党的十八大报告的必然体现，从中国对非外交来看，维护发展中国家利益也是中国应对气候变化政策的必然逻辑。在世界环境治理议题中，特别是在公约及相关议题的谈判进程中，中国始终强调与非洲国家的团结与合作。1991年中国发起并主办了发展中国家环境与发展部长级会议，发表了《北京宣言》。在历次多边和双边气候与环境外交谈判中，特别是1992年在里约热内卢召开的联合国环境与发展大会上，中国坚持"共同但有区别的责任"原则，提出了人类"可持续发展"的新战略和新观念，指出发达国家有更多环保义务，应首先采取行动，为保护世界生态作出贡献。中国指出发展中国家的发展权应该得到保障。2009年，中国领导人在哥本哈根出席联合国气候变化会议时郑重宣布，中国从对本国人民和世界人民负责任的高度，充分认识到应对气候变化的重要性和紧迫性，将继续坚定不移为应对气候变化作出切实努力，并向其他发展中国家提供力所能及的帮助，继续支持小岛屿国家、不发达国家、内陆国家、非洲国家提高适应气候变化的能力。

非洲国家正处于工业化和城市化快速发展阶段，既面临消除贫困、调整经济结构和向绿色经济过渡的艰巨任务，又面临能源、资源和环境等因素的制约。贫困问题事关非洲国家人民最基本的生存权和发展权，发展绿色经济首先需要解决贫困问题，这是非洲国家制定和实施绿色经济政策的重要目标。由于缺乏技术和投资渠道，发展中国家在经济发展的进程中，主要依赖自然资源开发和劳动力输出，无法实现创新发展和绿色发展。迄今，非洲在解决粮食危机、发展工业、提高能源利用率等方面收效甚微，这些失败与欧美国家的压制密不可分。因此，借鉴中国绿色发展模式，大力引进中国对非能源投资，加强中非安全纽带领域合作将是实现非洲繁荣稳定的必然途径。

从中非合作应对安全纽带的可能性来看，中国作为发展中国家的转型发展经验是中非合作的重要基础，作为全球规模最大的发展中国家，中国不仅维持着相对高速的经济增长速度，在现代化发展的进程中，中国还不断提出资源节约型和环境友好型社会、创新型国家、生态文明、绿色发展等先进理念并贯彻落实。改革开放40多年来，中国从工业化、城镇化出发，实现了经济平稳较快发展、人民生活显著改善，在节约资源和保护环境等方面取得了积极进展，形成了一系列绿色发展模式，即在发展中加快解决不平衡、不协调、不可持续问题，不断提升可持续发展能力和生态文明水平。这些都为非洲国家通过可持续发展应对安全纽带挑战积累了经验。中国大力发展绿色经济，并已在粮食-能源-水安全纽带领域取得了一定的成就。中国可以把安全纽带理论纳入中非合作框架之中，协助非洲应对气候变化，缓解其能源、粮食、水危机，改善非洲的安全纽带环境。中国是非洲最大的贸易伙伴，为各方的长远利益考虑，在开展经济合作的同时需要兼顾安全关系问题。因此，在2009年中非合作论坛第四届部长级会议上，时任总理温家宝宣布了关于全面推进中非合作的八项举措，其中包括倡议建立中非应对气候变化伙伴关系，加强科技合作，增加非洲融资能力，扩大对非产品开放市场，逐步给予非洲与中国建交的最不发达国家95%的产品零关税待遇，加强在农业、医疗卫生、人力资源开发和教育等方面的合作，扩大人文交流等。

9.3.2 中非合作的主要路径

第一，绿色发展是中非合作应对安全纽带挑战的理念基础。绿色发展模式是中国应对安全纽带挑战的战略选择。通过节能减排、提高能源效率、大力发展可再生能源和清洁能源等政策措施，中国积极促进自身可持续发展能力建设。中国和非洲均处于工业化和城市化进程之中，面临着实现经济发展和减少全球化不利影响的双重挑战。以西方国家先污染后治理为前车之鉴，中非双方应努力贯彻绿色发展理念，平衡社会经济发展与生态保护，以绿色发展为基础巩固自身安全纽带。联合国环境规划署2012年10月发布的一项研究指出，解决非洲粮食和能源安全问题的关键是发展绿色经济，促进生态良性循环。南非、肯尼亚、坦桑尼亚、利比亚等非洲国家纷纷通过制定和实施绿色发展规划和政策，加强自然资源管理。"绿色发展"是中国政府在《中华人民共和国国民经济和社会发展第十二个五年规划纲要》中提出的目标之一。因此，中国应该与非洲在绿色发展领域进行合作。当前，中非合作论坛和南南全球技术产权交易所已成为非洲发展绿色经济的重要平台。

第二，加强对气候变化谈判合作的外部支持以应对安全纽带挑战。气候变化是安全纽带恶化的重要原因。在气候变化谈判方面，中方支持非洲国家的合理要求。

气候问题主要是由发达国家的历史排放造成的，发达国家应对气候变化责无旁贷，但是发达国家所做的远远不能令人满意。中非应在气候变化问题上形成统一战线，共同要求发达国家向非洲广大发展中国家提供相关的资金和技术援助，承担更多责任。在没有发达国家的气候变化援助资金的情况下，非洲国家无法在经济发展和气候变化之间取得平衡，因此中国支持非洲广大发展中国家让发达国家提供气候变化援助资金的合理要求。除发达国家外，新兴发展中的大国也应为提高非洲国家适应气候变化的能力提供力所能及的帮助，包括提供资金和技术援助，鼓励国内节能新技术企业开拓非洲市场。中国需要改变其对非洲广大发展中国家的政策中只注重经济和资源合作，而忽视在气候变化等环境问题上的合作的现状。中国应将气候变化问题纳入对非洲的战略合作，提升对非洲的战略合作，深化与非洲国家合作的广度和深度。

第三，南南技术合作是中非合作应对安全纽带挑战的重要支撑。技术是绿色发展中最重要的部分。粮食、能源、水等技术的发展和提高，可以大大减少每年气候变化对安全纽带的威胁。由于资金、技术、基础设施等方面的限制，发展中国家走绿色发展之路面临许多实际困难，而美日等发达国家在全球气候变化谈判中对技术转让设置了许多障碍。中国积极支持非洲在以下领域的发展：节能降耗技术、可再生能源和新能源技术、洁净煤开发和高效技术利用、油气资源和煤层气开发、核能前沿技术、碳捕集与封存技术、农业和土地利用碳排放控制技术。为了解决非洲大陆气候变化的技术问题，国际社会做出了一系列努力。中国为提高非洲国家的能源效率和电力设施作出了很多贡献，加强了非洲能源联系的整体安全形势。在2010年中非农业合作论坛上，中国与非洲国家还通过了《中非农业合作论坛北京宣言》，突出强调了粮食安全问题，促进了中非农业技术合作。

第四，中国走出去战略是中非合作应对安全纽带的物质基础。中国在多年经济高速发展后，也面临着走出去的任务，中国由于承建了非洲大量的基础设施建设，因而具有对当地生态的强大影响力。因此，相比发达国家，中国在安全纽带领域具有独特优势。安全纽带的核心在于能源、粮食和水之间的良性互动，维护人民的基本生存权。改善能源基础设施、实现工业化，以及升级产业结构等物质基础建设有利于中非合作应对安全纽带挑战，有利于中非共同实现可持续发展道路。

随着气候变化的加剧，在人口和经济快速增长的非洲地区，将出现能源-粮食-水安全联系的挑战。非洲地区对水资源的争夺不仅会导致粮食危机和电力短缺，还会导致地区紧张和冲突，影响粮食供应，最终阻碍世界的可持续发展和安全。非洲的社会稳定与可持续发展依赖于粮食、水资源、能源等战略资源的供给与再分配，因此受全球气候变暖的影响，气候变化可能会造成非洲社会动荡和农业、水资源、生物多样性与人类健康等方面的损失。目前，可持续发展是解决安全纽带的重要手段，发展可持续经济是一个繁复的过程。中国在协调水、能源、粮食等关系，促进经济可持续发展方面积累了丰富的经验。除了传统的合作领域，中非还可以在应对水危机、粮食危机，以及能源技术转让、能源结构重建等方面开展合作。对于中国来说，中国的资本和技术需要全球布局，中国的国家形象需要提升，中非合作不仅可以实现中国走出去的战略目标，还可以提升中国的国际形象。

总之，从安全的角度看，加强中非合作，共同应对能源-粮食-水安全纽带的挑战，不仅是一个技术问题，也是一个国际政治经济问题。基于中国特殊的政治经济优势，共同应对安全纽带的挑战，是中国深化与非洲友好合作关系、拓宽中非关系社会基础、寻求新的经济合作增长点的重要机遇。以能源-粮食-水为核心的安全纽带，为中非合作提供了新的思路。中国与非洲国家不仅要重视各类非传统安全因素的联系，更需要创新安全纽带合作议程，共同实现可持续发展。

政策篇：
可持续发展下的中国能源–粮食–水三位一体安全应对和绿色领导力

导言

继从理论与实践两个方面对能源–粮食–水三位一体安全进行分层次、分领域和分区域的解析后，本书评估了一段时间内2030可持续发展议程与"能源–粮食–水"三位一体安全的契合度，可持续发展议程与气候安全的联动效应，并从可持续发展议程与气候安全的联动度出发，提出中国在目前全球治理的背景下，如何适应安全议题的全球化趋势，在能源、粮食与水安全治理体系方面进行应对。

2014年4月15日，习近平总书记主持召开中央国家安全委员会第一次会议并发表讲话，强调必须坚持总体国家安全观。他强调，要准确把握国家安全形势变化新特点新趋势，坚持总体国家安全观，走出一条中国特色国家安全道路。既重视传统安全，又重视非传统安全，构建集政治安全、国土安全、军事安全、经济安全、文化安全、社会安全、科技安全、信息安全、生态安全、资源安全、核安全等于一体的国家安全体系。在2020年2月举行的中央全面深化改革委员会第十二次会议上，习近平总书记指出，要强化公共卫生法治保障，全面加强和完善公共卫生领域相关法律法规建设，认真评估传染病防治法、野生动物保护法等法律法规的修改完善。要从保护人民健康、保障国家安全、维护国家长治久安的高度，把生物安全纳入国家安全。总体国家安全观强调外部安全与内部安全的统一，国土安全和国民安全的统一，传统安全和非传统安全的统一，安全问题和发展问题的统一。这种宏大视野有利于更全面和更准确地认识中国面临的气候变化安全风险。从总体国家安全观体系来看，气候安全、水、能源、粮食是我国经济发展的基石，绿色发展理念是水、能源、粮食发展的新时代要求。中国和周边国家在气候安全与经济、资源、能源等方面紧密相连并相互影响，气候变化日益引发多种威胁，并催生一系列彼此关联的安全问题。因而在"一带一路"倡议下，将能源-粮食-水的安全纽带布局与21世纪海上丝绸之路紧密结合，可以最大化利用"一带一路"倡议的制度化收益。积极参与"一带一路"地区应对气候变化的国际合作，推动区域气候变化下能源-粮食-水的安全纽带研究，参与和引领治理周边气候安全治理具有必要性和可行性。中国要以"一带一路"倡议为抓手，在"一带一路"倡议推进的背景下，实现我国"能源-粮食-水"的绿色领导力构建。

通过比较各国可持续发展指标分值，我们发现发达国家在可持续发展目标实现上总体得分高于非洲、东南亚、南亚等地区。这一差距体现了南北国家在可持续发展治理理念与治理实践上的成效不同，以及南北国家在产业转型上的差异。作为全球可持续发展的基础部门，能源、粮食和水是发展中国家寻求可持续发展与经济增长之间的平衡关系，走向高效可持续发展所必须攻克的领域。在气候安全方面，碳排放作为二氧化碳的重要来源，仍是联合国气候大会讨论的重点，通过各国呈交的气候变化国家自主贡献报告（NDC），我们发现能源部门仍是各国实现碳减排的重点。通过理论篇所分析的能源-粮食-水的关联性可知，单靠能源安全难以支撑全球气候治理整体布局，必须将粮食和水纳入气候安全治理体系。能源-粮食-水之间的平衡关系是形成可持续发展与包容性治理的重要内容，而以SDG为代表的能源-粮食-水的可持续发展合作框架正好是纽带安全治理的集中体现。通过比较中国与其他国家或地区在可持续发展目标指数方面的表现，可以看出，中国在资源出口的环境技术标准等方面与可持续发展目标仍有差距；中国稳定的政治体制对可持续发展目标的优先安排、效率提高有正面影响；中国要实现经济独立发展，需要保障能源、粮食、水三个部门的独立性。

本书还分析了在全球治理下中国在能源、粮食、水安全三方面的应对措施，从能源、粮食、水的安全治理体系出发，提出了中国的应对措施。在能源安全上，中国要注重地缘安全与能源体系均衡；增强中美大国协同合作；深化与能源生产和过境国家的合作；加强贸易磋商，遏制贸易单边主义。在粮食安全上，中国要加强粮食安全建设的路径选择，增强农业适应性多样性发展；善用WTO规则，增强粮食贸易安全；增强粮食安全的量化评估；强调非国家行为体在粮食治理中的作用；发挥粮食安全区域治理效用。在水安全合作治理上，中国要公平合理利用原则与分配标准；加强水外交区域合作机制建设；形成以国际水法为主的制度化建设路径；加强水外交主体网络关系合作。

联合国通过的《2030年可持续发展目标》在中长期为能源–粮食–水三位一体安全机制在绿色"一带一路"建设中的实践提供了机遇，在"一带一路"建设中，绿色"一带一路"的理念和共识不断深入；"一带一路"生态环境伙伴关系广泛推进；海洋公域成为"一带一路"绿色发展的关键领域。绿色"一带一路"建设与"能源–粮食–水"安全纽带建设目标契合，机遇与挑战共存。在绿色"一带一路"的背景下，"能源–粮食–水"绿色领导力的构建需要国内制度与经济协同发展为支撑，加强阶段性领导力构建，强调多利益攸关方参与的安全机制；加强绿色"能源–粮食–水"安全纽带建设数据与经验共享，发挥大数据功效，实现数据共建，建立公开透明的数据库，减少交易成本，实现"一带一路"沿线地区纽带安全的最大化利用；坚持调研本位，做好全面公开的环境与社会影响评估和跟踪；同时还应促进21世纪海上丝绸之路合作，并利用当下有利形势，强化后疫情时代全球和区域环境合作，重点关注清洁能源技术，加速清洁能源转型，实现防控疫情、经济发展和应对气候变化的人类命运共同体建设。

第10章　2030年可持续发展议程与"能源-粮食-水"三位一体安全契合

能源-粮食-水安全机制跨国传导效应要求通过全球治理范式来建设与保障。能源、粮食、水三个领域与政治安全都密切相关，在短时间内从各自领域内的国际制度治理走向统一化公约，将面临较大政治权力谈判对峙。为了加强机制互动，不妨利用现有的全球机制进行能源-粮食-水安全建设契合。联合国可持续发展目标（SDGs）与一般国际公约不同，联合国可持续发展目标在性质上属于全球公共政策，通过"基于目标治理"，利用全球点名等软性机制在实践中起到了一定效果。

10.1　能源、粮食、水与联合国可持续发展评估体系（2016—2019年）

2016年7月，联合国可持续发展解决方案网络（Sustainable Development Solutions Network，SDSN）发布了《2016年全球可持续发展目标指数和指示板报告》，这份报告由包括联合国官员、学术界人士、非营利机构代表在内的150多名专家共同研究撰写，旨在帮助各国了解全球范围内可持续发展目标的落实进度和本国在可持续发展目标落实进程中需要优先解决的问题，督促各国在本国范围内尽快出台并执行与可持续发展目标相符的政策。

SDSN是2012年在时任联合国秘书长潘基文的倡议下建立起来的全球网络性组织，其成立的初衷是通过联合全球范围内的科学技术专家，为可持续发展进程中存在的潜在问题提出切实可行的解决方案，其中就包括可持续发展目标的设计和落实。随着可持续发展目标的正式确立和发布，该组织目前致力于整合全球技术与政策领域的经验，为区域、国别、全球层面可持续发展目标的落实提供帮助。

基于全球范围内各个国家就联合国2030年可持续发展目标的落实进展，该报告在国家层面上制定了一套可持续发展目标落实进展的衡量标准。一方面，该报告对各国在可持续发展目标上的进展进行了系统的评分与排名，构成"可持续发展目标指数"部分；另一方面，该报告对所有可持续发展目标落实进度进行分级，构成"可持续发展目标指示板"部分。报告还包含了评估体系、数据来源、政策建议等几个部分。

就具体的方法论而言，SDSN从0到100分给各国在可持续发展目标方面的落实进展打分，各国在各项中的得分反映了其在"最差"与"最优"之间的位置，"最优"的制定标准源自在当前条件下技术可以达到的最佳状态。例如，一国在某项可持续发展指标中得分为65分，即表示其在该项的落实进展达到了65%的最优水平。而由于"最优状态"有时无法实现或难以明确定义，因此该报告采用将样本国家中得分最高的5个值的算术平均值作为最高分，超过最高分的国家在该项中也以最高分标注。在指示板部分，报告为各项目标的所有指标设定了临界值，用绿、黄、红三种颜色进行标注，以此来表明某一国是否已经实现该目标（绿色），或是面临挑战、有待提升（黄色），或是距离2030年的目标相差甚远（红色）；最后根据每个可持续发展指标中得分最低的颜色作为该项目标的评级颜色。

就数据来源来看，SDSN全球报告的子报告对数据来源问题作了详细说明，这份子报告指出了每项指标所使用数据的来源和对数据使用的说明。其数据来源包括世界银行（World Bank）、经济合作与发展组织（OECD）、世界卫生组织（WHO）、国际能源署（IEA）等权威机构的数据库。

此外，由于部分指标难以获得体系评估的数据，尤其是一些发展中国家存在较严重的数据缺失，因此，该子报告的评估范围仅涵盖了193个联合国成员国中的

149 个国家。今后,所有国家将被鼓励在数据统计能力建设方面加大投入,确保各国在未来更准确地追踪可持续发展目标的落实进度。目前,该指标体系虽然存在一定程度的缺陷,但可持续发展目标指数和指示板正在帮助各国了解现状,并为实现 2030 年可持续发展目标需要解决的当务之急提供依据,使横向比较国家、地区可持续发展进程存在可能。

从得分发展趋势来看,发达国家在可持续发展目标实现上总体处于高分集团,例如瑞典、丹麦、挪威等北欧国家一直处于前列。相反,非洲、东南亚、南亚等地区的国家总体上处于低分集团,虽然有部分国家总体得分得到改善,但是与发达国家评分相比,依然有很大的进步空间。南北国家得分的差距不仅体现了南北在可持续发展治理理念与治理实践上的成效不同,也反映了南北国家在产业转型上采取的措施并不统一。经济相对落后的发展中国家依然存在牺牲环境利益寻求经济利益的问题。可持续发展与经济增长并不是此消彼长的关系,两者可以实现正相关共同增长。SDG 评分的不断推进与全球报告,作为一项软性监督,可以督促全球在可持续发展中不断完善自身发展模式。SDG 由 17 个大目标构成,又可以细化为具体小目标,其中能源、粮食、水是可持续发展目标的重要内容。例如,在世界各地消除一切形式的贫困、消除饥饿与粮食安全紧密相关。发展清洁能源是能源安全的重要内容之一,保护和可持续利用海洋及海洋资源以促进可持续发展、人人享有清洁饮用水是水安全的重要领域,这些具体的目标自然也是评分的重要参考。能源、粮食、水这三者是全球可持续发展最基础的部门,是发展中国家改善低分困境,实现从低端可持续目标发展走向高效可持续发展的攻坚领域。特别对于中国周边地区而言,大多都处于低分地段,使得亚洲地区整体上在国际环境治理中的话语权相对较低,不利于在新一轮环境新制度构建中建立自己的合法性制度安排。2016 年 SDG 指标分值及排名见表 10-1。

表 10-1 2016年SDG指标分值及排名

排名	国家	得分	排名	国家	得分
1	瑞典	84.5	21	爱沙尼亚	74.5
2	丹麦	83.9	22	新西兰	74.0
3	挪威	82.3	23	白俄罗斯	73.5
4	芬兰	81.0	24	匈牙利	73.4
5	瑞士	80.9	25	美国	72.7
6	德国	80.5	26	斯洛伐克	72.7
7	奥地利	79.1	27	韩国	72.7
8	荷兰	78.9	28	拉脱维亚	72.5
9	冰岛	78.4	29	以色列	72.3
10	英国	78.1	30	西班牙	72.2
11	法国	77.9	31	立陶宛	72.1
12	比利时	77.4	32	马耳他	72.0
13	加拿大	76.8	33	保加利亚	71.8
14	爱尔兰	76.7	34	葡萄牙	71.5
15	捷克	76.7	35	意大利	70.9
16	卢森堡	76.7	36	克罗地亚	70.7
17	斯洛文尼亚	76.6	37	希腊	69.9
18	日本	75.0	38	波兰	69.8
19	新加坡	74.6	39	塞尔维亚	68.3
20	澳大利亚	74.5	40	乌拉圭	68.0

续表

排名	国家	得分	排名	国家	得分
41	罗马尼亚	67.5	61	泰国	62.2
42	智利	67.2	62	委内瑞拉	61.8
43	阿根廷	66.8	63	马来西亚	61.7
44	摩尔多瓦	66.6	64	摩洛哥	61.6
45	塞浦路斯	66.5	65	阿塞拜疆	61.3
46	乌克兰	66.4	66	埃及	60.9
47	俄罗斯	66.4	67	吉尔吉斯斯坦	60.9
48	土耳其	66.1	68	阿尔巴尼亚	60.8
49	卡塔尔	65.8	69	毛里求斯	60.7
50	亚美尼亚	65.4	70	巴拿马	60.7
51	突尼斯	65.1	71	厄瓜多尔	60.7
52	巴西	64.4	72	塔吉克斯坦	60.2
53	哥斯达黎加	64.2	73	波黑	59.9
54	哈萨克斯坦	63.9	74	阿曼	59.9
55	阿联酋	63.6	75	巴拉圭	59.3
56	墨西哥	63.4	76	中国	59.1
57	格鲁吉亚	63.3	77	牙买加	59.1
58	马其顿	62.8	78	特立尼达和多巴哥	59.1
59	约旦	62.7	79	伊朗	58.5
60	黑山	62.5	80	博茨瓦纳	58.4

续表

排名	国家	得分	排名	国家	得分
81	秘鲁	58.4	98	印度尼西亚	54.4
82	不丹	58.2	99	南非	53.8
83	阿尔及利亚	58.1	100	科威特	52.5
84	蒙古国	58.1	101	圭亚那	52.4
85	沙特阿拉伯	58.0	102	洪图拉斯	51.8
86	黎巴嫩	58.0	103	尼泊尔	51.5
87	苏里南	58.0	104	加纳	51.4
88	越南	57.6	105	伊拉克	50.9
89	玻利维亚	57.5	106	危地马拉	50.0
90	尼加拉瓜	57.4	107	老挝	49.9
91	哥伦比亚	57.2	108	纳米比亚	49.9
92	多米尼加	57.1	109	津巴布韦	48.6
93	加蓬	56.2	110	印度	48.4
94	萨尔瓦多	55.6	111	刚果共和国	47.2
95	菲律宾	55.5	112	喀麦隆	46.3
96	佛得角	55.5	113	莱索托	45.9
97	斯里兰卡	54.8	114	塞内加尔	45.8

续表

排名	国家	得分	排名	国家	得分
116	斯威士兰	45.1	134	赞比亚	38.4
117	缅甸	44.5	135	马里	38.2
118	孟加拉国	44.4	136	冈比亚	37.8
119	柬埔寨	44.4	137	也门	37.3
120	肯尼亚	44.0	138	塞拉利昂	36.9
121	安哥拉	44.0	139	阿富汗	36.5
122	卢旺达	44.0	140	马达加斯加	36.2
123	乌干达	43.6	141	尼日利亚	36.1
124	科特迪瓦	43.5	142	几内亚	35.9
125	埃塞俄比亚	43.1	143	布基纳法索	35.6
126	坦桑尼亚	43.0	144	海地	34.4
127	苏丹	42.2	145	乍得	31.8
128	布隆迪	42.0	146	尼日尔	31.4
129	多哥	40.9	147	刚果民主共和国	31.3
130	贝宁	40.0	148	利比里亚	30.5
131	马拉维	39.8	149	中非共和国	26.1
132	毛里塔尼亚	39.6	134	赞比亚	38.4
133	莫桑比克	39.5			

资料来源：《2016 年可持续发展目标指数和指示板报告》。

2017年SDG指标分值及排名见表10-2。

表10-2　　　　　　　　　　2017年SDG指标分值及排名

国家	得分	排名	国家	得分	排名	国家	得分	排名
瑞典	85.6	1	马来西亚	69.7	54	老挝	61.4	107
丹麦	84.2	2	泰国	69.5	55	南非	61.2	108
芬兰	84.0	3	巴西	69.5	56	加纳	59.9	109
挪威	83.9	4	马其顿共和国	69.4	57	缅甸	59.5	110
捷克共和国	81.9	5	墨西哥	69.1	58	纳米比亚	59.3	111
德国	81.7	6	特立尼达和多巴哥	69.1	59	危地马拉	58.3	112
奥地利	81.4	7	厄瓜多尔	69.0	60	博茨瓦纳	58.3	113
瑞士	81.2	8	新加坡	69.0	61	柬埔寨	58.2	114
斯洛文尼亚	80.5	9	俄罗斯联邦	68.9	62	阿拉伯叙利亚共和国	58.1	115
法国	80.3	10	阿尔巴尼亚	68.9	63	印度	58.1	116
日本	80.2	11	阿尔及利亚	68.8	64	土库曼斯坦	56.7	117
比利时	80.0	12	突尼斯	68.7	65	伊拉克	56.6	118
荷兰	79.9	13	格鲁吉亚	68.6	66	塞内加尔	56.2	119
冰岛	79.3	14	土耳其	68.5	67	孟加拉国	56.2	120
爱沙尼亚	78.6	15	越南	67.9	68	津巴布韦	56.1	121
英国	78.3	16	黑山	67.3	69	巴基斯坦	55.6	122
加拿大	78.0	17	多米尼加共和国	67.2	70	卢旺达	55.0	123
匈牙利	78.0	18	中国	67.1	71	斯威士兰	55.0	124
爱尔兰	77.9	19	塔吉克斯坦	66.8	72	肯尼亚	54.9	125
新西兰	77.6	20	摩洛哥	66.7	73	埃塞俄比亚	53.5	126
白俄罗斯	77.1	21	牙买加	66.6	74	科特迪瓦	53.3	127
马耳他	77.0	22	巴拉圭	66.1	75	莱索托	53.0	128
斯洛伐克共和国	76.9	23	伯利兹	66.0	76	乌干达	52.9	129
克罗地亚	76.9	24	阿拉伯联合酋长国	66.0	77	喀麦隆	52.8	130
西班牙	76.8	25	巴巴多斯	66.0	78	坦桑尼亚	52.1	131
澳大利亚	75.9	26	秘鲁	66.0	79	布隆迪	51.8	132
波兰	75.8	27	约旦	66.0	80	毛里塔尼亚	51.1	133

续表

国家	得分	排名	国家	得分	排名	国家	得分	排名
葡萄牙	75.6	28	斯里兰卡	65.9	81	赞比亚	51.1	134
古巴	75.5	29	委内瑞拉	65.8	82	刚果共和国	50.9	135
意大利	75.5	30	不丹	65.5	83	安哥拉	50.2	136
韩国	75.5	31	波斯尼亚和黑塞哥维那	65.5	84	多哥	50.2	137
拉脱维亚	75.2	32	加蓬	65.1	85	布基纳法索	49.9	138
卢森堡	75.0	33	黎巴嫩	64.9	86	苏丹	49.9	139
摩尔多瓦	74.2	34	埃及	64.9	87	也门	49.8	140
罗马尼亚	74.1	35	哥伦比亚	64.8	88	吉布提	49.6	141
立陶宛	73.6	36	伊朗伊斯兰共和国	64.7	89	贝宁	49.5	142
塞尔维亚	73.6	37	玻利维亚	64.7	90	莫桑比克	49.2	143
希腊	72.9	38	圭亚那	64.7	91	几内亚	48.8	144
乌克兰	72.7	39	巴林	64.6	92	尼日利亚	48.6	145
保加利亚	72.5	40	菲律宾	64.3	93	马里	48.5	146
阿根廷	72.5	41	阿曼	64.3	94	马拉维	48.0	147
美国	72.4	42	蒙古国	64.2	95	冈比亚	47.8	148
亚美尼亚	71.7	43	巴拿马	63.9	96	塞拉利昂	47.1	149
智利	71.6	44	尼加拉瓜	63.1	97	阿富汗	46.8	150
乌兹别克斯坦	71.2	45	卡塔尔	63.1	98	尼日尔	44.8	151
哈萨克斯坦	71.1	46	萨尔瓦多	62.9	99	海地	44.1	152
乌拉圭	71.0	47	印度尼西亚	62.9	100	马达加斯加	43.5	153
阿塞拜疆	70.8	48	沙特阿拉伯	62.7	101	利比里亚	42.8	154
吉尔吉斯共和国	70.7	49	科威特	62.4	102	刚果民主共和国	42.7	155
塞浦路斯	70.6	50	毛里求斯	62.1	103	乍得	41.5	156
苏里南	70.4	51	洪都拉斯	61.7	104	中非共和国	36.7	157
以色列	70.1	52	尼泊尔	61.6	105			
哥斯达黎加	69.8	53	东帝汶	61.5	106			

资料来源:《2017 年可持续发展目标指数和指示板报告》。

2018年SDG指标分值及排名见表10-3。

表10-3　　　　　　　　　　　2018年SDG指标分值及排名

国家	得分	排名	国家	得分	排名	国家	得分	排名
瑞典	85.0	1	中国	70.1	54	南非	60.8	107
丹麦	84.6	2	马来西亚	70.0	55	老挝	60.6	108
芬兰	83.0	3	巴西	69.7	56	柬埔寨	60.4	109
德国	82.3	4	越南	69.7	57	土库曼斯坦	59.5	110
法国	81.2	5	亚美尼亚	69.3	58	孟加拉国	59.3	111
挪威	81.2	6	泰国	69.2	59	印度	59.1	112
瑞士	80.1	7	阿拉伯联合酋长国	69.2	60	缅甸	59.0	113
斯洛文尼亚	80.0	8	马其顿共和国①	69.0	61	纳米比亚	58.9	114
奥地利	80.0	9	阿尔巴尼亚	68.9	62	津巴布韦	58.8	115
冰岛	79.7	10	俄罗斯联邦	68.9	63	博茨瓦纳	58.5	116
荷兰	79.5	11	秘鲁	68.4	64	危地马拉	58.2	117
比利时	79.0	12	哈萨克斯坦	68.1	65	塞内加尔	57.2	118
捷克共和国	78.7	13	玻利维亚	68.1	66	肯尼亚	56.8	119
英国	78.7	14	苏里南	68.0	67	卢旺达	56.1	120
日本	78.5	15	阿尔及利亚	67.9	68	喀麦隆	55.8	121
爱沙尼亚	78.3	16	黑山	67.6	69	科特迪瓦	55.2	122
新西兰	77.9	17	特立尼达和多巴哥	67.5	70	坦桑尼亚	55.1	123
匈牙利	78.0	18	波斯尼亚和黑塞哥维那	67.3	71	叙利亚	55.0	124
爱尔兰	77.5	19	巴拉圭	67.2	72	乌干达	54.9	125
加拿大	76.8	20	塔吉克斯坦	67.2	73	巴基斯坦	54.9	126
克罗地亚	76.5	21	哥伦比亚	66.6	74	伊拉克	53.7	127
卢森堡	76.1	22	多米尼加共和国	66.4	75	埃塞俄比亚	53.2	128
白俄罗斯	76.0	23	尼加拉瓜	66.4	76	赞比亚	53.1	129
斯洛伐克共和国	75.6	24	摩洛哥	66.3	77	刚果共和国	52.4	130
西班牙	75.4	25	突尼斯	66.2	78	几内亚	52.1	131
匈牙利	75.0	26	土耳其	66.0	79	多哥	52.0	132
拉脱维亚	74.7	27	巴林	65.9	80	冈比亚	51.6	133
摩尔多瓦	74.5	28	牙买加	65.9	81	毛里塔尼亚	51.6	134

续表

国家	得分	排名	国家	得分	排名	国家	得分	排名
意大利	74.2	29	伊朗伊斯兰共和国	65.5	82	莱索托	51.5	135
马耳他	74.2	30	不丹	65.4	83	布基纳法索	50.9	136
葡萄牙	74.0	31	墨西哥	65.2	84	埃斯瓦蒂尼(旧名斯威士兰)	50.7	137
波兰	73.7	32	菲律宾	65.0	85	莫桑比克	50.7	138
哥斯达黎加	73.2	33	巴拿马	64.9	86	吉布提	50.6	139
保加利亚	73.2	34	黎巴嫩	64.8	87	马拉维	50.0	140
美国	73.0	35	佛得角	64.7	88	布隆迪	49.8	141
立陶宛	72.9	36	斯里兰卡	64.6	89	马里	49.7	142
澳大利亚	72.9	37	毛里求斯	64.5	90	苏丹	49.6	143
智利	72.8	38	约旦	64.4	91	安哥拉	49.6	144
乌克兰	72.3	39	萨尔瓦多	64.1	92	海地	49.2	145
塞尔维亚	72.1	40	委内瑞拉玻利瓦尔共和国	64.0	93	塞拉利昂	49.1	146
以色列	71.8	41	阿曼	63.9	94	贝宁	49.0	147
古巴	71.3	42	蒙古国	63.9	95	尼日尔	48.5	148
新加坡	71.7	43	洪都拉斯	63.6	96	利比里亚	48.3	149
罗马尼亚	71.2	44	埃及	63.5	97	尼日利亚	47.5	150
阿塞拜疆	70.8	45	沙特阿拉伯	62.9	98	阿富汗	46.2	151
厄瓜多尔	70.8	46	印度尼西亚	62.8	99	也门民主共和国	45.7	152
格鲁吉亚	70.7	47	加蓬	62.8	100	马达加斯加	45.6	153
希腊	70.6	48	加纳	62.8	101	刚果民主共和国	43.4	154
乌拉圭	70.4	49	尼泊尔	62.8	102	乍得	42.8	155
塞浦路斯	70.4	50	伯利兹	62.3	103	中非共和国	37.7	156
吉尔吉斯共和国	70.3	51	圭亚那	61.9	104			
乌兹别克斯坦	70.3	52	科威特	61.1	105			
阿根廷	70.3	53	卡塔尔	60.8	106			

资料来源:《2018 年可持续发展目标指数和指示板报告》。

注:①2018 年 6 月,马其顿改名 "北马其顿共和国",为加入欧盟和北约开辟道路。10 月 19 日,马其顿通过国名宪法修正案,国名改为 "北马其顿"。此处仍用 "马其顿共和国"。

2019年SDG指标分值及排名见表10-4。

表10-4　　　　　　　　2019年SDG指标分值及排名

国家	得分	排名	国家	得分	排名	国家	得分	排名
丹麦	85.2	1	俄罗斯	70.9	55	伯利兹	62.5	109
瑞典	85.0	2	古巴	70.8	56	缅甸	62.2	110
芬兰	82.8	3	巴西	70.6	57	老挝	62.0	111
法国	81.5	4	伊朗	70.5	58	柬埔寨	61.8	112
奥地利	81.1	5	阿塞拜疆	70.5	59	南非	61.5	113
德国	81.1	6	阿尔巴尼亚	70.3	60	圭亚那	61.4	114
捷克	80.7	7	塞浦路斯	70.1	61	印度	61.1	115
挪威	80.7	8	斐济	70.1	62	孟加拉国	60.9	116
荷兰	80.4	9	突尼斯	70.0	63	伊拉克	60.8	117
爱沙尼亚	80.2	10	多米尼加	69.8	64	瓦努阿图	59.9	118
新西兰	79.5	11	阿联酋	69.7	65	纳米比亚	59.9	119
斯洛文尼亚	79.4	12	新加坡	69.6	66	博茨瓦纳	59.8	120
英国	79.4	13	哥伦比亚	69.6	67	津巴布韦	59.7	121
冰岛	79.2	14	马来西亚	69.6	68	危地马拉	59.6	122
日本	78.9	15	波黑	69.4	69	叙利亚	58.1	123
比利时	78.9	16	北马其顿	69.4	70	塞内加尔	57.3	124
瑞士	78.8	17	塔吉克斯坦	69.2	71	肯尼亚	57.0	125
韩国	78.3	18	摩洛哥	69.1	72	卢旺达	56.0	126
爱尔兰	78.2	19	佐治亚州	68.9	73	喀麦隆	56.0	127
加拿大	77.9	20	牙买加	68.8	74	坦桑尼亚	55.8	128
西班牙	77.8	21	亚美尼亚	68.8	75	科特迪瓦	55.7	129
克罗地亚	77.8	22	巴林	68.7	76	巴基斯坦	55.6	130
白俄罗斯	77.4	23	哈萨克斯坦	68.7	77	冈比亚	55.0	131
拉脱维亚	77.1	24	墨西哥	68.5	78	刚果共和国	54.2	132
匈牙利	76.9	25	土耳其	68.5	79	也门	53.7	133
葡萄牙	76.4	26	玻利维亚	68.4	80	毛里塔尼亚	53.3	134

续表

国家	得分	排名	国家	得分	排名	国家	得分	排名
斯洛伐克	76.2	27	约旦	68.1	81	埃塞俄比亚	53.2	135
马耳他	76.1	28	尼加拉瓜	67.9	82	莫桑比克	53.0	136
波兰	75.9	29	阿曼	67.9	83	科摩罗	53.0	137
意大利	75.8	30	不丹	67.6	84	几内亚	52.8	138
智利	75.6	31	特立尼达和多巴哥	67.6	85	赞比亚	52.6	139
立陶宛	75.1	32	巴拉圭	67.5	86	乌干达	52.6	140
哥斯达黎加	75.0	33	黑山共和国	67.3	87	布基纳法索	52.4	141
卢森堡	74.8	34	苏里南	67.0	88	斯威士兰	51.7	142
美国	74.5	35	萨尔瓦多	66.7	89	巴布新几内亚	51.6	143
保加利亚	74.5	36	巴拿马	66.3	90	多哥	51.6	144
摩尔多瓦	74.4	37	卡塔尔	66.3	91	布隆迪	51.5	145
澳大利亚	73.9	38	埃及	66.2	92	马拉维	51.4	146
中国	73.2	39	斯里兰卡	65.8	93	苏丹	51.4	147
泰国	73.0	40	黎巴嫩	65.7	94	吉布提	51.4	148
乌克兰	72.8	41	圣多美和普林西比	65.5	95	安哥拉	51.3	149
罗马尼亚	72.7	42	佛得角	65.1	96	莱索托	50.9	150
乌拉圭	72.6	43	菲律宾	64.9	97	贝宁	50.9	151
塞尔维亚	72.5	44	沙特阿拉伯	64.8	98	马里	50.2	152
阿根廷	72.4	45	加蓬	64.8	99	阿富汗	49.6	153
厄瓜多尔	72.3	46	蒙古国	64.7	100	尼日尔	49.4	154
马尔代夫	72.1	47	土库曼斯坦	64.3	101	塞拉利昂	49.2	155
吉尔吉斯共和国	71.6	48	印尼	64.2	102	海地	48.4	156
以色列	71.5	49	尼泊尔	63.9	103	利比里亚	48.2	157
希腊	71.4	50	加纳	63.8	104	马达加斯加	46.7	158
秘鲁	71.2	51	毛里求斯	63.6	105	尼日利亚	46.4	159
乌兹别克斯坦	71.1	52	科威特	63.5	106	刚果民主共和国	44.9	160
阿尔及利亚	71.1	53	洪都拉斯	63.4	107	乍得	42.8	161
越南	71.1	54	委内瑞拉	63.1	108	中非共和国	39.1	162

资料来源：《2019年可持续发展目标指数和指示板报告》。

10.2 可持续发展议程与气候安全的联动效应

联合国制定的可持续发展目标体系为全球顶层设计提供了综合框架，其中包含了安全纽带的诸多要素，将综合性框架与其他国际制度进行联合，有利于加强制度间互动，增强多元制度在履行上的衔接，从而提高履约效率，节约履约成本，也缓解了国际制度碎片化带来的诸多弊端。当前安全纽带与 SDG 目标实现的关键在于气候安全。气候治理从"京都时代"到"巴黎时代"，虽然依然有执行方面的挑战，但是其作为全球最尖锐的问题之一，处于公共物品的上游，直接关系全人类生存。经过长期发展的气候治理制度在目标凝聚上相对其他制度而言更强，将 SDG 与气候治理框架进行协调有利于互相借助已有的国际共识增强各自的执行进展。就全球气候治理而言，传统的重点依然是二氧化碳与全球变暖的逻辑关系，而碳排放作为二氧化碳的重要来源，自然成为联合国气候大会讨论的重点。通过各国呈交的 DNC 报告来看，以能源部门作为重点部门实现碳减排成为各国的重要抓手。其中以森林、工业减排等为代表的碳减排占据主要减排计划，可见，能源部门已成为各国为气候安全贡献的主要来源。由于能源–粮食–水的关联性，单靠能源安全不足以支撑全球气候治理整体格局，需要将水部门、粮食部门纳入气候安全治理体系，以 SDG 为代表的联合国框架正好是安全纽带的集中体现，因此将 SDG 在能源、粮食与水部门的成果经验借鉴到气候治理框架体系中，能够发挥海洋、农作物等领域在气候治理中的作用，从而形成反身性效应，对 SDG 目标体系的贯彻和落实起到关键推动作用。

亚洲地区可持续发展和能源–粮食–水的联动最为密切，土地、水、能源工业污染的现状对亚洲能源–粮食–水纽带安全的可持续发展造成了重大影响。2017 年 9 月，《联合国防治荒漠化公约》（UNCCD）第十三次缔约方大会发布《全球土地展望》（Global Land Outlook）报告，报告发出了警告，由于自然资源消耗在过去 30 年里翻了一番，全球有三分之一的土地严重退化，每年约有 150

亿棵树被砍伐，流失的肥沃土壤则达 240 亿吨。就亚洲地区而言，由于多地共用国际河流，国际河流的水污染时有发生；在第八届世界水论坛上发布的《2018 年世界水资源开发报告》指出了全球水资源的需求一直以每年约 1% 的速度增长，预计低收入国家与中等收入国家面临的水污染风险最大，主要原因是人口与经济增长加速再加上污水管理不足。例如，印度恒河流域面临金属超标，严重影响到居民的基本水安全供应；清洁能源是应对气候变化的首要及关键领域。在主要发达国家进行产业转移的同时，以工业为主导的产业结构被大量输入亚洲国家，加上大多数发展中国家在清洁技术上相对落后，并没有使得产业结构走上可持续发展的道路，亚洲国家都致力于气候治理、可持续发展治理以及能源-粮食-水协同发展。

10.3 中国与不同类型国家的 SDG 指标比较

10.3.1 中国和资源出口国 SDG 指标比较

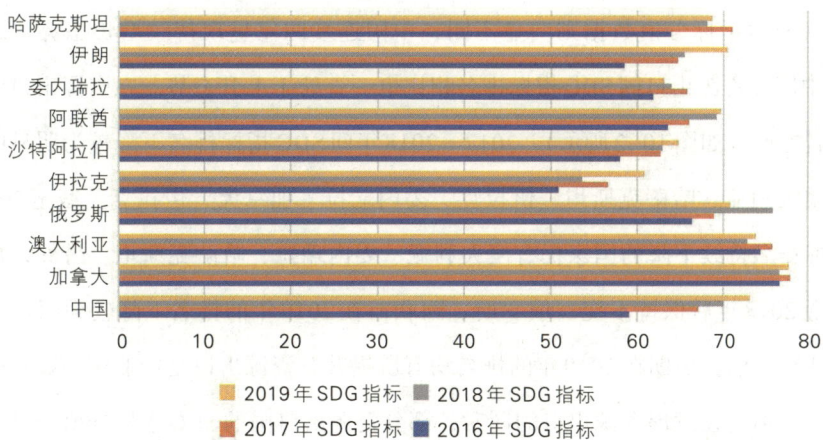

图 10-1 中国和资源出口国 SDG 指标分值比较

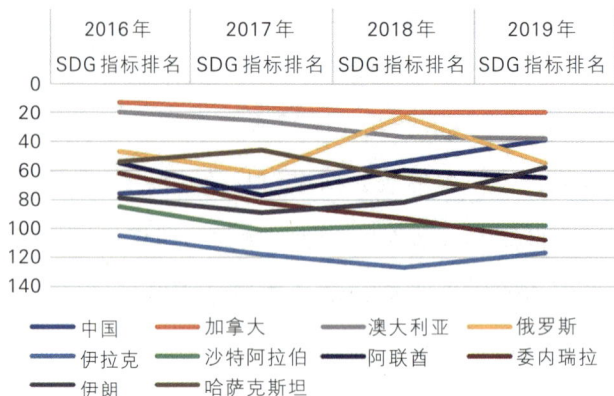

图10-2　中国和资源出口国SDG指标排名比较

在资源出口国SDG指标分值方面（如图10-1所示），2018年的SDG指标分值同比下降的有哈萨克斯坦、委内瑞拉、伊拉克、澳大利亚、加拿大。至2019年SDG指标分值持续下降的有委内瑞拉；而俄罗斯于2019年突然由上升转为下滑，哈萨克斯坦、阿联酋、沙特阿拉伯有一定回升；加拿大保持不变。相较之，2019年以前排名靠后的伊拉克和伊朗都有较为明显的回升。在四年的SDG指标排名上，除了伊朗和中国有显著回升外，其他资源出口国的排名都相对下降。与这些资源出口国相比，2016—2019年间中国的SDG指标分值数据则明显不同，中国连续四年呈现持续增长态势。2016—2019年中国和资源出口国SDG指标排名相比也一直处于上升态势。在资源出口国SDG指标排名方面（如图10-2所示），2017—2018年间SDG指标排名下降较为明显的国家包括：澳大利亚、哈萨克斯坦、伊拉克、委内瑞拉、加拿大、伊拉克。截至2019年，SDG指标排名持续下降的国家仍有澳大利亚、委内瑞拉、哈萨克斯坦。另外，加拿大的排名继2018年后保持不变。俄罗斯、阿联酋在2019年的排名下降较为明显。伊拉克、沙特阿拉伯、伊朗在2019年的排名均有所提升。资源出口是产业结构顺差的重要保障之一，但是在发展资源出口的同时，部分资源出口国的SDG指标分值与排名并未得到同步发展，这说明资源出口在环境技术标准等方面与可持续发展目标依然有较大差距。

10.3.2　中国和重点发展中国家的比较

　　根据马里兰大学数据库所选取的 11 个发展中国家，哈萨克斯坦、约旦、也门、古巴在 2018 年的 SDG 指标分值相对 2017 年有明显下降，津巴布韦、伊朗、沙特阿拉伯、越南等国则有所进步。另外，俄罗斯 2018 年 SDG 指标分值相较于 2019 年则有明显提高，中国持续四年保持较为显著的 SDG 指标分值增长（如图 10-3 所示）。在 2016—2019 四年的 SDG 指标排名上，除中国、越南、伊朗、也门外，其他发展中国家的 SDG 指标排名相对下降，其中下降较为明显的有古巴、哈萨克斯坦。与这些发展中国家相比，中国连续四年排名呈现增长态势，且少有周期性波动，增长态势稳定（如图 10-4 所示）。政治体制对于水、能源、粮食等具体可持续发展目标的优先安排、效率提高等具有较大促进作用，国内政治稳定能够保障各项可持续发展目标的达成。特别是当前的民粹主义盛行，无论是在选举上还是政策上，对环境政策的影响都越来越重要。即使国际环境法已经建立了很多法条进行治理，但是多边主义给民粹主义干预环境外交及环境法提供了更多的政治空间，所以加强政治稳定性对于 SDG 的落实也具有重要的影响。

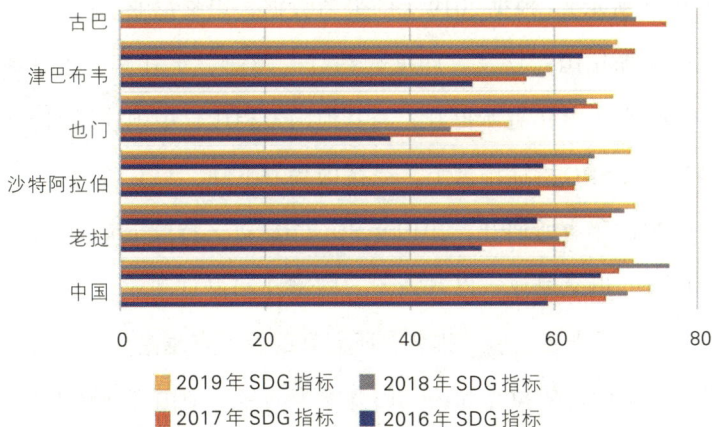

图 10-3　中国和其他发展中国家 SDG 指标分值比较

2016年 SDG 指标排名	2017年 SDG 指标排名	2018年 SDG 指标排名	2019年 SDG 指标排名

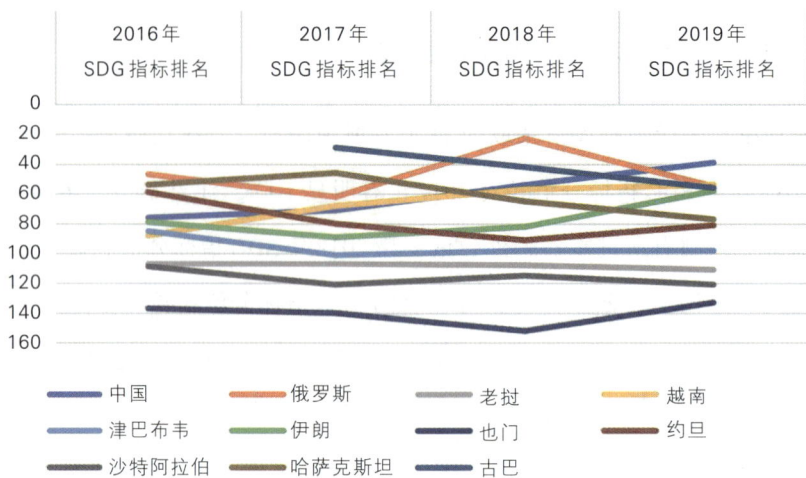

图例:
中国　俄罗斯　老挝　越南
津巴布韦　伊朗　也门　约旦
沙特阿拉伯　哈萨克斯坦　古巴

图 10-4　中国和其他发展中国家 SDG 指标排名比较

10.3.3　中国和十四个受援国的 SDG 比较

以 2016 年为例，根据世界银行统计，受援助国家依次为埃塞俄比亚、阿富汗、土耳其、巴基斯坦、越南、约旦、印度、古巴、孟加拉国、尼日利亚、坦桑尼亚、伊拉克、肯尼亚、埃及、摩洛哥。在 SDG 指标分值上，2017—2018 年分值退步的国家有阿富汗、摩洛哥、埃及、伊拉克、尼日利亚、约旦、巴基斯坦、土耳其共 8 个国家（如图 10-5 所示）。根据 2019 年的最新数据，坦桑尼亚、阿富汗、摩洛哥、埃及、伊拉克、孟加拉国、埃及、印度、约旦、越南、土耳其、巴基斯坦等 12 国的 SDG 指标分值均较 2018 年有所提升。与其他国家相比，中国连续四年 SDG 指标分值均有显著提升。在 SDG 指标排名上，受援国普遍下降，只有孟加拉国、坦桑尼亚和肯尼亚三国在 2018 年有所回升。2019 年 SDG 指标排名持续下降的国家有土耳其、孟加拉国、肯尼亚、坦桑尼亚、巴基斯坦、阿富汗和尼日利亚（如图 10-6 所示）。尼日利亚跌落于阿富汗排名之后。排名有所回升的国家有越南、摩洛哥、约旦、埃及、伊拉克。其中，中国、伊拉克和约旦回升较为明显，中国则连续四年保持上升。经济基础决定上层建筑，将能源、粮食、水等 SDG 目标实现与国内产业政策相结合，并充分发挥市场的重要作用，才能最大化地刺激经济，实现资源的最大化配置。保障能源、粮食、水三个基础部门的独立性，是实现经济发展独立重要内容，也是可持续发展独立性政策制定、标准制定的基本前提。

10.3.4 中国和主要发达国家的 SDG 比较

从 SDG 指标分值上来看，2016—2019 年，分值较高的发达国家有瑞典和丹麦，其分值不相上下（如图 10-7 所示）。其次是挪威、法国和德国，逐渐赶超德国，进入前三，而挪威有相对回落的趋势。日本和英国近两年都有比较大的波动。从 SDG 指标排名上来看（如图 10-8 所示），发达国家中 SDG 排名比较靠后的是新加坡和以色列。两者都有很大的浮动，尤其是在 2018 年它们的 SDG 排名开始下降，而中国自 2017 年以来，以非常强劲的速度赶超新加坡、以色列，有追上澳大利亚和美国的趋势。从 GDP 增长率来看（如图 10-9 所示），相对于其他发达国家，中国在 2016 年和 2017 年都表现较好。即使是与增长率相对较高的新加坡、加拿大还有美国相比，中国也都与其拉开了大的差距，增长势头十分强劲。从 2017 年相对于 2016 年的变化来看，增长率较高的以色列、澳大利亚，同比下降了近一个百分点，而新加坡、加拿大，美国均增加了一到两个百分点，但增长程度还是普遍较小。

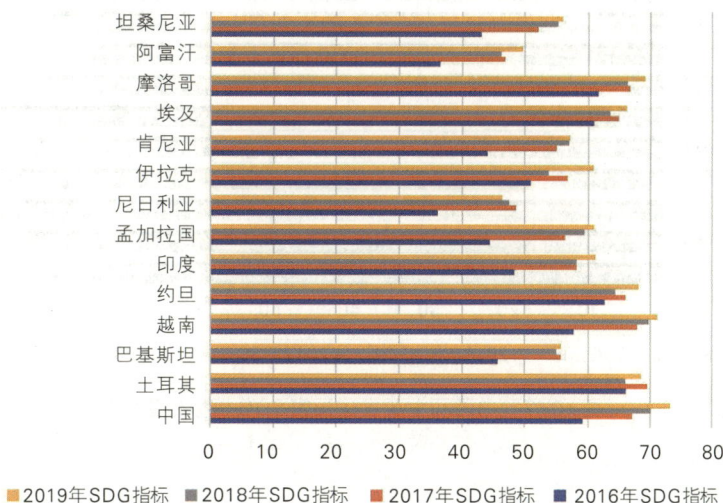

图 10-5　中国和十四个最大受援国 SDG 指标分值比较

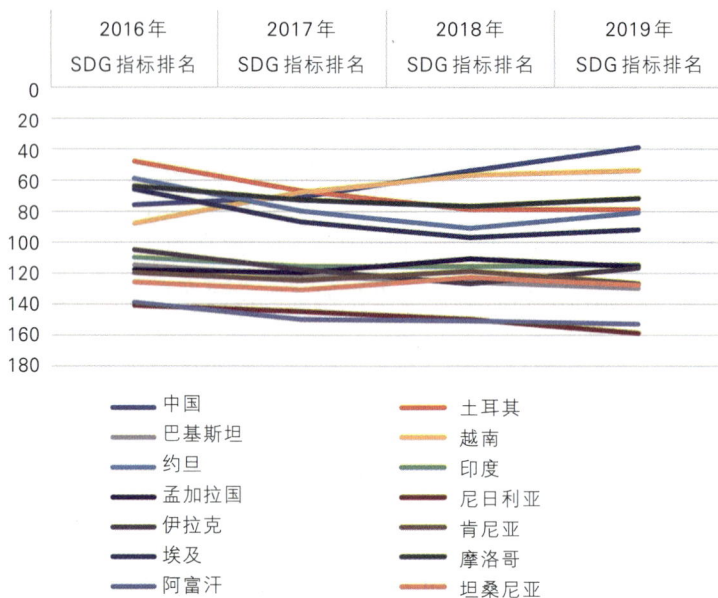

图10-6 中国和十四个受援国SDG指标排名比较

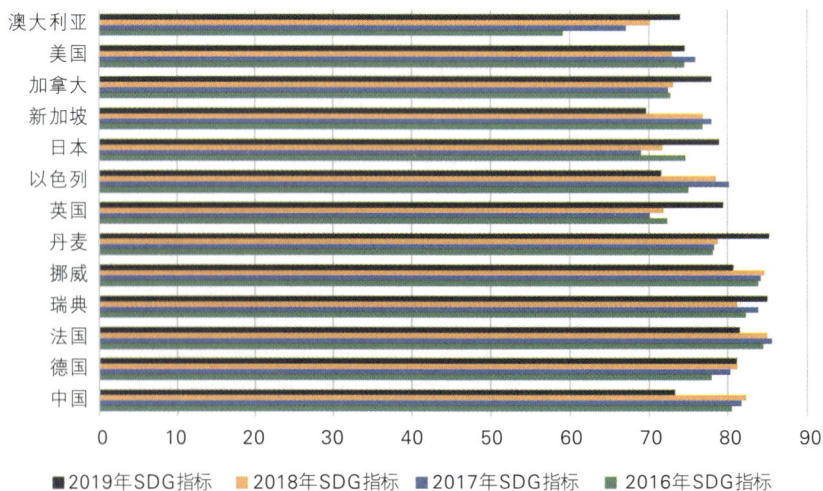

图10-7 中国和主要发达国家SDG指标分值比较

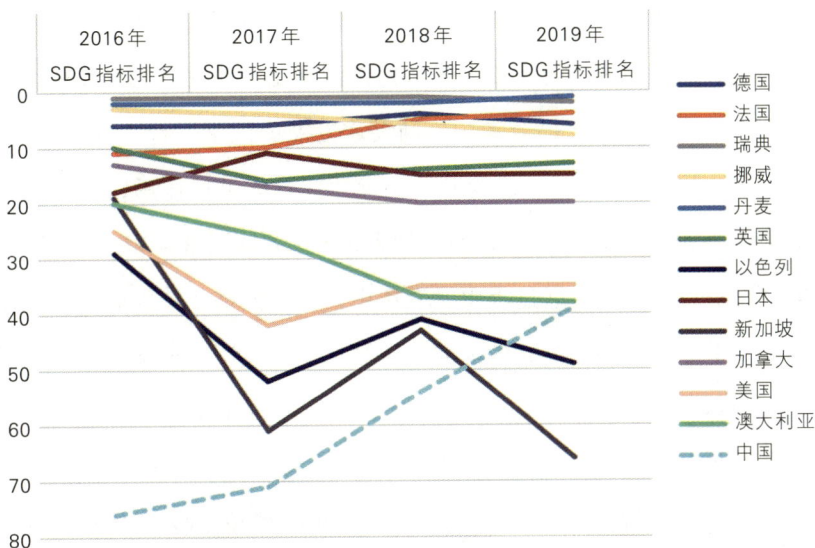

图 10–8　中国和主要发达国家 SDG 指标排名比较

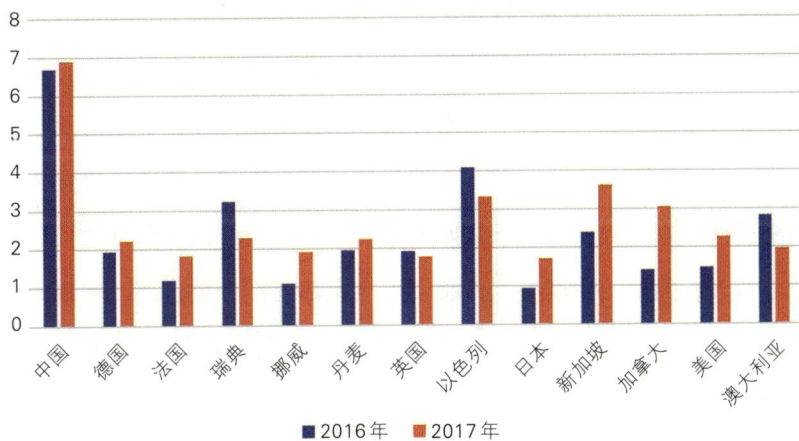

图 10–9　中国和主要发达国家 GDP 增长率（%）比较

　　通过对比中国与资源出口国、主要发展中国家、主要受援国、主要发达国家的 SDG 指标分值与排名可以认为，作为能源–粮食–水三位一体安全公共产品提供方，中国应该突破传统西方的标准和规则，通过可持续发展目标建设来实现全球生态文明和人类命运共同体建设。非洲、南亚等受援国，其可持续发展水平长期处于落后水平，这和西方国家强调超越主权、强调国内治理制度的同质化发展密切相关，不仅如此，西方国家在公共产品合作中不断要求发展中国家进行"付费"，西方国家特别要求发展中国家"良治"，认为有了良治才能发挥上述作用，并对受援国的良治提出一系列标准。美国学者詹姆斯·罗西瑙（James N. Rosenau）认为从"权力均衡"向"付费均衡"的发展过程中，发展中国家不能搭便车。而人类命运共同体理念强调主权平等，考虑到世界各国的具体国情，不应该提出不符合成员国能力的发展目标。中国和其他国家在2030可持续发展议程的基础上，强调国家的多样性和多元诉求以及不同政治理念之间是协调并存的，各国可持续发展合作是在多元基础之上的共识，即能源-粮食-水三位一体安全机制建设不仅要做到求同存异，还要比"异"齐飞。

联合国制定的可持续发展目标体系为全球顶层设计提供的综合框架，包含了安全纽带的诸多要素，与"能源-粮食-水"三位一体安全契合。南北国家在可持续发展治理理念与治理实践上的成效不同，以及南北国家在产业转型措施上的差异使得发达国家在可持续发展目标实现上总体处于高分集团，非洲、东南亚、南亚等地区总体上处于低分集团。作为全球可持续发展的基础部门，能源、粮食、水是发展中国家寻求可持续发展与经济增长之间的平衡关系，走向高效可持续发展所必须攻克的领域。从气候安全的角度看，传统上以能源部门作为重点部门实现碳减排依然是各国完成碳达峰的重要手段。由于能源-粮食-水的关联性，单靠能源安全不足以支撑全球气候治理整体格局，需要将水部门、粮食部门纳入气候安全治理体系。而以SDG为代表的联合国框架正是安全纽带的集中体现。

通过将中国与其他国家得分评估进行比较分析发现，中国在发展资源出口的同时，SDG指标的分值和排名并未同步提高，这要求资源出口在环境技术标准等方面进一步提高；政治体制在对水、能源、粮食等具体可持续发展目标的优先安排、效率提高等方面有着不可忽视的影响，可持续发展目标的达成仍需政治稳定来保障；保障能源、粮食、水三个基础部门的独立性，是实现经济独立发展的重要内容，也是可持续发展独立性政策制定、标准制定的基本前提。

作为能源-粮食-水三位一体安全公共产品的提供方,中国应该突破传统西方标准和规则,通过可持续发展目标建设来实现全球生态文明和人类命运共同体建设,落实 SDG 合作实践,将能源、粮食、水嵌入 SDG 澜湄区域实践发展计划,以发展为途径的手段协同生态治理促进 SDG 与能源、粮食、水的同步发展。

第11章 全球治理下中国能源、粮食、水的安全应对

　　能源、粮食、水治理在全球治理的大环境下具有更丰富的内涵，不仅是资源环境安全，也是国家政治外交的重要内容，更对全球治理路径的构建具有重要的理论与实践意义。当前国际政治中出现了一种明显的逆全球化趋势或者逆全球治理国家主义，这对中国目前不断深化全球化、积极参与全球治理产生了重大影响。粮食、水、能源是人类生存和发展所依赖的三大支柱，同时也是国际上日益尖锐的矛盾所在。作为最大的发展中国家，中国需要积极参与能源、粮食、水的治理体系，在全球治理浪潮中不断提升中国的治理能力。

11.1 全球能源安全治理下中国的应对

　　当前世界能源治理进入转型时期，其宏观治理背景与以往显著不同。作为全球能源治理的主体，主要国家和重点地区应当关注全球能源治理的新特征与内涵革新，创新治理模式和机制，提升参与全球能源治理的能力，积极应对全球能源治理体系中的问题和挑战。在当前全球能源治理的进程中，中国是重要的贡献者和参与者。一方面，中国正扮演着重要角色，积极参与了相关能源治理机制的运行，并与能源治理各方开展了多种形式的合作。在美国要退出中东、保持主导地位的战略背景下，美国对于新兴经济体介入中东事务的政策有所松动，认为新兴经济体可以在不威胁其主导地位的前提下承担中东安全责任。与美国式的以军事和经济为后盾干预中东国家内政外交的手段不同，中国不干涉中东安全事务，不谋求军事影响，主

要是与产油国发展良好的合作关系，并加强能源合作，加大对该地区的能源投资以增强影响力。同时，随着中东地区对美国等国出口的减少，出口战略重点转向东方，寻求新兴能源市场，与中国等新兴市场国家的能源合作迅速升温（见表 11-1）。另一方面，中国参与全球能源治理仍处于起步阶段。现阶段中国参与能源治理的形式主要是对话、交流和政策协调。中国在未来国际体系中的地位，取决于中国在当下能源治理体系中的主导地位。

表 11-1 　　2018 年中国石油进口国进口量和金额（作者根据中国海关统计数据整理）

国家	进口量（百万吨）	进口量（亿元人民币）	进口量占比	金额占比
俄罗斯联邦	71.5	2 525	14.8%	15.2%
沙特阿拉伯	56.7	1 967	11.7%	11.8%
安哥拉	47.4	1 650	9.8%	9.9%
伊拉克	45.1	1 487	9.3%	8.9%
阿曼	32.9	1 150	6.8%	6.9%
巴西	31.6	1 089	6.5%	6.5%
伊朗	29.3	986	6.1%	5.9%
科威特	23.2	784	4.8%	4.7%
委内瑞拉	16.6	467	3.4%	2.8%
刚果(布)	12.6	426	2.6%	2.6%
美国	12.3	441	2.5%	2.6%
阿联酋	12.2	444	2.5%	2.7%
哥伦比亚	10.8	337	2.2%	2.0%
马来西亚	8.9	321	1.8%	1.9%
利比亚	8.6	317	1.8%	1.9%
英国	7.7	292	1.6%	1.8%
总进口量	462	15 890	100.0%	100.0%

11.1.1 地缘安全与能源体系均衡

维护能源地缘安全和能源系统平衡需要统一起来，共同促进中国能源大国地位的提升。对于中国这样一个快速发展的经济大国来说，中国需要在能源地缘和能源系统两方面作出贡献。国际社会应共同努力，为提高能源的可负担性、可持续性和可利用性创造一个良好的环境。中国在为全球经济增长作出贡献的同时，也扮演了世界上最大能源消费国之一的角色。在减少地缘政治突发事件、运输线不稳定、环境和气候风险的讨论中，中国发挥了重要作用。作为发展中国家的主要成员，中国具有强大的政治、经济和外交影响力，可以为全球能源安全作出贡献。在新时代，中国在国际舞台上越来越活跃，参与的全球事务越来越多。在推进"一带一路"倡议的过程中，中国参与全球能源体系治理的能力得到了很好的提升，为维护全球能源体系的平衡奠定了良好的基础，基于地缘政治和全球治理的逻辑，中国在维护全球能源体系平衡方面有多种选择。

11.1.2 增强中美大国协同

能源体系和地缘安全的稳定基础在于大国关系，特别有赖于构建中美新型能源关系。事实上，中美之间的能源关系正在重新定位。在全球能源生产重心向北美转移的背景下，美国未来或将成为全球最大的能源生产国。同时，从中国能源消费的增长速度来看，中国有望成为最大的能源需求国。基于此，中国通过积极推进中美能源合作，可以解决亚太地区经济快速发展与能源储备不足、不匹配带来的问题，缓解地缘安全紧张局势，化解地缘安全的不稳定因素，以维护整个亚太地区乃至中东-亚太地区能源关系的稳定。美国已经是全球最大的天然气生产国。2017年，美国的天然气产量约占全球天然气产量的21%。

11.1.3 深化与能源生产国和过境国的合作

在区域能源体系和地缘安全建设方面，中国可以继续加强与沙特、土耳其、埃及等重点能源生产国和过境国的合作。2016 年习近平主席访问沙特期间，在沙特媒体发表的署名文章中表示，"双方应该扩大双边贸易规模，打造长期稳定的中沙能源合作共同体。"为降低经济对石油的过度依赖，大力发展天然气产业和可再生能已成为沙特能源战略的重要目标。加强中沙能源未来共享共同体建设，也是中沙两国能源战略的相同目标。同时，近年来，中东地区在美国全球战略中的地位和作用不断下降，沙特与美国在伊朗核问题、叙利亚内战等问题上存在较大分歧。沙特不断加大与中国等发展中大国的能源合作。土耳其能源资源相对贫乏，但依据横跨亚欧大陆的地理位置，使其借助油气管道运输枢纽，在世界能源版图中扮演着重要角色。土耳其具有得天独厚的地理优势，西邻世界最大的能源消费市场欧盟，东南接连接中东和中亚，这使得土耳其在中国对外能源运输中扮演着重要角色。中国和土耳其可以在能源基础设施领域加强合作，包括运输管道、能源炼厂、储能设施、能源终端等。此外，从中国与中东地区的石油金融合作来看，在中国"一带一路"倡议中，中国正在推进人民币国际化，特别是中国与卡塔尔等中东产油国的货币兑换，呈现出用人民币结算石油的新趋势。

11.1.4 增强贸易磋商，遏制贸易单边主义

为了避免经贸摩擦趋于白热化，中美两国政府自 2018 年 5 月起开启多轮经贸问题高级别磋商。虽然伴随中美经贸摩擦逐步升级，两国能源关系因此被视为向对方施压的绝佳工具而受到明显波及，但是，在中美高层就经贸摩擦开展磋商的过程中，能源合作又被双方视为削减美国对华贸易逆差、缓和经贸摩擦的重要选项。由此，中美高级别经贸磋商多次涉及能源议题，其进程也已经历了"积极磋商期""紧迫磋商期""理性磋商期"三个阶段。评估显示，中美两国顺利达成有助于恢复能源合作的协议后，能源合作将在缓解两国贸易不平衡、缓和两国在经贸议题上的异议发挥重要的作用。

11.2 中国加强粮食安全建设的路径选择

粮食危机要求一场全面有效的国际合作与全球治理。粮食危机是全球治理失效的直接后果，它对世界和平与发展构成严峻挑战。当前国际社会的主要任务不是推翻现有的全球治理体系，而是要尽量克服后者在气候变化、金融和发展援助等方面的内在缺陷，以及减缓对粮食安全危机的冲击。

一直以来，发达国家一心想把粮食危机归咎于中国和印度，认为其人口增长加剧了世界粮食危机。

第一，中国通过自己的努力解决了温饱问题并实现了全面小康，这本身就是对世界粮食安全的巨大贡献。国家发改委公布了《国家粮食安全中长期规划纲要》（2008—2020年），对确保中国十几亿人口的温饱和经济社会发展具有战略意义。第二，中国仍是发展中国家，与其他发展中国家有着许多相同的利益。发展中国家在农产品价格、援助、补贴等方面享有公平权利。第三，中国以开放和负责任的态度，积极参与全球粮食技术合作和援助，特别是对第三世界国家的援助。中国对第三世界国家提供了大量的资金和技术援助。从被动参与者到主动建设者，从粮食援助的接受者到粮食援助者，从被投资者到投资者，中国在全球粮食治理中的参与度和影响力大大提升。作为最大的发展中国家，中国把自身的发展和话语权放在了最重要的位置。在全球粮食安全治理的演进中，积极融入、利用和构建国际体系。

11.2.1 增强农业适应性多样性发展

农业生物多样性危机变得越来越明显，粮食不安全和农业生物多样性丧失的原因是公司主导的粮食生产和分配系统使小农边缘化，并将发展中国家置于世界农产品贸易结构的劣势地位。贸易和投资协议应包含适当利用人权和环境例外作为公共利益灵活性运用的政策依据。这样的条款将为发展中国家提供"政策空间"，利用关税和补贴的适当组合来保护小农的生计，鼓励家庭粮食生产，支持环保种植技术，促进农村发展。通过常规作物育种和生物技术改良应对不断变化的气候（例如高温、干旱、涝灾）。要选择耐高温、耐干旱、抗病虫害、抗冷冻害的优良品种作物，以应对气候变暖的不良影响。

农业适应性的增强离不开对气候变化的适应性。应加强气候变化与粮食安全部门联动，提高农业气候适应性。农业全球化及其动态和复杂性已经超过了随着时间的推移而演变的各组织处理农业和粮食系统变化的能力。农业和粮食政策不能与水和能源政策独立地进行管理，需要将它们联系起来综合考虑。2010年10月28日，"气候智慧型农业"被首次提出。联合国粮食及农业组织对气候智慧型农业的定义是：能够可持续地提高工作效率、增强适应性、减少温室气体排放，并以更高的目标实现保障国家粮食生产和安全的农业生产与发展模式。作为应对全球气候变化的新型农业发展模式，气候智慧型农业坚持走高产、高效、低排放的农业之路。[①]此外，《欧洲绿色协议》将农业部门纳入综合绿色发展协议：在2021年6月之前审查、修订所有与气候相关的政策（如欧盟排放交易体系政策，土地利用、土地利用变化和林业条例等）；农民和渔民是转型管理的关键，要以共同农业政策（Common Agricultural Policy，CAP）和共同渔业政策（Common Fisheries Policy，CFP）为主要政策工具；共同农业政策总预算的40%和海洋渔业基金（Maritime Fisheries Fund）的30%将被用于支持应对气候变化的行动。帮助农村地区利用循环经济和生物经济的机遇特别是关注最外围地区在《欧洲绿色协议》中的作用，同时考虑这些地区面对气候变化和自然灾害的脆弱性，以及其独特资产即生物多样性和可再生能源。

11.2.2 善用WTO规则，增强粮食贸易安全

总体来看，我国粮食贸易发展经历了四个阶段：（1）粮食贸易以净出口为主（1949—1978年）；（2）粮食贸易以净进口为主（1979—1991年）；（3）粮食贸易进出口交互阶段（1992—2001年）；（4）进入国际贸易体系阶段（2002年至今）。近

---

① 王向阳. 适应气候变化的中国财政支农政策研究 [J]. 人民论坛，2020，3：86-89.

几年，美国利用单边贸易措施，对我国采取"337调查"、"301调查"和"232调查"，特别是2018年以来中美贸易摩擦，由此涉及的征税规模及产品范围不断扩大，对我国的粮食贸易市场产生了巨大的挑战。从传统贸易规则来看，任何不遵守自由贸易规范的粮食安全政策，都可以在WTO法律的条款之内作为暂时性例外来使用，使得贸易规则在粮食贸易中遵约性不够。2020年1月31日世界卫生组织宣布将新冠疫情列为国际关注的突发公共卫生事件，一些国家试图援引WTO多边规则和国家安全例外，对来自中国的产品实施贸易歧视政策和贸易限制措施，包括：直接的进口数量限制，过分严格的动植物检验检疫措施。WTO/GATT1994第21条是美国常用的贸易限制措施援引事由。WTO规则的规范比较模糊，一方面允许成员采取例外措施，以维护其国家安全；另一方面要防止成员滥用安全例外，以维护国家安全为名、行贸易保护之实。《联合国国际货物销售合同公约》（CISG）作为专门调整国际贸易的合同体系，规定了贸易合同中当事人的权利义务、违约责任、交付规则等具体细则，其中第79条规定的"障碍"等免责事由将成为他国进行贸易限制的援引依据。但关于"障碍"（不可抗力等）情形的成立与援用受限于贸易合同签订时间、贸易当事人营业地位与成员国境内情况等多种条件，中国应该积极运用CISG规定的相应抗辩规则，防止免责条款被滥用，损害中国的正当贸易利益。中国应该利用好当前的贸易规则，积极参与贸易规则的新一轮谈判，抓住新的机会形成有利于自己的粮食贸易规则。

11.2.3 增强粮食安全的量化评估

有许多研究量化了气候及粮食安全的影响。基于IIASA分析开发的AEZ工具或农业技术转让决策支持系统与模型，都使用IIASA-基本链接系统来评估经济影响。现有的全球气候变化和粮食安全评估只能集中在对粮食的影响上，而没有量化气候变化对食品安全和脆弱性的重要影响。此外，站在整个农业行业来看，信息化、数字化的需求也非常紧迫。具体到我国，农业生产正逐渐向集中化、适度规模化和产业化发展，推动我国农业发展向数字化、科技化转变。

11.2.4　非国家行为体与粮食治理

支持农业和粮食系统的全球行动不仅依靠正式的全球组织进行，还越来越多地通过复杂的全球政府网络来进行。在这个网络中，一个国家的机构通过国家元首、部长、议员和联合国进行交流，公司和非政府组织以各种方式参与。具体而言，政策趋同。在政策环境中，协调可以指负面协调（通过相互作用避免产生负面影响）或正面协调（相互承认和同意合作）。全球粮食安全战略的目的是创建一个综合性的、有活力的行动纲领，通过促进融合来支持一致性，同时通过世界粮食安全委员会（简称粮安委）的领导和合法性来促进协调，制定全球战略框架。经过改革的粮安委将处于不同发展阶段的广泛行动者和国家聚集在一起，在复杂的环境中努力实现共同的目标。因此，有必要建立一个框架，以协调、促进和组织粮安委发挥其新的作用。关键是要改善所有利益攸关方之间的协调和协同作用、汇集知识和实地经验（联合秘书处）、改善沟通和信息交流、创造信任和分担责任的氛围等。

11.2.5　发挥粮食安全区域治理效用

无论是粮食数量的供给问题还是质量的安全问题，都易引发相关国家间关系的变动。同属东亚地区的中国和日本关于速冻食品质量安全的问题就从一个侧面反映出粮食安全在国际关系领域的区域效应十分明显。欧洲的莱茵河、美国与加拿大五大湖区域作为跨国主权范围的公共区域，共同水域的治理对于区域粮食发展起到关键作用。"一带一路"倡议是中国为国际治理提供的国家级顶层合作倡议，是提升中国国力的良好契机。但是"一带一路"倡议也面临多重挑战，沿线国家之间的领土纠纷、基础设施建设不完备、贸易壁垒等问题都成为"一带一路"倡议实施的障碍。作为该倡议的倡导者，中国需要通过机制嵌构实现多国共同合作。中国与周边地区存在地理位置的紧密联系，但是与周边国家的合作依然存在大量空白。随着北美自由贸易区、欧盟等区域组织的发展，区域联盟成为新的治理方式。中国周边国家众多，传统上一直关注与东亚国家之间的关系构建，但与南亚、东南亚以及中亚国家的联系与合作还远远不够。通过对比分析"一带一路"沿线国家的粮食产量及进出口量可知，中国虽然是粮食生产大国，但也是粮食消费大国，仍需进口粮食。中国的农业生产水平与发达国家相比，仍然比较落后，存在如农业耕作机械化程度低、人力投入大、产出低、科学技术水平低和国家财政支持水平不高等问题。这些因素制约着中国农业的发展，使我国在国际农产品贸易中处于劣势，[①]要实践基础设施援助，以自由贸易区对抗国际贸易规则风险干扰，形成区域优势。

综上所述，粮食安全的内涵随着时代发展而不断扩展，对于全球粮食治理的要求更高。鉴于当前国际碎片化常识的存在，加强机制耦合从而增强集体行动越来越成为共识。粮食关系民生，除了对抗自然要素外，也要处理好需求不均衡等社会因素对安全链的冲击。我国作为最大的发展中国家，粮食安全是民生头等大事，面对世界贸易组织改革处于关键时期、国家保守主义抬头干扰等多元因素，从中国的周边安全出发，我们要以"一带一路"倡议为契机，将我国周边安全作为战略起始点，以区域联动为全球粮食安全治理作出贡献，在全球化浪潮中扩大粮食合作政治联盟，实现技术互补、粮食作物结构互补，从而获得我国在粮食安全中的治理权。

11.3　中国参与全球水安全合作治理

国际河流跨国性质使得水问题兼具国内国外双重安全属性，已经成为外交安全的重要领域。美国通过采取联盟和议题联系的方式应对新兴国家的挑战、利用水外交大国的地位为其战略服务、利用国际组织和非政府组织施加影响力、以网络化的伙伴关系推进水外交战略，不断介入水资源争端所导致的政治层面的摩

---

① 徐宜可."一带一路"沿线国家粮食安全问题的法律保障比较 [J]. 世界农业，2018（12）：81-85.

擦。一方面，美国凭借其议题塑造能力，引领水外交的发展方向，并抢占水话语权。同时，美国智库通过批判中国，在舆论上控制水话语权，从而试图边缘化中国在区域水治理中的角色。为了更好地调解由水和河流权益竞争造成的矛盾和负面影响，需要有新的治理原则和治理模式。由于水冲突问题本身浓厚的地缘博弈色彩，需要在流域内国家的互动中更好地寻找利益平衡点，寻求合作红利，促进流域内国家对于国际河流的合作和开发。国际河流非航行利用争端中重要的一部分就是对水资源的争夺。为了解决水资源短缺问题，流域国在通过合理配置、开发利用国际河流水资源的同时，还要积极开发各种替代水源，根据自己的条件和能力开发如海水、雨水、污水、虚拟水等资源。国际河流水资源仅占世界水资源的一小部分，更广泛的解决方案可以促进国际水资源的有效分配和利用。还可以通过与国际河流水资源分配直接相关的"开源"机制满足其用水需求。[①]

11.3.1 公平合理利用原则与分配标准

首先，以公平合理利用原则及分配标准作为合作前提。现有的一系列国际水法体系确立了"公平合理利用原则"，在1966年通过的《国际河流利用规则》中第4条规定："每个流域国在其境内有权公平合理分享国际流域内水域和利用的权益"。1997年联合国通过的《国际水道非航行利用法公约》第5条规定了公平合理的利用和参与的一般原则："水道国应在各自领土内公平合理地利用国际水道。特别是，水道国在使用和开发国际水道时，应着眼于与充分保护该水道相一致，并考虑到有关水道国的利益，使该水道实现最佳和可持续的利用和受益。同时，水道国应公平合理地参与国际水道的使用、开发和保护。这种参与包括本公约所规定的利用水道的权利和合作保护及开发水道的义务。"我国在与其他国家或者地区开展水合作时，应该将公平合理利用作为一切行动的基本前提。

其次，建立以需求为基础的分配制度。对于国际水资源分配标准的建立有不同

---

① 何艳梅. 国际河流水资源分配的冲突及其协调 [J]. 资源与产业，2010 (4)：53-57.

的主张，可概括为贡献论、平均分配论、需求论、能力论等。贡献论主张国际水资源的分配应与国家对水资源的贡献对等，如约旦河流域的约旦和黎巴嫩，尼罗河流域的埃塞俄比亚。水资源的分配应该根据国家的需要来分配，如两河流域的叙利亚和伊拉克认为这是公平的。能力论主张水资源利用率高的国家和有技术、有资金开发水资源的国家获得更多的份额，即根据各国利用水资源的资金、技术和效率进行分配，如两河流域的土耳其。以上不同的理论主要是从国家的角度来制定水资源的配置标准。作者认为满足流域内的用水需求更为重要，而根据这种需求来配置水资源也是最合理的。满足流域内人类社会和生态系统的基本用水需求是一个社会应该为贫困者设定的最低生活标准。在满足人类基本需求的前提下，既要保证一定数量和质量的生活用水，又要考虑生态环境利用的特殊需求，这也符合人类的成本效益分析。因为满足生态环境需求的水资源，通常能满足其他用途的质量要求。

11.3.2　加强水外交区域合作机制建设

应当在大国之间建立稳定、完善的安全合作机制，不断扩大合作流域范围。我国要以"水外交"为出发点，全面推进与湄公河国家"亲、诚、惠、容"的外交战略，通过构建跨境水合作利益共同体，处理好与湄公河委员会的关系。各流域国家应充分挖掘国际河流开发的共同目标，凝聚合作意识：一是区域可持续发展的总体愿望；二是不同目标通常可以在同一方向或手段上同时满足需求。如上下游都有控水要求，一般上游利用为非消耗性利用（如发电），下游利用为消耗性利用（如灌溉）。基于国际河流的系统性和整体性特点，从可持续发展的角度看，国际河流的合作开发必然成为国际河流开发的首选模式。区域合作的优势在于，它强调区域之间的联系、国际河流的完整性和流域国家之间的合作，重视流域内各要素之间的关系和相关资源的综合利用，它可以兼顾流域水资源供需系统的层次性和流域内外的关系，进行流域开发的多层次决策。它能公平对待和协调流域各国因地理环境不同而产生的客观差异。要注重流域整体水平的提高，协调人与自然在水资源开发利用问题上的关系，倡导高效适度开发，保持流域生态环境的可持续发展。

11.3.3 增强以国际水法为主的制度化建设路径

加强水外交理论创新，注重国际水法的制度构建与实践研究。在澜湄水资源合作中，应双边多边并举，力争主导规则制定与机制创新，以水合作推动中国周边水外交发展。只有通过有利于环境和可持续发展的，积极有效并富有远见和创造性的方式解决水资源问题，亚洲才可以重返文化中心地位。在此背景下，相关城市和各级政府需要有效参与，提高水资源使用和管理的有效性。

11.3.4 加强水外交主体网络关系合作

针对美国对中国的水话语权的遏制，中国需要利用本土化经验以及与周边国际关系，在坚持"冲突预防型"水外交方式不变的同时，构建参与式水外交框架，将国家、国际组织、非政府组织、企业等多利益攸关方纳入大外交范围，增强中国的水外交主体优势。参与式水治理规范框架的制定，有利于企业等在水管理和基础设施方面进行相应投资，采取更切实的创新政策和激励措施，以加强并更好地整合国家和区域两级的水管理。在某种程度上，中国可以考虑采取公私合营的方法实现相关的最佳实践，同时在水流域治理领域方面提升公众水教育网络建设。水的安全利用与可持续利用关系社会稳定，为了促进水资源的高效利用，除了政府引导外，还要完善市场机制以促进生产用水效率的提高，加强技术创新下的水安全高效增长体系的构建。中国将扩大市场机制的使用以提高用水效率，并通过适应性转型应对水污染，以中国经验为全球其他转型经济体在消除贫困、和平、安全以及可持续发展方面作出重要贡献。

第12章 "一带一路"背景下我国"能源–粮食–水"的绿色领导力构建

全球治理进入了一个新的十字路口，在全球气候变化的大背景下，各种非传统安全议题使"一带一路"地区成为一个相互影响与依存的命运共同体，也使"一带一路"地区在能源、粮食和水资源之间形成了一种彼此影响、制约并极具敏感性和脆弱性的安全纽带。"一带一路"建设过程是十分复杂的，沿途遇到的世情、国情和地方情况各不相同，如何促进"一带一路"可持续性发展，是一个长期的议题，也是全球治理实践的重要探索。"一带一路"地区的气候安全和生态环境问题涉及国家之多、人数之广，将成为沿线国家及国际的重要议题。在全球气候变化大背景下，各种非传统安全让"一带一路"地区成为一个相互影响与依存的命运共同体，也使"一带一路"沿线在资源环境领域形成了一种彼此影响、制约并极具敏感性和脆弱性的安全共同体，联合国政府间气候变化专门委员会（IPCC）第五次评估报告指出，环境、能源、粮食和水资源安全在与"一带一路"相关的发展中国家和地区的情况将更加恶化。在"一带一路"建设中，中国和相关国家、国际组织需要关注水、能源、粮食安全议题的多重因果联系。

可持续发展是破解当前全球性问题的"金钥匙"，联合国2030年可持续发展议程的启动带领国际社会迈入了可持续发展的新阶段，绿色"一带一路"建设高度契合中国生态文明建设理念，也顺应全球可持续发展总体趋势。"一带一路"建设与联合国2030年可持续发展议程在水、能源、粮食方面的具体目标相辅相成，协同推进绿色"一带一路"建设，将为能源–粮食–水协同发展提供重要路径，避免发展中国家重走"先污染后治理"的发展模式。高质量和可持续发展不仅是全球发展的总体趋势,也是绿色"一带一路"建设的必然要求。

绿色"一带一路"建设是解决区域性问题、全球性可持续发展和建设人类命运共同体的生动写照。联合国环境规划署(UNEP)认为"一带一路"倡议将对地球和人类发展产生深远影响,特别是在全球环境治理领域,"一带一路"建设对各国实现可持续发展目标和联合国 2030 年可持续发展议程具有巨大的促进作用。水、能源、粮食是"一带一路"地区社会经济发展的基石,绿色发展理念是水、能源、粮食发展的新时代要求,需要将能源-粮食-水三位一体安全治理布局与"一带一路"建设紧密结合,最大化"一带一路"的制度收益,加强能源-粮食-水的三位一体安全治理协作、推进落实行动,激励多利益攸关方合作和交流,提升绿色治理水平,塑造绿色发展形象为"一带一路"沿线地区的共同发展和生态文明建设奠定基础。

12.1 中国在绿色"一带一路"建设中的相关研究和实践进展

"一带一路"沿线地区和中国都是应对全球气候变化和建设能源-粮食-水三位一体安全的利益攸关方,当前全球聚焦于绿色"一带一路"建设,作为共建"一带一路"的重点议程之一,绿色"一带一路"建设就是解决"一带一路"可持续发展"共建共享"和建设人类命运共同体的生动写照。中国已经从资源环境国际合作、可持续基础设施、绿色公共产品和全球环境治理等方面提供了理念和方案,未来也会结合可持续发展产品继续引领和深化绿色"一带一路"建设,2015 年发布的《推动共建丝绸之路经济带和 21 世纪海上丝绸之路的愿景与行动》就明确提出要突出生态文明理念,加强生态环境、生物多样性和应对气候变化合作,共建绿色丝绸之路。习近平总书记在 2016 年推进"一带一路"建设工作座谈会、2017 年"一带一路"国际合作高峰论坛,以及 2018 年"一带一路"建设工作 5 周年座谈会等会议上多次强调绿色发展。

12.1.1 绿色"一带一路"建设相关研究

中国国内学者对于中国在绿色"一带一路"建设方面的相关研究大致可以分为三方面，即对"一带一路"区域内现有各不同发展领域治理现状的基础性研究；对区域内各国家与地区绿色发展现状与绿色能力建设的定向性研究；以及对"一带一路"区域内绿色发展合作的扩展性研究。

在基础性研究方面，国内学者主要对"一带一路"区域内的水资源、能源、生态纽带安全等治理问题进行了探索。对区域水资源问题，左其亭等人以区域水资源大数据为基础，描述了"一带一路"区域的水资源特征。在此基础上，左其亭及其团队还进一步构建了体现区域特色的水安全保障体系框架。此外，郝林钢、左其亭等人还利用上述研究框架将"一带一路"沿线地区的水资源利用与经济社会发展匹配度进行量化。利用数据，该团队深入分析了中亚地区经济社会发展与水资源间的相互关系及其成因。同时，路煜对中亚地区的水资源问题进行了历史梳理，讨论了该地区水资源问题的症结和影响，以及大国在地区水资源问题上的介入，并就此提出对中国"一带一路"倡议落实的相关建议。[①]另外，曾祥裕和朱宇凡聚焦于南亚水安全问题，提出"五通"建设对地区水安全具有促进作用。[②]针对跨界河流，黄雅屏讨论了"一带一路"建设中水资源共享的问题及包括先做再谈的政治解决模式、信息交流共享、设立全流域联合机构、改善法治环境、做好生态环境保护等相应对策。对于能源问题，牛峰等人对"一带一路"中东欧沿线国家电力投资环境进行了指标模型构建，他们提出中东欧16国电力行业投资环境综合评价指标，并认为中东欧国家的电力投资项目需因地制宜。在生态安全方面，杨达、李超等人以澜沧江-湄公河次区域为例，提出中国可以探索治理主体开源、治理过程持续、治理手段多元、治理客体共生、治理结果共享的生

---

① 路煜."一带一路"框架下中亚地区水资源治理研究 [J]. 常州大学学报（社会科学版），2018（3）.

② 曾祥裕，朱宇凡. 五通建设对南亚地区水安全的促进作用 [J]. 南亚研究季刊，2019（4）.

态环境风险防范与治理新路径。

在定向研究方面,中国学者主要对"一带一路"区域内不同国家绿色发展现状与能力建设进行定向研究:首先,李师源力图建立"一带一路"沿线国家绿色发展能力量化评价指标体系,她认为沿线国家绿色发展能力结构性短板突出且差异性显著,同时呈现出明显的"俱乐部"空间格局,而中国提升绿色发展的能力尚有较大发展空间。[①]陈祖华与何兆钰在国内层面建立"一带一路"沿线省域绿色投资效率评价体系,其实证结果表明:"一带一路"沿线省区市目前的绿色投资普遍缺乏效率,"丝绸之路经济带"省区市的测度结果低于整体平均水平,"21世纪海上丝绸之路"省区市的测度结果高于整体平均水平。另外,中国工商银行与清华大学"'一带一路'绿色发展"项目联合课题组提出适用于构建绿色"一带一路"的核心内容,并从国际合作、各国政府、金融机构三个层面提出推动"一带一路"绿色发展的金融政策建议。绿色金融不仅能够引导更多的社会资金进入"一带一路"绿色产业中来,推动经济发展与生态保护同步进行,还能够以循环低碳产业和项目的建设满足投资者对于环境和社会责任方面的需求,从而推动"一带一路"金融体系的绿色化。王文和杨凡欣则从对外投资的绿色化进程出发,在分析中国对外直接投资变化的基础上,提出中国对外投资需要绿色化。[②]陈健和李丹等人分别提出了"绿色产业共同体"和"生态共同体"的概念。绿色产业共同体是指在一定范围内形成的一荣俱荣、一损俱损的绿色产业发展格局。其作为人类命运共同体的重要组成部分,不仅有利于广大发展中国家产业转型升级,也易于在"一带一路"沿线进行率先实践和推广。

在国际合作和话语权研究方面,中国学者主要聚焦于对"一带一路"区域内绿色发展合作问题的研究。在绿色发展能源合作方面,王建忠等人分析了中国在"一带一路"沿线国家油气合作进程中面临的机遇与挑战,并认为合作的实现需要政府

---

① 李师源. "一带一路"沿线国家绿色发展能力研究 [J]. 福建师范大学学报 (哲学社会科学版), 2019 (2).

② 王文,杨凡欣. "一带一路"与中国对外投资的绿色化进程 [J]. 中国人民大学学报,2019 (4).

间积极构建能源合作平台以及企业海外合作方式的创新。另外，许勤华和袁淼则分析了中国在能源领域的国际合作更趋"清洁化"与"低碳化"的新特点与在"一带一路"框架下的新模式，并提出今后中国能源国际合作应进一步发挥市场规则作用、提升多边组织参与的主动性、增强合作对象内生增长力。①从国别的角度而言，钟敏、其木格分析了"一带一路"背景下中俄能源合作的动因、风险及对策，他们认为中俄应以"中蒙俄经济走廊"为契机，改善市场环境，提升中国能源企业竞争力，从而不断深化双方的能源合作。

12.1.2 绿色"一带一路"建设的进展

"一带一路"倡议提出以来，积极推动"一带一路"的绿色发展和国际合作取得了重要进展，成为全球环境治理和可持续发展的新增长点和亮点。

第一，首先是"一带一路"生态环境国际合作全面发展。中国发展全方位、多元化合作伙伴关系，继续巩固与联合国工业发展组织、联合国环境规划署、联合国开发计划署、世界银行、亚洲开发银行、全球环境基金、美国环保协会、世界自然基金会、瑞典斯德哥尔摩环境研究所等国际组织和国际研究机构的合作关系，推动共同实现2030年联合国可持续发展目标，形成国家、地方、社会等方面的合力。积极扩展新的国际合作伙伴，有效拓展现有合作机制，通过开展联合研究项目、人员交流与培训、环保国际合作与学术交流等，构建环境与发展国际智库合作网络。其次是"一带一路"生态环境国际合作取得了全方位的发展。在中国—中南半岛经济走廊方向，东盟—中日韩环境部长会议和倡议不断推进自然资源、土地利用、水资源保护等方面的区域合作。2016年，中国和东盟发布了《中国—东盟环境合作战略（2016—2020年）》，2017年，中国和东盟编制了《中国—东盟环境合作行动计划（2016—2020年）》。在中国—中亚—西亚经济走廊方向，以上合组织等为主要平台建设多边绿色合作，《上海合作组织至2025年发展战略》中明确提出，"重

---

① 许勤华，袁淼."一带一路"建设与中国能源国际合作［J］. 现代国际关系，2019（4）.

视环保、生态安全、应对气候变化消极后果等领域的合作",并发布《上合组织成员国环保合作构想》。中哈跨界河流水质监测与分析评估工作组等机制对中亚环境合作起到了夯实作用。在中东欧合作方向,开拓绿色经济合作新空间,加强生态环境、清洁能源领域合作自 2016 年以来就是中国与中东欧国家环境多边合作的重点。中国与中东欧国家先后达成《中国—中东欧国家合作贝尔格莱德纲要》《中国—中东欧国家合作苏州纲要》《中国-中东欧国家合作中期规划》。最后是绿色"一带一路"建设多主体和多层次发展,中国鼓励更多的民营资本、外来资本参与搭建绿色供应链联盟以开展国际合作。除了中央政府,从大型企业到小微企业都通过商业、行业合作及政企伙伴关系等形式在绿色"一带一路"建设中找到自己的角色和路径[①]。绿色"一带一路"建设主体的多元性、广泛性和多层次性前所未有,既有国际主体,如联合国环境规划署等,也有很多国家及其环境发展部门,还有城市、企业和大学等次国家行为体,不少次国家行为体也探索出一条自下而上的途径。

第二,绿色"一带一路"理念及共识持续走深走实。随着中国成为世界第二大经济体以及在全球治理体系中地位不断上升,中国正在以生态文明和绿色发展为纽带务实推动与大国、周边国家及发展中国家合作,参与制定国际环境规则并发挥主导作用。在绿色金融理念方面,基于丝路基金在中巴经济走廊清洁能源项目、中俄亚马尔液化天然气项目的成功经验,将环境国际合作嵌入到各类互联互通项目中,以绿色项目吸引中方及项目地产能合作基金的关注。开展南南合作,推动绿色"一带一路"建设,推广环境与发展领域最佳实践、开展示范项目,通过示范试点将优秀的理念落地,并进一步在更大范围内推广,为推动全球环境治理与创新注入新活力。以平等对话、广泛互动为主要手段,突出环境经验和最佳实践案例分享,全球生态文明建设理念的国际影响力越来越大和持久,为完善全球治理体系提供中国方案。

---

① 2016 年 12 月,在环境保护部(现生态环境部)、国家发展改革委、商务部支持下,东盟中心、中国可持续发展工商理事会、全国工商业联合会环境服务业商会共同发起了《履行企业环境责任共建绿色"一带一路"》企业倡议,号召企业共同参与绿色"一带一路"建设,展示中国企业绿色形象。

第三，绿色"一带一路"国际公共产品供给迈向新台阶。绿色"一带一路"建设产生了强大的国际公共产品效应。首先，在可持续性基础设施方面，穆迪等国际评级机构指出，"新丝绸之路可能通过刺激投资和提升经济增长潜力，帮助南亚和东南亚基础设施落后的发展中国家实现转型"。"一带一路"倡议实施以来，中国与沿线国家在铁路、公路、港口建设及通信等基础设施领域开展了一系列合作项目，取得积极进展，特别是能源互联网是绿色发展的能源基础。在绿色"一带一路"建设进程中，中国不断加强与中东欧、俄罗斯、蒙古国、中亚各国、非洲国家等国家的能源互联网建设①。其次，中国持续强化绿色低碳化建设和国际合作。"一带一路"绿色发展国际联盟（International Coalition for Green Development on the Belt and Road）于2019年成立，绿色发展理念融入"一带一路"建设，进一步凝聚国际共识，促进"一带一路"建设参与落实2030年可持续发展议程。再次，"一带一路"生态环保大数据服务平台建设进展迅速。此举为"一带一路"沿线国家政府相关部门、企业及社会公众提供了环保政策、法规、标准、技术等环境信息，形成信息、知识和技术的共建共享。最后，绿色丝路使者计划培养了一批批理念先进、视野开阔、业务精通的绿色使者和绿色发展伙伴，促进了"一带一路"共建国家的环境保护能力建设，可持续发展理念和实践迈向新台阶。

第四，"一带一路"绿色和可持续发展取得显著治理成效。通过绿色发展理念和产品供给等，"一带一路"绿色和可持续发展取得显著成效，这体现在联合国可持续发展的数据评估方面。2016—2019年间，"一带一路"沿线国家SDG指标分值呈现上升趋势；其中，中国的SDG指标分值从59.07上升至70.1，在全球的排名从第76位上升至第54位。特别是在我国周边区域，以澜湄区域为代表的"一带一路"共建国家可持续发展进展迅速②，中国有步骤、有重点地推动与发展中国家的

① 李昕蕾，姚仕帆，苏建军. 推进"一带一路"可持续能源安全建构的战略选择：基于中国-中亚能源互联网建设中的公共产品供给侧分析［J］. 青海社会科学，2018（4）.

② 于宏源，汪万发. 澜湄区域落实2030年可持续发展议程：进展、挑战与实施路径［J］. 国际问题研究，2019（1）：75-84.

合作，有效提升了南南环境与发展合作水平。绿色"一带一路"建设将在很大程度上推进可持续的、包容性的、低碳的以及市场导向型的经济增长，培育全球整体性和综合性发展，成为落实 2030 年可持续发展议程的新增长点。全球生态文明建设取得了重要进展，可持续发展国际合作与协同创新持续深入，对全球经济发展和社会进步的贡献越来越大。当前全球环境治理事业面临诸多挑战，特别是美国已经将经济发展与弱化环境治理相结合。2017 年 6 月，美国时任总统特朗普宣布退出《巴黎协定》，此后相继撤销、改写了近 100 项与环境相关的政策和法规。2021 年 1 月，美国现任总统拜登指示美国联邦政府机构审查特朗普时期的数十条环境法规，要求推翻任何"对公共健康和环境有害，且缺乏科学依据或不符合国家利益的规定"，宣布美国将重返《巴黎协定》。这从侧面也凸显了绿色"一带一路"建设的增量贡献和引领性角色，也间接反映了绿色发展的艰难性。

12.2 绿色"一带一路"背景下的"能源-粮食-水"三位一体安全挑战

"一带一路"沿线区域基本上都是国际公认的气候变化、水资源或者生态环境脆弱区域，如东南亚、南亚和非洲等。在绿色发展"一带一路"建设过程中，所面临的挑战更多源于沿线国家和地区经济发展任务繁重、生态环境先天脆弱、资源紧张等方面。能源-粮食-水的相关挑战目前较为突出，中国尚需进一步提高海外能源-粮食-水的三位一体安全治理的参与能力。

12.2.1 "一带一路"重点地区能源-粮食-水的三位一体安全挑战

目前，中国周边地区与"一带一路"沿线地区正面临着日益严重的能源-粮食-水的三位一体安全风险。例如，"亚洲水塔"青藏高原的冰川是北极和南极之外最大的淡水储存库，是亚洲主要大河的发源地，为 15 亿多人提供水、食物和能源，气候变化带来青藏高原冰川的变化会影响到几乎四分之一的世界人口，以及中亚、南亚和东南亚的 18 个国家的水资源和粮食安全。发源于青藏高原的主要河流见表 12-1。

表 12-1 发源于青藏高原的主要河流

河流名称	长度（千米）	流经国家	对冰川融水的依赖程度
澜沧江-湄公河	4 350	中国、越南、老挝、柬埔寨、泰国	6.6%
怒江-萨尔温江	2 400	中国、缅甸、泰国	8.8%
雅鲁藏布江-布拉马普特拉河	2 900	中国、印度、孟加拉国	12.3%
长江	6 300	中国	18.5%
黄海	5 464	中国	1.3%
阿姆河	2 540	阿富汗、塔吉克斯坦、土库曼斯坦、乌兹别克斯坦	—
恒河	2 510	印度、尼泊尔、孟加拉国	9.1%
锡尔河	2 212	吉尔吉斯斯坦、塔吉克斯坦、乌兹别克斯坦、哈萨克斯坦	—
伊洛瓦底江	2 170	缅甸	—
塔里木河	2 137	中国	40.2%

在南亚地区，能源与水资源开发不足限制了地区可持续发展。在东南亚地区，脆弱的生态环境与初级经济发展特征则导致该地区极强的环境安全敏感性和脆弱性。在中亚，资源分布不均衡与脆弱的生态系统更导致地区发展合作矛盾重重，甚至加剧了国家间传统地缘政治冲突。在中国和周边地区的关系上，气候变化与经济、资源、能源等其他问题紧密相连并相互影响，气候变化日益引发多种直接威胁，并催生一系列间接的安全问题。中国周边地区是"一带一路"建设的重要区域，气候变化正在导致水资源和领土资源锐减、粮食安全危机与疫病传播以及次生灾害发生。气候变化引发的安全纽带问题不仅带来了中国周边的可持续发展绩效挑战，还影响着周边国家安全及国内政治稳定，诱发跨国或者国内冲突，其中许多严重的冲突也会影响到中国的国家安全和"一带一路"建设成效。

在气候变化的大背景下，东南亚独特的生态、经济结构和人口结构决定了该地区在能源-粮食-水之间的纽带互动过程中具有极强的安全敏感性和脆弱性，湄公河区域还是最易受气候变化影响的地区。在南亚，生态环境、水安全和能源等问题长期以来困扰该区域的可持续发展，并具有极强的安全敏感性和脆弱性。中亚形势最为严峻，中亚地区的气候安全问题具有纽带传导性、资源议题联系性和跨国威胁双源性的特点。

12.2.2 建设高质量绿色公共产品

首先，"一带一路"沿线国家很多处于生态脆弱区，同时大多又是发展中国家，环境准入门槛较低，对发展的需求大于对环境的需求，导致一些企业盲目进行投资建设，造成了非常严重的环境危害，引发当地民众的抗议甚至导致恶性事件的发生。例如，在修建水坝、能源运输管线等基础设施时，一些国家往往只关注主权范围内的可用性，而忽视了与其他国家的联系性，导致水、能源、粮食等基础供应措施缺乏质量保障。以东南亚湄公河的开发和治理为例，湄公河的安全纽带极为脆弱，对其可持续发展形成了严重阻碍，而且这种安全纽带极易引发地区和国际冲突。正是由于缺乏相应的公共产品，如缺乏可持续的发展理念、全面性的发展规划等，导致湄公河地区的发展长期陷于一种困境，即若以发展为前提，势必引发一系列的环境安全问题，若以保护环境资源为前提，那么该地区将永远处于落后和贫困的状态。

其次，公共投资资金量不足。绿色能源-粮食-水的安全纽带离不开资金支持，但是在绿色公共资金融资过程中，单靠主权国家的自主贡献不足以满足公共建设的需要。特别是对于一些跨境公共领域地区而言，水、能源、粮食的建设离不开公共资金的支持。在投资企业主体方面，虽然中小企业增多，且不断参与到"一带一路"建设中来，但是私营主体资金不够充沛，长远发展意识薄弱，环境责任承担不够，容易出现不计生态后果的开发建设。发展中国家通常也没有能力或不愿意出资聘请具有项目评估资质的国际专家提供咨询，这就造成项目在准备阶段的环境与社会评估不足或是草率进行，导致生态环境问题在项目执行后期变得更为严重和突出。

再次，"能源-粮食-水"建设技术的共享机制缺乏。根据联合国工业和发展组织发布的《2020年工业发展报告》（Industrial Development Report 2020），在数字化时代，我们面临的一个挑战是，大多数发展中国家没有参与这些技术的开发和应用。促进包容与可持续的工业发展的核心是新技术，将新技术引入绿色制造业，可以减少对环境的影响，促进工业过程的环境可持续性。技术作为国家综合实力的重要体现，完全实现其无条件共享可能与国家利益相悖，加上国际知识产权的地域性特质，使得部分地区无法实现水、能源、粮食治理技术上的共享建设。对于广大发展中国家而言，要实现水、能源、粮食从数量安全向高质量发展的转变，技术创新不可缺少，但是"一带一路"地区的技术共享机制建设依然有待加强。

最后，在项目开发和运营过程中，配套环保措施与服务不到位，将会给沿线地区复杂而脆弱的生态环境带来巨大挑战。目前"一带一路"对外投资项目以基础设施建设领域为主，如果缺乏配套的环保措施与服务，将很容易引发土地被不合理占用、水污染、水土流失和大气污染等一系列严重的问题，进而导致项目开发地生态环境面临巨大压力，项目可能也会因此受阻。根据美国亚洲协会政策研究所（ASPI）的报告《为"一带一路"倡议导航》，环境与社会评估不足是导致"一带一路"基础设施建设项目出现问题、面临巨大挑战的重要原因之一。在一些政府本身对环境标准监管不严格的东道国，往往缺乏进行项目可行性评估和分析所需的财力和人力资源。加之在部分项目的执行过程中，仍存在东道国环境标准不能被严格执行的情况，使得项目执行面临来自东道国政府和当地社会的压力，最终导致项目受阻甚至终止。政策透明度和信息公开度不足，相关应对服务滞后。在"一带一路"基础设施项目开发过程中，存在中国企业与当地利益相关方、当地非政府组织、社区公民沟通不畅的现象，由于信息公开度不高，可获取性欠缺，削弱了东道国和其他国外承包商参与项目竞标的机会，而解决以上问题的服务体系尚未建立。

12.2.3 海上丝绸之路绿色治理关注度需要加强

全球性环境问题的恶化进一步加剧了 21 世纪海上丝绸之路沿线的环境风险。随着经济建设不断开展，沿线地区面临着生物多样性丧失、气候变暖等影响广泛的全球性环境问题，这些问题带给各国的冲击不断增大。生态环境问题与经济、政治等其他议题紧密联系在一起，相互影响、相互关联。联合国政府间气候变化专门委员会（IPCC）在 2007 年初发表第四次气候变化评估报告指出，人类活动造成海洋生态环境问题，影响人类国计民生的方方面面。海洋治理气候安全的作用日益突出，全球变暖导致海平面上升，融化的冰盖和冰川所增加的海水及其变暖时的膨胀，将为 21 世纪海上丝绸之路的环境安全带来困扰。加强 21 世纪海上丝绸之路的生态环境治理有利于扭转当今时代海洋竞争与争端日益激烈、海洋领域国际关系日趋紧张的局面：首先，海洋环境恶化、资源日益衰退。自 20 世纪 50 年代以来，全球生产的 83 亿吨塑料中，63 亿吨变成了塑料垃圾。当前，全球海洋中有数亿吨的塑料垃圾，危及海鸟和海洋鱼类的生存。随着海洋高新技术的飞速发展，人类对海洋资源的无限制需求以及过度利用，还有海洋环境的污染正威胁整个海洋生态系统。其次，海洋生态基础设施出现严重赤字。以海上重点港口为节点的 21 世纪海上丝绸之路，沿线港口建设方兴未艾，港口基础设施、物流和产业集聚等都将为港口周边生态环境问题带来新的压力，可持续性基础设施和生态环境治理基础设施应该成为项目规划的因素，此外，海洋运输安全对于能源跨境供应具有重要影响，当前海盗行为导致能源运输安全成为海洋治理中的棘手问题。

21 世纪海上丝绸之路途经区域内不少国家拥有相似的区位条件和发展资源，这不仅会带来同质化竞争，而且会导致资源浪费和恶性竞争。开辟 21 世纪海上丝绸之路这一通道，将给相关国家和地区带来较大的驱动力，使其在人才、技术、资金等市场要素的交流渠道上不断拓展，弥补了单一国家和地区在创新意识和能力上的不足，从而为经济发展提供源源不断的新增长点，并带来海洋生态理念上的切磋、冲击和突破，有利于高效利用海洋资源，缓解环境压力。海洋污染使得对淡水净化的要求更高，也使得水安全冲突更加明显。

12.3 "一带一路"背景下的"能源-粮食-水"绿色领导力构建

生态文明建设与人类未来息息相关，各国人民的共同梦想是建设绿色的家园，国际社会应加强合作，共同构建尊重自然、促进绿色发展的生态体系。应当尊重"一带一路"沿线国家的发展愿望，协同能源-粮食-水的三位一体安全，照顾到各方利益，共同建设"一带一路"沿线国家的"低碳绿色共同体"。在绿色"一带一路"建设中从国内政策、阶段性路径、多利益攸关方参与、数据和环评，以及疫情后环境治理创新等方面提升中国的绿色领导力。

12.3.1 能源-粮食-水的协同发展

要加强我国能源-粮食-水领导力在"一带一路"建设中的重要作用，必须坚持将国内自身发展作为领导力外溢的基本前提。党的十九届四中全会强调要"全面建立资源高效利用制度"，并要健全"资源节约集约循环利用政策体系"、推进"能源革命"，建设清洁、低碳、安全、高效的能源体系等具体治理目标。就当前中国发展状况和战略环境来看，随着对资源及时、足量、经济、环保的需求不断增加，水、粮食和能源这三种要素的高效利用是极其重要的，三种要素的协同治理也是资源高效利用制度的重中之重。

在政策层面，要建立治理体系和治理能力目标下的政策情景模型。在多部门、多地区、跨国博弈均衡机制的构建中，要不断完善影响水、粮食和能源三者高效利用与协同治理关系的农业政策、能源政策、贸易政策、环境政策以及气候政策和法律。具体而言，在水资源层面，政策和法律基础包括国际保护制度、国内开发利用制度等；在能源层面，新能源补贴政策与传统化石能源税收政策相结合,建立可再生能源消费占一次能源消费比重不断提高、化石能源消费中天然气等清洁能源消费比重不断提高以及煤炭的清洁化利用率不断提高的影响分析模型,全面评价现有政策法律对于保障能源安全、提高能源效率、推动能源结构清洁低碳化的影响;在粮食层面,全面梳理生产补贴政策和法律,分析我国对粮食生产、库存和价格的调控能力,厘清大宗农产品,建立长期、稳定、可控的加工转化调节渠道,全面汇总促进粮食供求平衡,形成粮食生产和消费良性循环发展的政策与法律;在贸易层面,全面比对各国征收关税的实时变动对应各国相关贸易政策的调整,用于模拟和预测各国贸易摩擦;在环境层面,全面建立政策法律对工业、农业、能源行业的废水排放和空气污染征税的经济学分析,验证国内外市场型环境规制手段,践行"绿水青山就是金山银山"的理念;在气候层面,区分市场化的国内气候政策和国际气候政策,将国内电力行业和高耗能工业部门引入碳市场,分析全国统一碳市场实施政策的未来十年发展情景。

在经济层面,要发挥市场机制对水、能源、粮食的基础调节作用。市场机制对资源配置具有重要导向作用,政府过多干预容易导致创新受挫。近些年美国等主要发达国家采取了很多市场路径对水、能源、粮食进行治理,其中包括清洁水基金、可再生能源上网电价等具体方式,最大化增强了市场要素对水、能源、粮食等多部门的治理。与发达国家相比,我国由于计划经济的延续性较强,并且当前处于经济转型的关键时期,很多具体领域的发展都是依靠政府主导扶持的。在发挥市场路径的同时,可以采取体系评估进行监督,如构建多层次的能源–粮食–水安全评估体系指标(见表12-2),引导水、能源、粮食多元领域的健康发展。

表 12-2　　　　　　多层次能源-粮食-水安全评估体系指标与基础数据

	指标	基础数据
安全	资源短缺发生率	
	综合指标	生产波动系数
		人均占有量
		储备率
		自给率
		价格上涨率
		农业灌溉用水占比
		贸易联系稳定性
	内部网络稳定性	
效率	单要素资源强度	GDP
		资源投入
	全要素资源强度	GDP
		资本投入
		劳动投入
		土地投入
		资源投入
弹性	全局网络稳定性	
	专利申请增长率相对需求预计增长率弹性	

12.3.2　能源-粮食-水阶段性领导力构建

　　水、资源、粮食作为人类赖以生存的基本要素，也对"建设现代化国家"目标达成具有基础和关键推动作用、对我国不同发展阶段目标具有指引作用。中国特色社会主义进入新时代，我国社会的主要矛盾已经转化为人民日益增长的美好生活需要和不平衡不充分的发展之间的矛盾。党的十九大报告指出："我国稳定解决了十几亿人的温饱问题，总体上实现小康，不久将全面建成小康社会，人民美好生活需要日益广泛，不仅对物质文化生活提出了更高要求，而且在民主、法治、公平、正义、安全、环境等方面的要求也日益增长"。如前所述，能源、粮食和水作为《联合国可持续发展目标》的具体目标，除了满足总量上的需求外，如何提供优质水源、清洁能源以及品质粮食将成为国际人权发展的新要求。2019年6月9日国家主席习近平在第二十三届圣彼得堡国际经济论坛全会发表致辞，强调"可持续发展是破解当前全球性问题的'金钥匙'"。作为联合国2030可持续发展议程的核心指标，能源、粮食和水三要素及其协同发展是解决中国绿色发展和全球性问题的关键。

能源、粮食和水对于农村地区及中西部地区经济发展具有基础性作用，加大三者协同治理有利于我国城市与乡村、中西部与东部都得到高质量发展，到2035年基本实现社会主义现代化的目标。届时，中国的经济与科技实力将跃居创新国家前列。水污染、能源危机及土壤恶化作为生态治理的攻坚领域，三者的协同治理有利于打造和谐生态家园，实现农业、工业等多产业协同发展。中国在2049年将"建成富强民主文明和谐美丽的社会主义现代化强国"。中国的物质、政治、精神、社会与生态文明将全面提升，国家治理体系和治理能力将实现现代化，综合国力与国际影响力将稳步提升，实现全体人民共同富裕，中国人民将享有更加幸福安康的生活，中华民族能够以更加昂扬的姿态屹立于世界民族之林。水、能源及粮食经历了前两阶段的基础性治理，将迎来新一轮的发展机遇，三者也将从中级发展模式向高级发展模式过渡。

能源-粮食-水的纽带关系与地缘安全紧密结合，传统研究视角也主要以空间维度进行探讨。但是能源-粮食-水协同治理在时间维度下的阶段特点研究不足，结合绿色发展时代背景，本书增加了"能源-粮食-水协同绿色发展阶段性构建"这一目标。中国"十三五"规划正处于攻坚转型时期，2020年是"十三五"规划与"十四五"规划的转折年，"十四五"规划将成为能源-粮食-水发展的第一个转型期；《巴黎协定》从2015年到2025年也面临"自下而上"模式的成果检验期，将对全球气候变化提出新的目标，与"十四五"规划存在时间重叠；《联合国可持续发展目标》在2030年也将面临目标变革，迎来新的议程引领新一轮的全球可持续发展；在21世纪中叶，我国也将实现第二个百年奋斗目标，即全面建成富强、民主、文明、和谐、美丽的社会主义现代化强国。由此可以看出，我国绿色发展在2025年、2030年以及2049年是变革的关键时期，而水、能源以及粮食作为绿色发展的三个关键要素，既关系到"十四五"规划的目标实现，也是可持续发展目标的具体内容，与建成"富强、民主、文明、和谐、美丽"的社会主义现代化强国紧密相关。我国能源-粮食-水的协同发展相对缓慢，国内学者的研究也主要是试图构建指标体系进行评估，但是评估指标与模型构建并不成熟。中国在能源-粮食-水协同发展中的全球绿色领导力可分为2020—2025年、2026—2030年以及2031—2049年三阶段。在建设阶段，中国主要着力于国内建设，但是也需要以国家为行动主体逐步与大国和周边国家签订双边或者多边协定，以"国际软法"形式开启绿色协同治理新纪元；在引领阶段，中国应该以"一带一路"地区为辐射地带，通过非政府组织与主权国家的混合治理加强区域治理实践，为国际惯例奠定物质基础；在塑造阶段，中国需要在"联合国可持续发展"新议程中增强话语权，实现绿色领导力，故需要实现国家、社会与市场的协同，以联合国框架下的国际条约为治理路径，实现全球治理（线路图如图12-1所示）。

12.3.3 能源-粮食-水的三位一体安全机制的多利益攸关方参与

全球能源-粮食-水的三位一体安全问题不像传统问题，可以通过暴力和权力解决，能源-粮食-水三位一体安全问题只能通过交流和合作来找到共同的解决方案。其中，如何深化能源-粮食-水的三位一体安全治理关系变革是关键。国与国之间、区域中的能源-粮食-水的安全问题，特别是跨境水叠加的能源粮食安全问题，已经成为各国关注的热点问题，也严重影响到国与国、区域内国家间的利益和关系，这需要国际合作和对话来解决。中国应积极适应国际环境治理面临的新形势新要求，不断促进全球治理理念进步，推进企业、市场、社会等多利益攸关方参与。

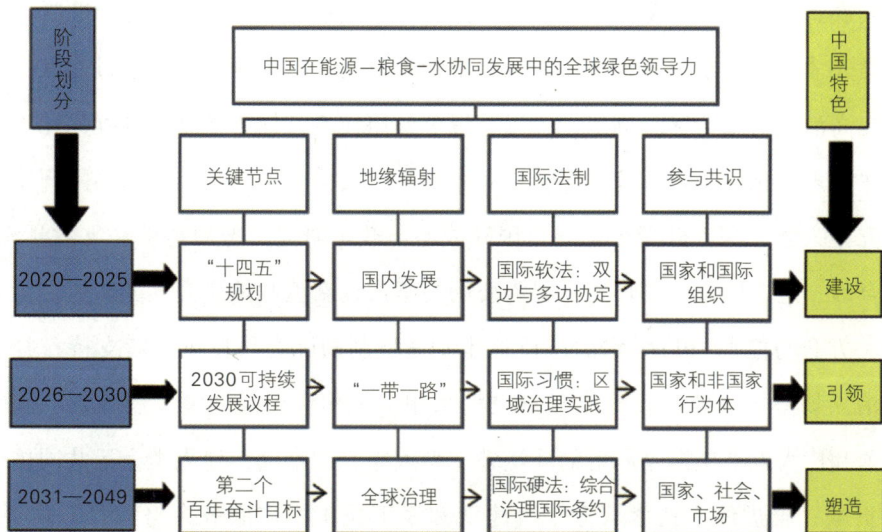

图 12-1　中国在能源-粮食-水协同发展中的全球绿色领导力线路图

首先，需要遵循与加强绿色投资、绿色贸易规则，创新绿色金融机制，将市场私营主体引入能源-粮食-水治理的产业链中。随着经济全球化，国际贸易发展引发的环境问题日益凸显，国际贸易中的绿色标准也在不断提高。在"一带一路"经贸合作中，要重视协调经贸合作拓展与环境标准之间的关系，遵循与完善绿色投资和贸易规则，推动中国绿色标准"走出去"。在对"一带一路"沿线发展中国家提供资金支持方面，可考虑超越当前"援助方-受援方"的二元角色定位，避免过多倚重单方面资助的形式。例如，借鉴丝路基金在中巴经济走廊清洁能源项目、中俄亚马尔液化天然气项目、迪拜哈翔清洁燃煤电站项目等的成功经验，将环境合作嵌入到各类互联互通项目中，以绿色项目吸引中方及项目地产能合作基金的关注。当前，全球多边开发机构和金融机构越来越重视投融资的社会和环境责任，可以重点引入包括亚行、亚投行、丝路基金等各类多边投融资平台的支持。只有解决了"资金链"这关键一环，水、能源、粮食基础建设才能健康有序发展。

其次，需要强调多利益攸关方参与能源-粮食-水的三位一体安全机制，将相关各类人才和社会组织嵌入水、能源、粮食具体治理活动领域中，通过专家咨询等制度提高治理的成功率。例如，可以以绿色丝路使者计划为基础，继续深化人才支持，建设多元化的生态环境国际合作人才队伍，具体包括：培养深谙国际环境政策的研究型人才，深入开展生态环境国际战略与政策研究，努力造就一支数量充足、结构合理、适应国家生态环境发展需要的高素质创新型政策研究人才队伍，为多利益攸关方参与能源-粮食-水的三位一体安全机制国际合作提供决策支持；打造一批政治立场坚定、熟悉我国能源-粮食-水相关工作和国际环境发展背景、能够维护我国和广大发展中国家利益的环境外交型人才，为推动构建人类命运共同体做出积极贡献；推进线上技术服务平台建设和线下技术推广服务，努力打造能源-粮食-水的三位一体安全领域的"引进来"和"走出去"的复合型技术应用人才；培养和建立相关生态文明与环境保护对外宣传的专业队伍，进一步向国外的政府机构、环保组织、专家学者及公众加大宣传我国生态环境的成就。与能源-粮食-水的三位一体安全机制相关的社会组织是参与我国倡导的生态文明建设的重要主体，应加强与这些组织的合作，运用其在生态环境治理中积累的经验和方法，建立起生态文明建设网络。要坚持政府主导、社会参与的原则，并通过资金投入、人员培训和交流等方式适当引导其向符合当前区域生态文明建设目标的方向前进。要加强巩固东亚峰会框架下的环境合作、金砖国家环境合作、亚太经合组织环境合作、亚欧会议环境合作、亚信会议机制环境合作等多边环境治理合作机制，推动"一带一路"沿线国家在政策对话和交流、能力建设及联合研究等优先领域开展务实合作。

12.3.4 能源-粮食-水三位一体安全机制建设数据与经验共享

能源-粮食-水的纽带建设跨越多部门，需要发挥大数据的功效，实现数据共享，建立公开透明的"一带一路"项目案例库、数据库、规则和方法库，实现"一带一路"地域纽带的同步发展。公开透明的数据库，将会促进国内外企业参与"一带一路"项目的公开竞争，有利于项目方对项目分包商或合作企业"优中选优"，有助于项目执行各企业方"优劣互补",在项目中更好地合作,促进项目的可持续性和最优性。要及时披露"一带一路"项目合同、招标要求与进展、环境标准、环境社会评估结果、承包商分包商以及采购等相关细节,以上信息的披露需使用中文、英文和东道国语言。此外,通过建立公开透明的"一带一路"项目数据库,将有效消除外界对"一带一路"项目信息缺失和项目边界模糊的批评,提升"一带一路"项目的国际声誉。项目数据库的建设也可以使大型国际企业和金融机构更容易获取项目相关信息,同时为那些正在寻求基础设施建设水平提升或想要引入"一带一路"项目的政府提供了有效的信息,使其能够充分地参与 "一带一路"建设,提高"一带一路"倡议的国际信任度和影响力。最为重要的是,完备和公开的数据库为国内外研究机构分析和评估"一带一路"建设的现状和存在的问题创造了便利,进而有望进一步提高"一带一路"倡议下各项目的质量和可持续性。因此,要实现河流流域特征、能源价格、粮食价格等具体信息贡献,建立共享透明数据库,才能减少交易成本,实现"一带一路"地区纽带安全的最大化利用。

12.3.5 能源-粮食-水三位一体安全的评估

能源-粮食-水三位一体安全影响海外投资,涉及大量跨国工程,因此在具体建设过程中,要将可持续发展理念贯彻到底,做到项目建设与环境保护相同步。具体而言:第一,在项目筹备期,充分的环境与社会评估和分析,有助于尽早识别项目执行过程中产生的能源、粮食、水、环境、社会及其他风险,进而及早地在项目设计中纳入相对应的预防性举措,帮助中国和东道国的项目利益相关方规避环境和社会风险,最终促进项目更高质量、可持续地推进。透明和全面的项目评估也会大大增加当地社区和民众对项目的支持度与对开发商的信任程度,帮助东道国承包商、企业和其他利益相关方更好地参与"一带一路"建设。要尽早全面地进行尽职调查,使得被识别出的各类风险在项目落实前得到相应的解决,这对吸引私人资本和国际融资参与非常重要,有助于拓宽"一带一路"的项目资金来源。第二,以增强项目国能力建设为双边能源-粮食-水三位一体安全合作的抓手,提供环境公共产品与服务。中国在能源–粮食–水三位一体安全有关的海外投资中需要充分考虑项目国当地的环境承载力、提高区域农业现代化、发展可再生能源市场，以缓解和避免当前区域环境危机。积极支持项目国加强环境治理能力建设，在环境监测、污染治理、环境信息化、生态修复等重点领域，协助完善环境治理基础设施建设，重点工程项目可配套提供资金、仪器设备、人员培训等援助。针对突出的生态环境问题，可联合开展科研攻关，加快推动项目国环境治理能力的提升。对于紧急的公共环境事件，应该提前进行制度预防，以增强弹性应对能力。建立跨境动态资源环境监测网络与信息共享平台，对跨境生态安全问题及时进行预警、预测与评估，增强对跨境灾害和突发冲突的防范与处理能力。

12.3.6 新冠疫情之下加强全球和区域合作

新冠疫情凸显了加强环境保护和生物安全建设的紧迫性和重要性，疫情带来的不仅有危机，同时还有机遇。疫情之初，各国和国际社会作为整体所采取的应对措施都是应急的。随着疫情的发展，加强国际合作共同应对疫情，已经成为国际的共识。联合国等国际机构已经开始将疫情的防控、灾后重建、气候变化和联合国2030年可持续发展目标协同发展，希望通过绿色、低碳、包容的经济刺激，来实现经济恢复、社会重建和环境保护等多重目标。中国应当利用当下的有利形势，加大清洁能源发展力度，并推出可持续的低碳经济刺激方案，重点关注清洁能源技术，加速清洁能源转型，实现防控疫情、经济发展和应对气候变化的人类命运共同体建设。虽然新冠疫情导致部分国家之间的国际合作减少，但是国际合作作为一项国际法基本原则，在国际交往中有不可替代的作用。第一，中国在尊重联合国领导的基础上，自担任COP15主席国以来，全面履职尽责，多角度、多维度、多层次沟通协调，发挥主席国的领导力和协调力，积极推动"2020年后全球生物多样性框架"（以下简称"框架"）磋商谈判的进程。中国率先积极响应绿色转型、绿色就业、绿色经济、投资可持续发展的解决方案、应对所有气候风险、合作等，展开"疫情–环境"协同治理，利用中国在联合国气候峰会中所提出的"基于自然的解决方案",推进联合国框架内的"气候-疫情-生物多样性"协同治理合作。第二,利用好昆明和武汉全球环境主场外交,掌握环境外交议题设置。目前,公共卫生与健康、水、能源与食品安全、气候变化适应等已成为全球、多边和双边机构援助灾后重建的重点。第三,出台与能源-粮食-水三位一体安全机制建设相关的绿色刺激计划。就像大萧条时期大面积的工业停产一样,新冠疫情带来的经济冲击也使工业企业陷入困境。工业部门是发展中国家国际合作的主要推动力,当务之急是决策者保护国民生计,提高国家卫生部门的防疫能力。但与此同时还要考虑到长期气候影响能源-粮食-水的三位一体安全,并以全球经济复原力的方式来设计刺激措施——"绿色刺激"计划。

结语

能源-粮食-水的三位一体安全是国家安全概念边界扩展的重要体现。军事安全曾一度是国家安全的同义语，包括军事竞赛、军事威胁、战争三个层面。在当前"和平与发展"的大时代背景下，战争主要发生于局部地区或少数国家之间，军事安全等同国家安全的紧迫性与绝对性相对下降，国家安全的外延扩展趋势不断增强。早在20世纪90年代，加拿大学者托马斯·霍默·狄克逊（Thomas F. Homer Dixon）就曾考察过环境恶化与政治冲突的相关性，指出环境恶化、资源短缺已经在世界的许多地方造成了暴力冲突，而这些冲突很可能是由资源短缺造成的大规模暴力的先兆。他还认为发展中国家与发达国家相比由于很难适应环境恶化带来的社会效应，因此更易出现社会动荡。这一内涵扩展趋势是多种因素的共同结果。首先是生态安全。20世纪90年代以来，以"气候变化""可持续发展"为标志，绿色低碳发展已经成为全球大趋势与时代潮流，并渗透到国际关系的各个领域。其次是资源安全。自然禀赋的不同是资源安全概念全球化的基础因素，人类早期行为对自然资源的滥用与浪费，以及缺乏国际规范约束，使得资源数量安全、种类安全、分配安全、可获得安全等融入了国家安全概念体系。此外，国家安全已经发展为包括经济安全、金融安全、文化安全等多个领域的体系综合体。基于此，国家安全的内涵由军事化向非军事化发展的态势，已然成为国际关系领域的关注热点。

在众多领域中，水、能源、粮食既是国家基本战略安全的重要组成部分，又是全人类基本人权发展的现实需要；既是传统军事安全中的重要物资保障，又受到生态、经济等非传统安全要素的制约。随着气候变化问题的日趋严重，水、能源和粮食安全之间传导性和延展性的影响，任何因素的恶化都会对其他领域产生传导效应，任何一种安全问题都可能通过关联的传导机制，构成国家、区域甚至全球的安全问题。这三个议题相互传导和转化使得相对分离的政策模式已无法有效适应三者互动带来的挑战，中国和国际社会应共同加强能源、粮食和水的协同治理。

在全球治理范式的推进下，通过集体行动逻辑，实现各安全领域的共治，是当前国际政治谈判、国际法规制定的重要议程，也已产生了诸多正式与非正式渊源的国际治理体系结构。但在治理体系总量供给的同时，也不可避免地导致治理体系的"碎片化"。尽管这种碎片化的治理制度在一定程度上起到了重要的治理效果，但"各自为政"的治理体系已经越来越无法满足客观需求，必须在碎片化格局的基础上，挖掘各自领域的联系性，并实现治理制度协同，以安全观这一重要方法论为出发点，才能实现制度有效性、最大化。

生态文明是中国特色社会主义现代化强国建设的鲜明标志，生态文明发展离不开能源转型和绿色低碳能源发展理念，离不开对人类命运共同体的追求。习近平生态文明思想和人类命运共同体思想不仅解释了山水林田湖草是一个生命共同体，也把"清洁美丽世界"作为人与自然命运共同体的基石。中国能源低碳绿色转型是贯彻生态文明思想的具体路径，也是建设全球公共产品的路径。当前《巴黎协定》下控制温升和推进碳中和已成为全球共识，全球气候治理正进入新的阶段。现代世界建立在以碳为基础的工业化经济体系之上，传统意义上的全球气候治理，是在明确全球资源所能承载的"增长的极限"基础上，对各国碳排放也即增长权的再分配。在气候变化与经济下行相互交织的背景下，随着可持续发展理念的不断深化，绿色低碳和数字化已经成为能源转型的潮流。将应对气候变化纳入能源、粮食和水资源发展战略，通过能源革命发展零碳经济逐渐成为国际社会共识。基于上述讨论，从能源、粮食、水安全内涵的重要性、机制互动两个大视角出发，本书的研究对象为"能源-粮食-水的三位一体安全机制"。在全球治理发展为机制复合体格局之下，能源、粮食、水互动逻辑得到国际社会的广泛关注。"能源-粮食-水三位一体安全机制"（也称"能源-粮食-水纽带安全机制"）主要指能源、粮食、水彼此间传导性安全互动逻辑，或能源、粮食、水彼此间多重因果联系。

从该传导理论的基本观点出发，本书首先从"文献梳理"角度分析能源-粮食-水内外联动、地缘政治意义及治理框架。然后从"治理"维度分析当前能源、粮食、水各自的治理格局，并结合安全纽带的传导机制，剖析了亚太地区宏观能源、粮食、水的安全现状。再从"实践"维度，将"能源-粮食-水三位一体安全机制"具化到中亚、南亚、东南亚、非洲四个具体区域。最后从"可持续发展"的大视角，先将安全纽带与联合国SDG进行契合，然后从我国"绿色发展"战略出发，探讨了我国如何提升在国际能源、粮食、水等领域的绿色发展领导力，认为提升中国对全球可持续发展事业的参与、贡献和引领，将中国理念、方案融入能源-粮食-水的三位一体安全机制建设中，方可不断提升中国的绿色领导力。本书对能源-粮食-水的三位一体安全机制的形成有如下思考和建议：

第一，能源-粮食-水内部要素联动因果关系。首先是双重互动逻辑。就水-粮食而言，水作为生命之源，灌溉决定了粮食生产的持续性数量安全，水源清洁性影响了粮食生产的质量安全。在过去的三十年中，虚拟水在贸易中的适用是采用经济手段进行水-粮食契合的最好例证。就能源-粮食而言，除了粮食生产需要能源补给外，生物燃料在众多领域已经被运用。其次是"能源-粮食-水"整体传导性逻辑。水在这个纽带中扮演了中心角色，水资源匮乏将成为水-粮食-能源安全纽带的核心问题。水治理政策是复杂的，健康、环境、农业、能源、空间规划、区域发展和减贫等对发展至关重要的领域都与水关系紧密。水资源匮乏必然导致能源需求增加，能源和粮食的相互竞争日益激烈。水-能源、水-粮食、能源-粮食双关纽带关系已经被整合为能源-粮食-水三关安全纽带。正是由于能源、粮食、水三者存在因果制约的自然特质，才导致了本书的第一个核心研究论述，这也是本书的理论基础与写作出发点。

第二，"能源-粮食-水"三位一体安全的外部联动分析。除了能源、粮食、水三要素内部双双关联、整体关联外，能源-粮食-水安全机制研究需要在更广泛的视域下进行解读。能源、粮食、水三要素协同发展和安全建构涉及多要素、多手段、多目标间的协同和应用。社会经济以及政治条件，如人口增长、经济发展、不断变化的地区价值观、技术挑战、社会变革等都影响能源-粮食-水传导安全机制的稳定性。各种影响因素加剧了能源-粮食-水传导安全性机制的特殊性，这也是为何需要以实践视角研究各地区安全纽带的传导性安全机制。例如，不同历史时期的社会变革，可能导致安全纽带传导机制发生变化；人口结构的改变，使得安全纽带所需要的数量安全内涵不断变化，人口自身素质的提高，使得安全纽带的内涵从数量安全向质量安全扩展；技术进步使得安全纽带的内涵不断发生变化，以技术进步推动传统领域转型、新兴领域发展已经成为国际关系变化的重要推动因素，安全纽带在技术的推动下也随之发生变化。从某种程度而言，"能源-粮食-水"安全机制在外部因素联动下，可以是X-"能源-粮食-水"模式下的安全机制，包括科技-"能源-粮食-水"、人口-"能源-粮食-水"、政治-"能源-粮食-水"等诸多模式。

第三，气候变化概念下能源-粮食-水安全机制的内涵与意义。气候变化是重要的非传统安全议题这一共识逐渐被认同，气候安全让国家间成为一个相互影响与依存的命运共同体，也在全球多个地区之间形成了一种彼此影响、制约并极具敏感性和脆弱性的安全纽带气候政策，我们还需要采取一种跨纽带的综合协调的观点来避免不良影响及负面的外部性。气候变化与"能源-粮食-水"安全机制存在互动，能源及粮食生产和供应补给是导致气候变化的主要驱动力，气候政策本身可能也会反作用于水资源、能源和粮食安全。例如，气候变化将加剧生物多样性危机、增加自然灾害发生的频率和强度、影响农业生产、影响工业生产各环节（矿物资源、能源、运输等）、破坏人类健康所依赖的自然条件（水、病毒等），挤压能源、粮食、水正常可持续发展的生存空间。气候变化结果的影响具有全球性、整体性、长期性、不可逆性和人为性五个方面的特征，导致气候安全的内涵高度复杂。虽然国家边界可能是相对固定的，但气候变化导致的国家边界内的地貌和跨越国家边界的地貌并不固定。应对气候变化也不再是单纯的国家事务和单一的地缘政治内部问题，增强外部联系性是气候变化治理发展趋势的必然走向。气候安全对能源、粮食、水的连环式冲击，使得"能源-粮食-水"的传导性安全特征更加明显。

第四，能源-粮食-水安全机制与地缘政治关系复杂。地缘是理解能源-粮食-水协同治理的重要视角。能源-粮食-水的"抢夺"成为各国传统和非传统安全战略的重要布局。水、能源以及粮食对地缘政治的稳定与发展产生了重要影响。水、能源以及粮食不仅在不同区域的地理分布上具有较大的地理差异，例如，达尔富尔地区、阿拉伯地区由于粮食、水资源的紧张和冲突，使得能源-粮食-水的安全纽带地理差异较大。气候变化引发的全球资源利用问题愈加成为一个安全问题，不论是传统发达国家，还是新兴发展中大国，抑或受气候影响巨大的小岛国和不发达国家，为平衡经济发展和应对气候变化，资源利用问题已经成为全球治理的重点。资源稀缺性造成全球局势紧张，而能源、粮食、水作为三种重要的资源，已经发展融合成为地缘政治"能源-粮食-水"安全纽带。由于能源、粮食、水三要素的安全内涵并不是一成不变的，新能源、转基因食品、海水淡化补给都是三要素安全结构发展的重要体现，任一要素的变化所带来的地缘政治影响力都可能是巨大的，使得资源政治话语权具有地缘特征。丰富的内外要素论加剧了资源竞争的复杂形势，资源要素的意义也从自然属性扩展至国家安全、社会安全的新高度。

第五，"能源-粮食-水"三位一体安全机制离不开单一资源环境要素研究。在传统的对能源-粮食-水协同关系的讨论中，通常存在各自为政的割裂和碎片化问题，在对"能源-粮食-水"三位一体安全机制研究之前，需要对三者各自领域的发展与治理现状进行了解。总体而言，各自领域的安全内涵都随着国际关系内外因素的变化呈现出扩大化趋势。当前，能源运输过境安全、能源金融价格稳定性安全、贸易保护主义下的能源贸易安全使得能源安全向综合性方向发展。就粮食安全而言，呈现出高度跨国性、扩散性、嬗变性、多层面性和多向度性，是典型的非传统安全。除气候变化外，经济维度（粮食贸易规则、粮食金融工具、科技）、社会维度（人口结构、多利益攸关方）等因素都成为粮食安全的重要影响因素。粮食安全治理经历了以英国为核心的粮食制度（1870—1914年）、以美国为核心的粮食制（1945—1973年）、新自由主义影响下各种国际组织与联盟纷纷建立的多元化时代。就水安全而言，水安全影响因素的综合性与复杂性使得水安全的内涵从数量安全转向社会稳定安全维度。水冲突的表现形式多样，有基于时间维度下不同地域降水不同的时间分配不公平、有基于地理分配不均的空间分配不均匀，也有基于技术开发而出现的水资源利用不公平，而正是这些不公平的差别造成了水冲突的产生。造成安全认知多元化的本质原因在于对河流的主权认知存在诸多争议，包括绝对领土主权论、绝对领土完整论、有限主权论、沿岸共同体论。从当前的碎片化水权制度来看，河流的国际规范呈现"一河流一制度"的趋势，其模糊性和抽象性使得在对其解读的过程中弹性过大。加上水外交霸权干扰，个别国家一是作为流域外大国的地缘性介入来保障其水外交的战略利益，二是通过对区域水治理体系的制度性嵌置和重构来保持其水外交所谓的合法性和有效性，使得水安全外交治理的难度更大。

第六，能源-粮食-水三位一体安全的区域治理实践与可持续发展治理共同发展。能源-粮食-水三位一体安全机制除了理论层面的普遍性外，通过区域实践才能更好地兼顾能源-粮食-水安全机制适应性管理。通过对南亚、中亚、东南亚、非洲四个区域的实践论述，我们既发现了安全纽带机制在各地区的共性，也发现了具体地区的传导性安全的个性。南亚的河流很多都发源于青藏高原，河流利用面临较大的政治冲突。在水政治冲突下，水电能源、粮食用水的政治安全特征也较为明显。南亚三国能源自给率均非常低，其中印度能源结构依赖于煤炭，因此也是世界上最主要的温室气体排放国家之一。由于农村和城市郊区对生物燃料作为家庭能源的依赖，生物燃料在印度能源系统中占有重要地位。面对南亚安全纽带机制的政治安全问题，首先，应该以南亚安全枢纽促进2030年可持续发展议程落实，坚持自身发展优先。其次，南亚综合合作机制已经有较大政治空间，应建设以"澜湄机制"（LMC）为蓝本的南亚区域水-能源合作机制。将气候变化、水危机、粮食问题以及水电能源的开发建设纳入统一的框架下，推进气候-能源-水纽带视角下区域合作机制的建立和深化，避免水安全这一纽带中心议题讨论被泛安全化和政治化。东南亚是世界上气候变化风险最高的地区之一。就气候变化-水-粮食安全纽带而言，气候变化不仅导致湄公河三角洲地带海平面的上升，而且极端天气将频繁发生、气温的升高与降水的变化还会对部分农作物和生物物种造成破坏性影响，导致一些有害类生物的增加。就水-能源安全纽带而言，首先，地表水资源的减少与水量季节性波动将对水电运行造成威胁。其次，湄公河流域已修建的水坝项目在一定程度上又加剧了区域内的水安全危机。就粮食-能源安全纽带而言，湄公河能源的生产过程，特别是水电和生物能源生产由于水文条件的更改和对土地的竞争，在一定程度上威胁到了粮食产量。为加强东南亚安全纽带机制，需要在对接发展倡议的同时注重环境议题的重要性；不同机制设立的初衷各有侧重，所涉及的议题有差异也有重叠，要在完善现有机制的基础上协调好各方利益，实现机制协同；中亚可持续进程具有外部推动特征，由欧盟和联合国开发计划署推动建立的中亚区域环境中心扮演着重要角色，援助方更倾向于借助西方发达国家的咨询公司制定合作项目的信息调研和执行规划。中国与中亚国家间的经贸相互依赖程度较高、中亚地区在非传统安全领域存在着广泛的治理机制创设和大国协调空间。因此，在理念塑造方面，中国应在中亚地区积极推广和塑造"安全纽带"话语权。在环境技术改造方面，中国在加大技术援助的同时，还应在水、粮食、能源纽带关系的视域里做好统筹规划。非洲纽带安全是受气候变化最为明显的地区。气候变化加剧了非洲的水资源和粮食安全威胁，非洲大陆气温上升速度快于全球平均水平，因此全球变暖对于非洲的影响是毁灭性的。能源、粮食以及水资源安全威胁相互影响。非洲的石油出口占全球出口比例高，燃烧生物材质产生的能量是非洲很多地区的能源来源，能源消费只占全球能源消费很小的比例。电力短缺造成了能源-粮食、能源-水两种安全纽带的紧张关系。就中非关系互动而言，中国可以把安全纽带理论纳入中非合作框架之中，协助非洲应对气候变化，缓解其水、能源、粮食危机，改善非洲的安全纽带环境。特别是中国是非洲最大的贸易伙伴，在开展经济合作时兼顾安全纽带问题符合各方的长期利益；绿色发展是中非合作应对安全纽带挑战的理念基础，非洲的水、能源、粮食发展必须走可持续发展道路才能得到持久发展。中国应把气候变化纳入到对非合作战略中，升级与非洲的战略合作框架，深化与非洲国家合作的广度与深度；南南技术合作是中非合作应对安全纽带挑战的重要支撑；中国的"走出去"战略是中非合作应对安全纽带的物质基础。

第七，2030可持续发展议程与"能源-粮食-水"三位一体安全契合。在全球治理格局下，如何实现三位一体安全传导机制的协同是当前的重要议题。从治理范式与功能来看,若采取统一化机制治理模式,过多的权利义务分配将导致国际争端增多、主权国家履约意愿下降。若采取国际组织治理模式,对国际组织的权威性、身份合法性、影响力、治理手段都要求较高,找到现有合适的全球性组织或新建跨部门组织对于国际关系而言都是一项重大挑战。联合国制定的可持续发展目标体系在全球顶层设计上提供了综合框架,其中包含纽带安全的诸多要素,将综合性框架与其他国际制度进行联合,有利于加强制度间互动,增强多元制度在履行上的衔接,从而提高履约效率,节约履约成本,也缓解了国际制度碎片化带来的诸多弊端。能源、粮食、水是全球可持续发展的最基础部门,有助于发展中国家脱离低分困境,实现从低端可持续目标发展走向高效可持续发展的攻坚领域。在SDG评分体系中,南北国家得分的差距不仅体现了南北国家在可持续发展治理理念与治理实践上的成效不同,也反映了南北国家在产业转型上的对待措施并不统一;资源出口在环境技术标准等方面与可持续发展目标依然有较大差距;政治体制对于水、能源、粮食等具体可持续发展目标的优先安排、效率提高等具有较大促进作用,国内政治稳定能够保障各项可持续发展目标的达成;当前纽带安全与SDG目标实现的关键在于气候安全,能源部门成为各国为气候安全贡献的主要来源。但由于能源-粮食-水的关联性,单靠能源安全不足以支撑全球气候治理整体格局,需要将水部门、粮食部门纳入气候安全治理体系,以SDG为代表的联合国框架正好是安全纽带的集中体现。

第八,作为最大的发展中国家,中国需要积极参与能源、水、粮食治理体系,在全球治理浪潮中不断提升我国的治理能力。就能源安全治理而言,应把维护能源地缘安全和能源体系均衡统一起来,巩固中国的能源强国地位;能源体系和地缘安全的稳定基础在于大国关系,特别是有赖于中美新型能源大国关系的构建;深化与能源生产和过境国家合作;增强贸易磋商,遏制贸易单边主义。就粮食安全治理而言,应增强农业适应性多样性发展;要善用WTO规则,增强粮食贸易安全,积极参与贸易规则的新一轮谈判,抓住新的机遇形成有利于自己的粮食贸易规则;我国农业生产正逐渐向集中化、适度规模化和产业化发展,推动我国农业发展向数字化、科学化转变；有必要建立一个框架，以协调、促进和组织粮安委发挥其新确定的作用；要以"一带一路"倡议为契机，将我国周边安全作为战略起始点，以区域联动为全球粮食安全治理做出贡献，在全球化浪潮中扩大粮食合作联盟，实现技术互补、粮食作物结构互补，从而实现我国在粮食安全中的治理权。就水安全治理而言，要以公平合理利用原则及分配标准作为合作前提，确立以需求为标准的分配制度；各流域国要充分发掘国际河流开发的共同目标，凝聚合作意识。这包括两个方面：一是总体上对于区域持续发展的愿望。二是不同目标之间通常可以通过同一方式或手段满足需求；加强水外交理论创新，注重国际水法的制度构建与实践研究。在澜湄水资源合作中，应双边多边并举，力争主导规则制定与机制创新，以水合作制度化路径推动中国周边水外交发展；构建参与式水外交框架，将国家、国际组织、非政府组织、企业等多利益攸关方纳入大外交范围，增强我国水外交主体优势。

第九，绿色领导力与安全纽带。能源、粮食、水是我国经济发展的基石，绿色发展理念是能源、粮食、水发展的新时代要求，同时在"一带一路"倡议下，需要将绿色能源-粮食-水纽带布局与21世纪海上丝绸之路紧密结合，最大化利用"一带一路"的制度化收益。从"过程论"视角出发，我国绿色发展战略已经启动，一是绿色"一带一路"倡议和共识持续深入。"绿色丝绸之路"打造的路线图与施工图，成为未来一段时期中国建设绿色"一带一路"的纲领性文件与行动导则。二是"一带一路"生态环境伙伴关系的广泛推进。"一带一路"绿色发展国际联盟、《中国-东盟环境合作行动计划（2016—2020年）》等合作机制的构建，奠定了绿色发展合作基础。我国目前"能源-粮食-水"开发在绿色"一带一路"建设中存在的不足表现为：高质量绿色公共产品提供不足，处于发展初步阶段，绿色公共物品数量在上升，但质量需要提升；绿色建设的引领力和话语权需进一步提高，中国环境标准的国际化进程依然缓慢；21世纪海上丝绸之路的绿色治理关注度需要加强，海洋集能源、粮食、水三种资源于一身，具有巨大发展潜力。为此，要加强我国"能源-粮食-水"的绿色领导力建设，需要以国内制度与经济协同发展作为内部支撑，以自我发展为优先；构建能源–粮食–水阶段性领导力，将能源–粮食–水安全纽带嵌入各个发展目标建设中来；尊重沿线国家的发展愿望，照顾到各方利益，发挥各方的比较优势，共谋合作、共建共享，打造海上合作利益共同体；增强绿色"能源–粮食–水"纽带建设数据与经验共享；坚持调研本位，做好全面公开的环境与社会影响评估和跟踪。

综上所述，理论上讲，忽视不同领域机制间互动性的发展模式在当前生存空间越来越小，不同领域的现实联系性是当前各种机制互动的现实动力。若两种机制间实现有效协调，能够实现1+1>2的效应；相反，机制恶性竞争将阻碍大多相关领域的发展。本书集中于国际关系、国际政治视角对能源–粮食–水三位一体安全机制的研究，三个领域（能源、粮食、水）与一个中心主题（安全）是本书的出发点。能源、粮食、水互动关系在我国的研究依然有很大空间，除了国际关系视角下的安全纽带机制研究外，从学科建设来看，经济学上的能源–粮食–水高效利用耦合机制、国际法对能源–粮食–水三者的协调、环境保护学上的能源–粮食–水可持续利用等，都是未来的研究方向。从领域扩展趋势来看，能源–粮食–水纽带关系可能随着国际关系演变而有不同的新安全纽带组合，能源–粮食–水–X的发展模式会继续丰富机制互动理论。此外，从研究地缘范围看，全球各地都面临不同程度的能源–粮食–水互动问题，本书实践篇主要研究的对象是我国周边地区和非洲地区，其他地缘下的纽带安全依然需要进一步探讨。即使在国内，不同的河流流域或地区也具有各自不同的能源–粮食–水耦合关系，从国际视角转向国内视角也有很大的研究空间。在日益复杂的国际关系中，如何把握不同领域的之间的联系，并提出治理对策，在很长时间都将是一个重要的课题。

目前，我国已成为全球生态文明建设的重要参与者、贡献者、引领者，要深度参与全球环境治理，增强我国在全球环境治理体系中的话语权和影响力，积极引导国际秩序变革方向，形成世界环境保护和可持续发展的解决方案。要坚持环境友好，引导应对气候变化国际合作。公共卫生、健康、水、能源和粮食安全等领域的协同治理可能成为新冠肺炎疫情后全球治理的重点领域。

展望未来，中国以能源-粮食-水资源的综合治理引领社会经济绿色发展，通过积极参与国际绿色经济产业链和国际绿色公共产品供给，引领构建新型国际关系和人类命运共同体。中国是新冠肺炎疫情后拉动全球经济增长的主要引擎，也是推动能源-粮食-水的三位一体安全机制实践的主要动力。中国可以与其他国家共同实现绿色合作共赢，以能源-粮食-水的三位一体安全机制合作为契机，推动中国与其他国家的绿色合作，深化"一带一路"等重点地区绿色复苏基础上的能源-粮食-水的三位一体合作，提升能源-粮食-水三位一体安全机制和绿色发展平台建设。中国致力于打造全球能源-粮食-水绿色发展伙伴关系，注重利益攸关方、公众和市场等广泛参与全球能源-粮食-水三位一体安全机制建设，愿意为能源-粮食-水的可持续发展治理中贡献中国方案，最终实现能源-粮食-水领域的人类命运共同体建设。